高等职业教育"十二五"规划教材

C语言程序设计项目教程

郭运宏　李玉梅　主编

谢文昌　马国峰　蔡小磊　副主编

清华大学出版社

北　京

内 容 简 介

本书以 C 语言基础知识→核心技术→高级应用为主线，以项目为背景，采取任务驱动的方法来组织编写，全书深入浅出地讲解了 C 语言的各项技术，并以大量的实例来加深读者对知识的理解和运用。在编写的过程中，还特别注重知识的层次性和技能的渐进性。

本书共分 4 篇，第 1 篇为基础篇，包括第 1～5 章，以实用计算器项目为背景，系统介绍 C 语言的基本知识和程序控制结构；第 2 篇为提高篇，包括第 6～8 章，以学生成绩统计项目为背景，重点介绍 C 语言的函数、数组和指针等核心技术；第 3 篇为应用篇，包括第 9～10 章，以学生信息管理系统为背景，介绍结构体、文件等应用；第 4 篇为高级篇，包括第 11～12 章，重点介绍位运算、编译预处理等深层次的知识。本书所有的程序代码均在 VC++6.0 环境中调试通过。

本书适合作为高等职业技术院校、普通高等院校计算机及相关专业教材，也可作为程序开发人员和爱好者自学的参考用书。

图书在版编目（CIP）数据

C 语言程序设计项目教程/郭运宏，李玉梅主编．—北京：清华大学出版社，2012.8 (2019.8重印)
高等职业教育"十二五"规划教材

ISBN 978-7-302-29286-9

I. ①C…　II. ①郭…　②李…　III. ①C 语言-程序设计-高等职业教育-教材　IV. ①TP312

中国版本图书馆 CIP 数据核字（2012）第 152928 号

责任编辑：杜长清
封面设计：刘　超
版式设计：文森时代
责任校对：赵丽杰
责任印制：李红英
出版发行：清华大学出版社
　　　　　网　　址：http://www.tup.com.cn，http://www.wqbook.com
　　　　　地　　址：北京清华大学学研大厦 A 座　　　　邮　编：100084
　　　　　社 总 机：010-62770175　　　　　　　　邮　购：010-62786544
　　　　　投稿与读者服务：010-62776969，c-service@tup.tsinghua.edu.cn
　　　　　质量反馈：010-62772015，zhiliang@tup.tsinghua.edu.cn
印 装 者：三河市金元印装有限公司
经　　销：全国新华书店
开　　本：185mm×260mm　印　张：23　字　数：531 千字
版　　次：2012 年 9 月第 1 版　印　　次：2019 年 8 月第 5 次印刷
定　　价：49.80 元

产品编号：048623-02

前　言

目前，很多高校都选用 C 语言作为程序设计课程的学习语言，然而在教学实践中却发现传统的 C 语言教材比较注重知识的体系结构，并不能很好地将知识、技能与实际软件开发结合起来，学习起来难度较大，学生的学习积极性和主动性不能得到充分发挥。本书本着"任务驱动、项目载体"的教学原则，由长期从事 C 语言教学的老师精心编写，来解决这个问题。

1. 本书主要特色

（1）理念先进

本书紧紧围绕培养高技能人才的目标，以项目为背景，以知识为主线，学、用结合，大胆进行"校企合作、工学结合、项目导向、任务驱动"的教学改革，选取合适的项目作为学习载体，分别以实用计算器、学生成绩统计和学生信息管理系统 3 个项目为背景，以项目的开发过程为主线，并将每个项目分解成多个任务，合理地安排到相关章节中，将知识的讲解贯穿于项目的开发过程中，通过对任务的分析和实现，引导学生由浅入深、由简到难地学习，使学生的编程能力在 3 个项目的实施中逐步得到提高，达到学以致用的目的。

（2）组织合理

本书按照工作过程系统化的思想组织内容，把基础知识和扩展知识结合，保证知识的覆盖面，在完成项目的过程中贯穿了 C 语言基本语法、函数、程序设计方法、数据类型、数组、指针、结构体、文件等知识点。

在课程内容的选择上，遵循学生能力培养的基本规律，以 3 个项目作为教学载体，通过学习情境的构建将传统的教学内容进行解构、重构，并将 C 语言程序设计知识、软件工程基础知识、数据结构基本知识融入到项目开发的过程中。

本书将函数的知识放在第一个学习情境中讲解，后面所有的学习情境都使用函数进行编码，强化结构化程序设计思想，并根据需要把软件工程中的开发过程、模块要求、测试技术以及数据结构中的基本知识与常用算法重构到 3 个项目中。随着项目的进展，知识由易到难，能力的培养由窄到宽，课程内容和项目开发内容相一致，理论与实践一体化，提高学生的编程能力和综合能力，为可持续发展奠定良好的基础。

（3）通俗易懂

本书作为编程语言的入门教材，侧重于编程思想、编码规范的培养，提供大量的实例和各种类型的习题，增强动手能力，内容由浅入深逐步展开，力求通俗易懂。

编程是一门注重实践的技术，实践性的技术要在实践中提高。本书采用一种简单的、易于接受的风格，重点讲解结构化方法的编程思想、编程技巧、调试技巧，培养学生养成良好的编程风格。书中精心设计了大量的例题，对每个程序都进行了细致的解析，总结了各种编程方法；采用示例法教学，根据示例编写每章的实验题目和习题，读者参照示例可以轻松完成，事半功倍，并可举一反三。

本书在培养学生编程能力的同时，注重对学生进行编程规范的训练，使学生养成良好的编程习惯和方法，遵守基本的编程约定，在编程规范方面实现与软件企业的无缝对接。本书提供的实例，列举了处理该类题目时容易出现的问题，有些实例还给出了不同的解决方法，以便学生更好地了解和掌握程序开发的灵活性。同时，每章节中和章后均附有各种类型的习题，便于读者自查学习效果。本书中的代码均在 VC++6.0 环境中调试通过。

2. 本书内容安排

（1）基础篇

基础篇包括第 1～5 章。以实用计算器项目为背景，主要介绍 C 语言的基本知识以及顺序、分支和循环 3 种程序控制结构。通过本篇的学习，读者应能利用 C 语言基础知识编写简单的 C 程序。

第 1 章介绍 C 语言的发展及特点、C 程序的基本结构及使用 VC++6.0 开发 C 语言程序的过程。第 2 章介绍 C 语言的基本数据类型、常量和变量、运算符和表达式、不同数据类型间的转换方法。第 3 章介绍输入/输出函数、算法和顺序结构程序设计。第 4 章介绍选择结构程序设计方法。第 5 章介绍循环结构程序设计方法。

（2）提高篇

提高篇包括第 6～8 章。以学生成绩统计项目为背景，主要介绍函数、数组和指针的内容。通过本篇的学习，读者应能灵活运用函数、数组和指针编写程序，解决科学计算和工程设计中的一般性问题。

第 6 章介绍 C 语言函数的定义和调用、函数间的数据传递、变量的作用域和存储类型、函数的嵌套和递归调用、编译预处理等内容。第 7 章介绍一维数组、字符数组和二维数组的概念、定义和使用方法。第 8 章介绍指针的基本概念、指针与数组、指针与字符串、指针变量作函数参数等内容。

（3）应用篇

应用篇包括第 9～10 章。以学生信息管理系统为背景，主要介绍结构体和文件的内容。通过本篇的学习，读者应具有利用 C 语言进行软件设计的能力。

第 9 章介绍结构体和共用体的概念、结构体数组、结构体指针的使用方法。第 10 章介绍文件的基本知识和文件操作方法。

（4）高级篇

高级篇包括第 11～12 章。主要介绍位运算和编译预处理的内容。通过本篇的学习，读者应进一步提高使用 C 语言的能力。

第 11 章介绍运算符、表达式和位运算的使用方法。第 12 章介绍宏定义、文件包含和条件编译等内容和方法。

本书由郑州铁路职业技术学院郭运宏、李玉梅担任主编，谢文昌、马国峰、蔡小磊担任副主编，全书由郭运宏统稿。

　　本书的出版得到了清华大学出版社的大力支持，在此表示衷心的感谢。本书在编写过程中，还得到了郑州大学王瑞民教授和复旦大学杨青骥博士的大力支持，在此一并表示感谢。由于水平和时间有限，书中难免有疏漏和不足之处，恳请读者批评指正。

编　者

目　录

第1篇　基　础　篇

第 2 篇 提 高 篇

第 3 篇　应　用　篇

高等职业教育"十二五"规划教材

第4篇　高　级　篇

第 1 篇　基础篇

　　本篇以实用计算器项目为背景，介绍 C 语言中的数据与运算、程序控制结构等编程基本要素。为了便于相关理论知识的学习，将项目分解为 4 个子任务，分别贯穿于第 2~5 章中进行分析和实现。

　　通过本篇的学习，读者应了解 C 语言的特点和基本编程方法，并能利用 C 语言基础知识编写简单的程序，解决日常生活和工作中的小问题。

实用计算器项目概述

一、任务描述

使学生理解和掌握项目所涉及的知识要点内容，培养学生编程的逻辑思维能力，初步掌握利用 C 语言进行软件开发的基本方法和步骤。

二、知识要点

该项目涉及的知识要点包括：C 语言的基本数据类型、常量和变量、运算符和表达式、输入/输出函数、顺序结构程序设计、选择结构程序设计和循环结构程序设计。这些知识内容将在第 2～5 章进行详细介绍。

三、任务分析

实现一个实用计算器，能够完成整型数据和实型数据的加、减、乘、除四则运算。

为方便用户使用，要求采用人机对话形式，首先提供系统操作主菜单，给出加、减、乘、除和退出 5 个选项，当用户选择某一选项后（退出选项除外），系统提示输入第一个运算数和第二个运算数，并给出运算结果。然后询问是否继续计算，如果输入字母 Y 或 y，重新返回主菜单；如果输入其他字母，则结束计算并退出系统。另外，为了使用方便，在主菜单中特设 0 选项，选择该选项也能正常退出系统。

四、界面设计

图 0-1 给出了从主菜单中选择加法运算后的运行界面，其他 3 种运算的运行界面与此基本相同，不再给出。

图 0-1　简易计算器运行界面

五、任务分解

为了便于相关理论知识的学习，将项目分解为 4 个子任务，每个子任务及其对应的章节如下。

- ☑ 第 2 章：任务一　项目中数据类型的定义
- ☑ 第 3 章：任务二　用输入/输出函数实现项目主菜单的顺序执行
- ☑ 第 4 章：任务三　项目主菜单的选择执行设计
- ☑ 第 5 章：任务四　项目主菜单的循环执行设计

第 1 章
C 语言概述

C 语言是规模小、效率高、功能强的专业编程语言，适用于编写各种系统软件和应用软件，近年来在国内外得到广泛推广和应用，成为当前最优秀的程序设计语言之一。本章首先介绍 C 语言的发展及特点，然后通过实例重点介绍 C 语言程序的基本结构和使用 VC++6.0 开发 C 语言程序的过程。

学习目标

➢ 了解 C 语言的发展及特点
➢ 掌握 C 语言程序的基本结构
➢ 掌握使用 VC++6.0 开发 C 语言程序的过程

1.1　C 语言的发展及特点

1.1.1　程序设计语言

计算机语言是指计算机能够接收和处理的具有一定格式的语言，是进行程序设计时最重要的工具之一。计算机语言分为低级语言和高级语言。

1. 低级语言

低级语言依赖于所在的计算机系统，也称为面向机器的语言。由于不同的计算机系统使用的指令系统可能不同，因此使用低级语言编写的程序移植性较差。低级语言主要包括机器语言和汇编语言。

机器语言是由二进制代码"0"和"1"组成的若干个数字串。用机器语言编写的程序称为机器语言程序，它能够被计算机直接识别并执行。但是，程序员直接编写或维护机器语言程序是很难完成的。

汇编语言是一种借用助记符表示的程序设计语言，其每条指令都对应着一条机器语言代码。汇编语言也是面向机器的，即不同类型的计算机系统使用的汇编语言不同。用汇编语言编写的程序称为汇编语言程序，它不能由计算机直接识别和执行，必须由"汇编程序"翻译成机器语言程序，才能够在计算机上运行。这种"汇编程序"称为汇编语言的翻译程序。汇编语言适用于编写直接控制机器操作的底层程序。汇编语言与机器联系仍然比较紧密，不容易使用。

2. 高级语言

高级语言编写的程序易读、易修改、移植性好。但使用高级语言编写的程序不能直接在机器上运行，必须经过语言处理程序的转换，才能被计算机识别。按照转换方式的不同，可将高级语言分为解释型和编译型两大类。

所谓解释型转换，是将编写的程序逐句翻译，翻译一句执行一句，即边翻译边执行，其中转换工作是由解释器自动完成的。常见的解释性语言包括 BASIC 语言和 Perl 语言。解释型转换方式的优点是比较灵活，可以动态地调整和修改程序；缺点是效率比较低，不能生成独立的可执行文件，即程序的运行不能脱离其解释器。

编译型语言编写的程序经过翻译等处理后，可以脱离其语言环境而独立地执行。C 语言、Pascal 语言等大多数编程语言都属于编译型语言。

高级语言按其发展过程，又可分为面向过程的语言、面向对象的语言和面向构件的语言 3 类。

面向过程的语言具有以下特点。

（1）采用模块分解与功能抽象的方法，自顶向下，逐步求精。

（2）按功能划分为若干个基本的功能模块，形成一个树状结构。各模块间的关系尽可能简单，功能上相对独立。每一个功能模块内部都是由顺序、选择或循环 3 种基本结构组成。

面向过程的语言能有效地将一个比较复杂的任务分解成若干个易于控制和处理的子任务。任务的分解有利于程序的设计与维护。C 语言即属于面向过程的语言。

面向过程的程序是按照流水线方式执行的，即一个模块执行结束前，不能执行其他模块，也无法动态地改变程序的执行方向。而在实际处理事务时，总期望每发生一件事情就可以进行处理，即程序应该从面向过程改为面向具体的应用功能。20 世纪 80 年代初期，非过程化的程序设计语言开始出现。非过程化程序设计语言（即面向对象程序设计语言）的目标是实现软件的集成化，把相互联系的数据以及对数据的操作封装成通用的功能模块，各功能模块可以相互组合，完成具体的应用。各功能模块还可以重复使用，而用户不必关心其功能是如何实现的。C++、Java 等是典型的面向对象的语言。

面向构件的语言则提倡最大限度地进行资源共享和软件重用。面向构件编程也称为 Web 服务编程，其目标是将应用服务提供商开发出的各种构件放在自己的服务器上，供网络上的其他人使用。C#语言是面向构件的语言。

1.1.2 C 语言的发展

C 语言是 1972 年由美国的 Dennis M. Ritchie 设计开发的，由早期的编程语言 BCPL（Basic Combined Programming Language）发展演变而来。早期的 C 语言主要用于 UNIX 操作系统，随着 UNIX 操作系统的广泛使用，C 语言也迅速得到推广，并出现了许多版本。由于没有统一的标准，这些 C 语言之间出现了一些不一致的地方，为了改变这一状况，美国国家标准协会（ANSI）根据 C 语言问世以来的各种版本，对 C 语言进行了改进和扩充，制定了 ANSI C 标准，成为现行的 C 语言标准。

目前，在计算机上广泛使用的 C 语言编译系统有 Borland C++、Turbo C、Microsoft Visual C++（简称 VC++）等。本书使用的开发环境是 VC++6.0 系统。

1.1.3 C 语言的特点

和其他语言相比，C 语言具有以下主要特点。

（1）C 语言简洁、紧凑

C 语言简洁、紧凑，而且程序书写形式自由，使用方便、灵活。

（2）C 语言是高、低级兼容语言

C 语言又称为中级语言，它介于高级语言和低级语言（汇编语言）之间，既具有高级语言面向用户、可读性强、容易编程和维护等优点，又具有汇编语言面向硬件和系统并可以直接访问硬件的功能。

（3）C 语言是一种结构化的程序设计语言

结构化语言的显著特点是程序与数据独立，从而使程序更通用。这种结构化方式可使程序层次清晰，便于调试、维护和使用。

（4）C 语言是一种模块化的程序设计语言

所谓模块化，是指将一个大的程序按功能分割成一些模块，使每一个模块都成为功能单一、结构清晰、容易理解的函数，适合大型软件的研制和调试。

（5）C 语言可移植性好

C 语言是面向硬件和操作系统的，但它本身并不依赖于机器硬件系统，从而便于在硬件结构不同的机器间和各种操作系统间实现程序的移植。

1.2　简单的 C 语言程序介绍

首先给出几个简单的示例，对 C 语言源程序有一个初步的认识。

【例 1.1】编写一个 C 程序，在屏幕上显示"Hello, world!"。

```
#include <stdio.h>
main()                          /*主函数*/
{
    printf("Hello, world!\n");  /*输出信息*/
}
```

程序运行结果：

Hello, world!

程序说明：

（1）该程序只由一个主函数构成，程序的第 1 行是文件包含命令行（文件包含内容将在第 6 章介绍），第 2 行 main 为主函数名，函数名后面的一对圆括号"()"内用来添加函数的参数。参数可以有，也可以没有，但圆括号不能省略。

（2）程序中花括号"{}"内的程序行称为函数体，函数体通常由一系列语句组成，每一个语句用分号结束。

（3）程序中的 printf()是系统提供的标准输出函数，可在程序中直接调用，其功能是把指定的内容显示到屏幕上。双引号内的"\n"表示换行，在信息输出后，光标将定位在屏幕下一行。

（4）"/*"和"*/"之间的文字是注释内容，目的是提高程序的可读性。

【例 1.2】编写一个 C 语言程序，计算并输出两个整数的和。

```
#include <stdio.h>
main()
{
    int a,b,sum;                /*定义 3 个整型变量，分别存放两个整数和它们的和*/
    a=15;
    b=20;
    sum=a+b;
    printf("sum=%d\n",sum);
}
```

程序运行结果：

sum=35

程序说明：

该程序的功能是求两个整数之和。函数体中首先定义了 3 个整型变量 a，b，sum。其中，int 表示整数类型；a，b，sum 为 3 个变量的名称，然后分别给变量 a，b 赋值，并将 a，b 之和赋给 sum；最后用 printf()输出两个整数之和 sum。

【例 1.3】从键盘输入两个整数，计算并输出它们的和。

```
#include <stdio.h>
/*add()函数用于求两数之和*/
int    add(int x,int y)                      /*函数定义部分，add 为函数名，x，y 为形参*/
{
    int z;
    z=x+y;
    return(z);                               /*将两数之和返回到主调函数中*/
}
/*main()函数完成两个整数的输入，并输出两数之和*/
main()
{
    int a,b,sum;
    printf("input two number：");
    scanf("%d,%d",&a,&b);                     /*输入两个整数，分别放入变量 a，b 中*/
    sum=add(a,b);                             /*调用 add()函数，将返回值赋给变量 sum*/
    printf("sum=%d\n",sum);
}
```

程序运行结果：

input two number：<u>5,9</u>✓
sum=14

📝 **注意**

本书中所有的"✓"均表示回车符，用户输入部分均用下划线标出。

程序说明：

该程序由主函数 main()和被调函数 add()组成，它们各有一定的功能。main()函数中的 scanf()是系统提供的标准输入函数，其功能是输入 a 和 b 的值，scanf()函数的具体用法将在第 3 章中详细介绍。

通过以上 3 个示例的分析，可以看出 C 语言源程序的基本结构有以下几个特点。

（1）C 语言程序是由函数组成的，每个函数完成相对独立的功能，函数是 C 语言程序的基本模块单元。每个程序必须有一个且只能有一个主函数 main()，除主函数外，可以没有其他函数（如例 1.1 和例 1.2），也可以有一个或多个其他函数（如例 1.3）。被调用的其他函数可以是系统提供的函数（如 printf()和 scanf()），也可以是用户根据需要自己编写的函数（如 add()）。

（2）主函数的位置是任意的，可以在程序的开头、两个函数之间或程序的结尾。程序的执行总是从主函数开始，并在主函数结束。

（3）C语言源程序一般用小写字母书写，只有符号常量或其他特殊用途的符号才使用大写字母。

（4）C语言程序的书写格式自由，允许一行内写多个语句，也允许一个语句写在多行，但所有语句都必须以分号结束。如果某条语句很长，一般需要将其分成多行书写。

（5）可以用"/*…*/"对C语言程序的任何部分作注释，以增强程序的可读性。VC++中还可以用"//"给程序加注释，两者的区别在于"/*…*/"可以对多行进行注释，而"//"只能对单行进行注释。源程序编译时，不对注释作任何处理。注释通常放在一段程序的开始，用以说明该段程序的功能；或者放在某个语句的后面，对该语句进行说明。在使用"/*…*/"加注释时，需要注意"/*"和"*/"必须成对使用，且"/"和"*"以及"*"和"/"之间不能有空格，否则程序会出错。

1.3　C语言程序的开发过程

开发C语言程序是指在一个集成开发环境中对程序进行编辑、编译、连接和执行的过程，如图1-1所示。

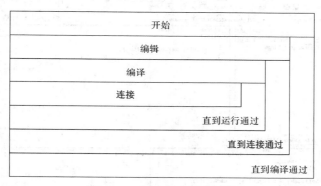

图1-1　C语言程序开发过程

（1）编辑：程序员使用编辑软件，如写字板、记事本或集成化的程序设计软件等编写的C语言程序称为C源程序（文件扩展名为.c，但在VC++6.0中，扩展名为.cpp）。

（2）编译：C源程序必须经由编译器转换成机器代码，生成扩展名为.obj的目标文件。在编译过程中，如果程序存在错误，则返回编辑状态进行修改。

（3）连接：C语言是模块化的程序设计语言，一个C语言应用程序可能由多个程序设计者分工合作完成，需要将所用到的库函数及其他目标程序连接为一个整体，生成扩展名为.exe的可执行文件。

（4）运行：运行可执行文件后，可获得程序运行结果。如果运行后没有达到预期目的，则需进一步修改源程序，重复上述过程，直到达到设计要求。

1.4 VC++6.0 集成开发环境

集成开发环境是一个综合性的工具软件，它把程序设计过程中所需的各项功能有机地结合起来，统一在一个图形化操作界面下，为程序设计人员提供尽可能高效、便利的服务。

VC++6.0 就是一个功能齐全的集成开发环境，虽然它常常用来编写 C++源程序，但它同时兼容 C 语言程序的开发。

下面以例 1.1 为例，说明使用 VC++6.0 集成开发环境运行一个 C 语言程序的操作过程。

1. 启动 VC++6.0 环境

进入 VC++6.0 环境的方法有多种，最常用的方法是：选择 Windows 操作系统的"开始|程序|Microsoft Visual Studio 6.0 |Microsoft Visual C++6.0"命令，进入 VC++6.0 环境。

VC++6.0 启动后，主窗口界面如图 1-2 所示。

图 1-2　VC++6.0 主窗口界面

VC++6.0 主窗口和一般的 Windows 窗口并无太大的区别，由标题栏、菜单栏、工具栏、工作区、程序编辑区、调试信息显示区和状态栏组成。在没有编辑源程序的情况下，工作区无信息显示，程序编辑区为深灰色。

2. 编辑源程序文件

（1）建立新工程

① 在图 1-2 所示的主窗口中，选择"文件|新建"命令，打开如图 1-3 所示的"新建"对话框。

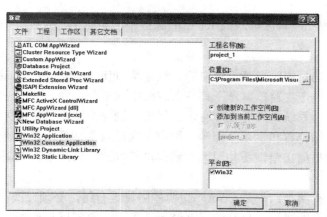

图1-3 "新建"对话框

② 在图1-3所示的"工程"选项卡左侧的工程类型中选择 Win32 Console Application 选项，在"工程名称"文本框中输入工程名称，如 project_1；在"位置"文本框中输入或选择工程所存放的位置，单击"确定"按钮，弹出如图1-4所示的对话框。

③ 在图1-4所示对话框中，选中"一个空工程"单选按钮，单击"完成"按钮。系统弹出如图1-5所示的"新建工程信息"对话框，单击"确定"按钮，即完成了一个工程的框架。

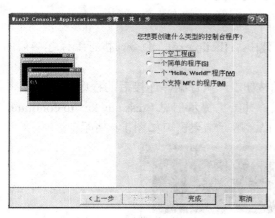

图1-4 选择工程类型

图1-5 "新建工程信息"对话框

（2）建立新工程中的文件（也可以不建立工程，直接用此步骤以单文件的方式建立源程序文件）

① 在图1-2所示的主窗口中，选择"文件|新建"命令，弹出如图1-3所示的"新建"对话框。

② 在"文件"选项卡左侧的文件类型中选择 C++ Source File 选项，在"文件名"文本框中输入文件名，如 hello.c（注意，由于编写的是标准 C 语言程序，应加上文件的扩展名.c，否则系统会自动取默认的扩展名.cpp），单击"确定"按钮，则创建了一个源程序文件，并返回到图1-2所示的 VC++6.0 主窗口。

③ 在主窗口程序编辑区输入例 1.1 中的源程序，如图 1-2 所示。

3．编译

☑　方法一：选择主窗口菜单栏中的"组建|编译[hello.c]"命令，进行编译。

☑　方法二：单击主窗口编译工具栏上的按钮 进行编译。

在编译过程中，系统如发现程序有语法错误，则在调试信息显示区显示错误信息，并给出错误性质、出错位置和错误原因等。用户可通过双击某条错误来确定该错误在源程序中的具体位置，并根据出错性质和原因对错误进行修改。修改后再重新进行编译，直到没有错误信息为止。

编译出错信息有两类：一是 error，说明程序肯定有错，必须修改；二是 warning，表明程序可能存在潜在的错误，只是编译系统无法确定，希望用户检查。对于第二类出错信息，如果用户置之不理，也可生成目标文件，但存在运行风险，因此，建议把 warning 当成 error 来严格处理。

4．连接

编译无错误后，可进行连接，生成可执行文件。

☑　方法一：选择主窗口菜单栏中的"组建|组建[hello.exe]"命令，进行连接。

☑　方法二：单击主窗口编译工具栏上的按钮 进行连接。

编译连接成功后，即在当前工程文件夹下生成可执行文件（hello.exe）。

5．运行

☑　方法一：选择主窗口菜单栏中的"组建|执行[hello.exe]"命令，执行编译连接后的程序。

☑　方法二：单击主窗口编译工具栏上的按钮 ! ，执行编译连接后的程序。

若程序运行成功，屏幕上将输出运行结果，并给出提示信息 Press any key to continue，表示程序运行后，可按任意键返回 VC++主窗口。运行结果窗口如图 1-6 所示。

图 1-6　运行结果窗口

若程序运行时出现错误，用户需要返回编辑状态修改源程序，并重新编译、连接和运行。

1.5　Turbo C 开发环境

Turbo C V2.0，简称 TC V2.0，是一个集编辑、编译、连接、调试和运行于一体，通过菜单驱动的集成开发环境。C 语言程序员可在该环境下完成从编辑到运行的所有工作。使用 TC V2.0 开发并运行 C 语言程序，可以分为 5 个步骤。

（1）启动 TC V2.0。TC V2.0 的界面如图 1-7 所示。集成环境上部是主菜单栏，包括 8 个菜单项，即 File，Edit，Run，Compile，Project，Options，Debug 和 Break/watch。其主要功能分别是文件操作、编辑、运行、编译、项目文件、选项、调试和中断/观察。

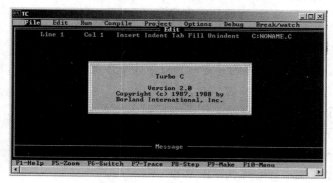

图 1-7　TC V2.0 集成环境

图 1-7 所示界面的下部包括 7 个功能键的含义说明，介绍如下。

☑ F1：帮助。可用于查找集成环境的使用方法及库函数的原型说明。

☑ F5：放大或缩小当前的活动窗口。

☑ F6：在活动窗口和其他窗口之间切换。

☑ F7：调试，逐步执行，遇到被调用函数即进入被调用函数内部逐步执行。

☑ F8：调试，遇到被调用函数，则直接得到被调用函数的计算结果，而不进入被调用函数的内部。

☑ F9：连接（包括编译和连接），生成.exe 文件。

☑ F10：在主菜单和活动窗口之间切换。

（2）编辑。在编辑状态下可以根据需要输入或修改源代码。编辑过程中要及时存盘。第一次存盘时，按 F2 键（或使用菜单命令 File|Save），然后输入要保存的文件路径及文件名，并按 Enter 键确认。源文件的扩展名一般是.c。以后保存时，如果不需要更改文件路径和文件名，直接按 F2 键即可。如果需要更改文件路径或文件名，则需要使用菜单命令 File|Write to，即"另存为"，指定文件路径或文件名。

（3）编译。如果编译成功，则生成目标代码，可进行下一步操作；否则返回第（2）步，修改源程序后重新编译，直至编译成功。编译成功，将生成*.obj 目标文件。

在编译菜单下的 Compile to OBJ 子菜单（Compile|Compile to OBJ）下，可以进行源代码程序的编译操作。

（4）连接。将第（3）步生成的目标代码与其他目标代码及库函数进行连接。如果连接成功，会生成*.exe 可执行文件；否则，根据系统提示进行相应修改，再重新连接，直至连接成功。

在编译菜单下的 Make EXE file 子菜单（Compile|Make EXE file）下，可以进行目标代码的连接操作。

（5）运行程序并查看运行结果。观察程序的运行结果，如果程序运行结果正确，则可退出 TC V2.0，结束本次程序的开发与运行；如果运行结果不符合用户要求，则应重新进行程序的编辑、编译、连接等过程。必要时，还应重新设计算法。

1.6 GCC 介绍

在 Linux 系统下，C 语言程序的开发分为以下 4 个步骤（开发过程中，将用到一些 Linux 工具）。

（1）利用某个编辑器把程序的源代码编写到一个文本文件中（通常使用 vi 编辑器）。

（2）编译程序（使用 C 语言编译器）。

（3）运行程序（使用 Linux 命令行）。

（4）调试程序（使用 gdb 等调试工具）。

在 Linux 系统下，最常用的 C 语言编译器——GNU C 编译器（GCC）是一个全功能的 ANSI C 兼容编译器。如果熟悉其他操作系统或硬件平台上的一种 C 编译器（如 Turbo C 编译器），就能很快地掌握 GCC。

GCC 可以用于编译用 C 语言和 C++语言编写的代码，而不管它使用的是什么函数库和构件库。GCC 命令的一般形式为：

gcc [options] [filenames]

其中，options（选项）是 GCC 编译器所需要的参数；filenames 是相关的文件名称。二者分别置于"[ ]"中，表明是可选的，而不是必选的。

编译一个程序时，如果不使用任何选项，GCC 将建立（假定编译成功）一个名为 a.out 的可执行文件。例如，下面的命令将在当前目录下产生一个名为 a.out 的文件。

>gcc test.c   （">"代表 Linux 命令行的命令提示符）

可以使用-o 编译选项，为即将产生的可执行文件指定一个文件名来代替 a.out。例如，将一个名为 ex1.c 的 C 语言程序编译为名为 ex1 可执行文件，可以输入命令：

>gcc -o ex1 ex1.c

GCC 命令行的大多数参数都包括一个以上的字符。因此，必须为每个选项指定各自的连字符，并且就像大多数 Linux 命令一样，不能在一个单独的连字符后跟一组选项。例如：

>gcc -p -g test.c
>gcc -pg test.c

是两个不同的命令行。

第一条命令告诉 GCC 编译 test.c 时，需要为 prof 命令建立剖析信息并且把调试信息加入到可执行的文件里；第二条命令只告诉 GCC 为 gprof 命令建立剖析信息。

GCC 编译器常用选项的含义如表 1-1 所示。

表 1-1　GCC 编译器的选项

选　　项	含　　义
-x	language 指定语言（C，C++和汇编为有效值）
-c	只进行编译和汇编（不连接）
-S	编译（不汇编或连接）
-E	只进行预处理（不编译、汇编或连接）
-o file	用来指定输出文件名（a.out 为默认值）
-l library	用来指定所使用的库
-I directory	为 include 文件的搜索指定目录
-w	禁止警告消息
-pedantic	严格要求符合 ANSI 标准
-Wall	显示附加的警告消息
-g	产生排错信息（同 gdb 一起使用时）
-ggdb	产生排错信息（用于 gdb）
-p	产生 prof 所需的信息
-pg	产生 gprof 所使用的信息
-o	优化

GCC 编译过程中使用到一些库函数，有时需要人工指定函数库的名称。例如，在源程序 test.c 中，使用了求平方根函数 sqrt(double)。如果采用默认的无选项的编译为>gcc test.c，编译器将提示查找不到 sqrt()函数，这是因为没有指定 sqrt()函数所在的函数库。

解决方法如下。

（1）使用 Linux 系统命令 nm，查找定位 sqrt()函数所在的函数库。

>nm-o /lib/*.so | grep sqrt

找出 sqrt()函数所在的函数库，文件路径为/lib/libm-2.3.2.so。

（2）编译时指定连接该函数库。

>gcc test.c-o test-lm /lib/libm-2.3.2.so

（3）编译并执行。

上面介绍的都是关于 GCC 的最简单的知识，如果需要深入了解 GCC，可参考 GCC-HOWTO 或者浏览 GCC 手册，也可以在 shell 提示符下输入 man gcc。

对规模较大的程序来说，仅用一行编译指令是远远不够的。有多种 GNU 实用工具可以帮助完成编译选项的设置，如 autoconf，automake 和 libtool 等。GUI 生成器 Glade 所生成的代码中有一个 autogen.sh 脚本，也可以用来完成这些工作。

1.7 本章小结

本章主要介绍了 C 语言的发展和特点、C 语言程序的基本结构和书写规则，并且详细介绍了 VC++6.0 集成开发环境、Turbo C 开发环境、GCC 编译器以及程序运行过程。在学习过程中，要重点掌握 C 语言程序的结构特点和上机过程。

1. C 语言程序的结构特点

（1）C 语言程序由一个或多个函数构成，有且只有一个主函数（main()函数）。

（2）主函数的位置是任意的，可以在程序的开头、两个函数之间或程序的结尾。程序的执行总是从主函数开始，并在主函数结束。

2. C 语言程序的上机过程

C 语言程序的开发需要经过编辑、编译、连接和运行 4 个步骤。

1.8 习　　题

一、单项选择题

1. 一个 C 语言程序是由（　　　）组成的。
   - A．一个主程序和若干子程序
   - B．一个或多个函数
   - C．若干过程
   - D．若干子程序
2. C 语言程序中主函数的个数（　　　）。
   - A．可以没有
   - B．可以有多个
   - C．有且只有一个
   - D．以上叙述均不正确
3. C 语言中，对 main()函数位置的要求是（　　　）。
   - A．必须在最开始
   - B．必须在系统调用的库函数的后面
   - C．可以任意
   - D．必须在最后
4. 一个 C 语言程序的执行是从（　　　）。
   - A．本程序的 main()函数开始，到 main()函数结束
   - B．本程序的 main()函数开始，到本程序的最后一个函数结束
   - C．本程序的第一个函数开始，到本程序的最后一个函数结束
   - D．本程序的第一个函数开始，到本程序的 main()函数结束
5. 在 GCC 中，为了将名为 test.c 的 C 语言程序编译为名为 test 的可执行文件，可以输入的命令为（　　　）。
   - A．>gcc -o test test. c
   - B．>gcc -g test test. c
   - C．>gcc -c test test. c
   - D．>gcc -S test test. c

二、填空题

1. C 语言源程序的每一条语句均以_____结束。

2. 开发 C 语言程序的步骤可以分成 4 步，即_____、_____、_____和_____。

3. 用 VC++6.0 开发 C 语言程序有两种注释方法：一种是_____；另一种是_____。能进行多行注释的是_____，只能进行单行注释的是_____。

4. C 语言源程序文件的扩展名是_____，经过编译后，生成目标文件的扩展名是_____，经过连接后，生成可执行文件的扩展名是_____。

三、编程题

1. 参照例 1.1，试编写一个 C 语言程序，输出如下信息。

```
***************************
Welcome to C!
***************************
```

2. 参照例 1.3，试编写一个 C 语言程序，从键盘输入两个整数，求它们的差并输出。

四、简答题

开发一个 C 语言程序包括哪几个步骤，每个步骤的作用是什么？

第2章
项目中的数据类型和数据运算

本章将结合项目中的数据类型和数据运算，介绍 C 语言的基本数据类型、常量和变量、运算符和表达式、不同数据类型间的转换等内容。学习和掌握这些内容是使用 C 语言编写程序的基础。

学习目标

➢ 掌握 C 语言的基本数据类型
➢ 掌握常量和变量的概念及使用方法
➢ 掌握各种运算符的使用方法和运算的顺序
➢ 掌握将数学表达式转换为 C 语言表达式的方法
➢ 理解不同数据类型间的转换规则

2.1　任务一　项目中数据类型的定义

一、任务描述

实现实用计算器项目中数据类型的定义。

二、知识要点

该任务涉及数据类型、常量和变量、运算符和表达式等知识点，在理论基础部分有详细的介绍。

三、任务分析

根据项目功能描述，需要定义 4 个变量。

（1）变量 data1 和 data2 用于存放参与运算的两个操作数，数据类型为实型（float）。

（2）变量 choose 用于存放菜单选项，因为主菜单的选项为 0～4 之间的数字，所以数据类型可用整型（int）或字符型（char），本任务选用整型。

（3）变量 yes_no 用于存放是否继续的应答。因为其中将存放用户输入的"y"、"Y"或其他字符，所以数据类型选用字符型。

四、具体实现

项目中所用数据类型的定义及其意义如下。

```
main()
{
    float data1,data2;              //存放参与运算的两个操作数
    int choose;                     //存放菜单选项
    char yes_no;                    //存放是否继续的应答
    …
}
```

五、要点总结

数据是计算机程序处理的对象，也是运算产生的结果。在使用数据时，必须先对其类型进行说明或定义。因为数据类型一旦确定，其所占用的存储空间和相应的操作就能随之确定。

在实际应用中，计算机程序处理的数据需要根据具体情况来判断所涉及的数据是字符型、整型，还是实型。而且需要估计数据的变化范围，并了解对数据的精度要求。如果定义不当，可能会造成内存空间的浪费，甚至影响运行结果。

由于在编写代码前很难估计一个程序中到底需要使用多少变量，通常可以采用边编写

边定义的方式，即每当需要一个新变量时，便在定义位置处补充定义。

2.2 理 论 知 识

2.2.1 C 语言的数据类型

C 语言程序的操作对象是数据，C 语言中的数据都具有确定的数据类型。C 语言提供了丰富的数据类型，可以分为基本类型、构造类型和空类型 3 类，如图 2-1 所示。

任务一中使用了整型、实型和字符型数据，这些都是 C 语言的基本数据类型，是系统预先定义的类型。除此之外，C 语言还提供了复杂数据类型，即构造类型，包括数组、指针、结构体、共用体和枚举类型。复杂数据类型是用户根据实际编程需要而定义的，因此又称为用户自定义类型或构造类型。而空类型通常与指针或函数结合作用。

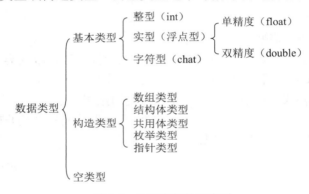

图 2-1 C 语言的数据类型

本节主要介绍基本数据类型，复杂数据类型将在后面的章节中学习。在学习数据类型时，要掌握每种类型占用的内存空间、取值范围以及所支持的操作。

1. 整型

整型数据所占的内存空间字节数和所表示的取值范围如表 2-1 所示。

表 2-1 整型数据

数 据 类 型	数据类型符	占用字节数	取 值 范 围
基本整型	int	2	$-2^{15} \sim (2^{15}-1)$ 即 $-32768 \sim 32767$
短整型	short [int]	2	$-2^{15} \sim (2^{15}-1)$ 即 $-32768 \sim 32767$
长整型	long [int]	4	$-2^{31} \sim (2^{31}-1)$ 即 $-2147483648 \sim 2147483647$
无符号整型	unsigned [int]	2	$0 \sim (2^{16}-1)$ 即 $0 \sim 65535$
无符号短整型	unsigned short [int]	2	$0 \sim (2^{16}-1)$ 即 $0 \sim 65535$
无符号长整型	unsigned long [int]	4	$0 \sim (2^{32}-1)$ 即 $0 \sim 4294967295$

注：（1）表中的"[ ]"符号代表可选项。

（2）表 2-1 是以 16 位计算机为例，即按 ANSI C 描述。而 VC++6.0 是 32 位的编译系统，因此系统规定 int 和 unsigned int 占 4 个字节，其余两者相同。

不同的整型表示的数值范围不同，在编程时，应根据程序对整数范围的实际需要灵活选择。

2. 实型

实型又称浮点型，是同时使用整数部分和小数部分来表示数字的类型，可分为单精度（float）和双精度（double）两类。实型数据所占的内存空间字节数、有效数字和所表示的取值范围如表 2-2 所示。

表 2-2　实型数据

数 据 类 型	数据类型符	占用字节数	有 效 数 字	取 值 范 围
单精度	float	4	7 位	$-3.4 \times 10^{38} \sim 3.4 \times 10^{38}$
双精度	double	8	16 位	$-1.7 \times 10^{308} \sim 1.7 \times 10^{308}$

3. 字符型

对于字符型数据，一般情况下不必考虑有符号的情况，只需要考虑无符号的情况。字符型数据所占的内存空间字节数和所表示的取值范围如表 2-3 所示。

表 2-3　字符型数据

数 据 类 型	数据类型符	占用字节数	取 值 范 围
字符型	char	1	$0 \sim 255$

2.2.2　常量和变量

每个 C 语言程序中处理的数据，无论是什么类型，都是以常量或变量的形式出现的。在程序中，常量可以不经说明而直接引用，而变量则必须先定义后使用。

1. 常量

在程序的运行过程中，其值不能被改变的量称为常量。由常量的名字，一般可以确定其含义。因此，常量也称为字面量。例如，12，3.29，'a'，"C Program"都是 C 语言的常量。

常量可以直接写在程序中。按照表现形式的不同，常量可分为直接常量和符号常量。直接常量是指在程序中不需要任何说明就可直接使用的常量，而符号常量是指需要先说明或定义后才能使用的常量。

1）直接常量

直接常量按数据类型可分为整型常量、实型常量、字符常量和字符串常量 4 类。

（1）整型常量

整型常量即数学中的整数。C 语言的整型常量有 3 种表示形式。

① 十进制整数。例如，2009，16，-3 都是十进制形式的整数。

② 八进制整数（以数字 0 为前缀的整数）。例如：

0567 表示八进制数 567，其值为$(567)_8=7 \times 8^0+6 \times 8^1+5 \times 8^2$，即为十进制形式的 375。

-023 表示八进制数-23，其值为$-(23)_8=-(3 \times 8^0+2 \times 8^1)$，即为十进制形式的-19。

③ 十六进制整数（以 0x 或 0X 为前缀的整数）。例如：

0x567 表示十六进制数 567，其值为 $(567)_{16}=7 \times 16^0+6 \times 16^1+5 \times 16^2$，即为十进制形式的 1383。

-0x2e6 表示十六进制数-2e6，其值为 $-(2e6)_{16}=-(6 \times 16^0+14 \times 16^1+2 \times 16^2)$，即为十进制形式的-742。

根据整数所需要的存储单元大小，又可将整数分为长整型数（数的末尾加 L 或 l）、短整型数（数的末尾加 H 或 h）和无符号型数（数的末尾加 U 或 u）。例如：

23L 表示一个长整型数，在 Turbo C 和 GCC 环境中，都占用 4 个字节的存储单元。

23 表示一个基本整型数，在 Turbo C 环境中，占用 2 个字节的存储单元。而在 GCC 环境中，占用 4 个字节。

（2）实型常量

实型常量也称为浮点型常量，即数学中含有小数点的实数。C 语言中，实型常量的常用表示方法有 2 种。

① 十进制小数形式。它由数字和小数点（必须包含小数点）组成。例如，3.14，0.15，.267，0.0，-6.39 都是实型常量。

② 十进制指数形式，也称为指数表示法。同一个实型常量，可以有多种指数表示法，一般地，对于一个 $a \times 10^b$ 形式的实数，在 C 语言中可以表示为 aEb 或 aeb，其中，a 称为尾数，表示实数的数值位；E（或 e）称为基数，相当于十进制整数 10；b 称为指数。

需要声明以下两点。

☑ 一个十进制小数形式的实型常量，若其小数点前面除了符号外全部为 0，则前面的 0 可以省略；若其小数点后末尾全都为 0，也可以全部或者部分省略这些 0。例如，0.056 和-0.78 可以简写为.056 和-.78；0.056000 可以简写为 0.056 或 0.05600。但不管哪种情况，小数点都不能省略，否则将按整型常量处理。例如，0.和.0 都代表实型的 0.0，但 0 则是整型的常量。

☑ 用指数形式表示实数时，字母 E（或 e）前必须有数字，字母 E（或 e）后的指数必须是整数。用指数形式表示实型常量时，若尾数 a 满足 $1 \leqslant |a| < 10$ 且 a 中包含小数点，则称为科学表示法或规范表示法。例如，3.141e3，1.378E-6，-4.0e13，-8.3e-9 都是科学表示法，分别表示 3.141×10^3，1.378×10^{-6}，-4.0×10^{13}，-8.3×10^{-9}。以下不是科学表示法：23.34e5（e 前面的数字大于 10）；0.1234e6（e 前面的数字小于 1）；2e4（e 前面的数字没有小数点）。

以下的表示方法是错误的，更不是科学表示法：3.14e（e 后面没有整数）；e3（e 前面没有数字）；3.14e3.4（e 后面的数不是整数）。

指数形式的实型常量在屏幕上显示时，是按科学表示法的形式输出的。

（3）字符常量

字符常量是指用一对单撇号括起来的单个字符。例如，'?'，'A'，'8'，都是字符常量。

在 C 语言中，还有一类特殊的字符常量，这种字符是以反斜杠（\）开头的。字符"\"将其后面的字符转变成另外的意义，因而称为转义字符。转义字符一般表示 ASCII 字符集中不可打印的控制字符和特定功能的字符。常用的转义字符如表 2-4 所示。

表 2-4　转义字符及其含义

字 符 形 式	含　　义	ASCII 码值（十进制）
\b	退格，将当前位置移到前一列	8
\t	水平制表（一个 Tab 位置）	9
\n	换行，将当前位置移到下一行开头	10
\f	换页，将当前位置移到下页开始	12
\r	回车，将当前位置移到本行开头	13
\"	双撇号字符	34
\'	单撇号字符	39
\\	反斜杠字符	92
\ddd	3 位八进制所代表的字符	
\xhh	2 位十六进制所代表的字符	

在程序中使用转义字符时，和普通的字符常量一样，必须用一对单撇号括起来。例如，'\n'。

表 2-4 中的\ddd 和\xhh 是"\"将后面的特定数字转成其他含义，因此也称为转数字符。例如，'\141'的含义是将八进制的 141（十进制的 97）转换成 ASCII 码值为 97 的字符。由附录 I 可知，'\141'等价于字符'a'。

类似地，'\x41'代表 ASCII 码值为十六进制的 41（十进制的 65）的字符，即等价于字符'A'。

计算机中所使用的各种字符都需要进行编码，即需要为每个字符赋予唯一的值。ANSI C 按照美国信息交换标准码（American Standard Code for Information Interchange，ASCII）方式为常用字符编码。例如，字符'a'的 ASCII 码值为 97，字符'0'的 ASCII 码值为 48。其他字符的 ASCII 码值见表 2-5。

字符数据在内存中的存储形式与整型数据的存储形式相似。因此，字符型数据和整型数据之间可以相互转换。一个字符数据既可以字符形式输出，也可以整数形式输出。以字符形式输出时，需要先将存储单元中的 ASCII 码转换成相应字符，然后输出。以整数形式输出时，直接将 ASCII 码作为整数输出。

表 2-5　常用字符的 ASCII 码值

字 符 类 别	ASCII 码范围
数字：'0'～'9'	48～57
大写字母：'A'～'Z'	65～90
小写字母：'a'～'z'	97～122
特殊字符	空格：32；回车：13

（4）字符串常量

字符串常量是用一对双撇号括起来的字符序列。例如，"I love China"，"C Program"，"A"都是字符串常量。

字符串常量可以由多个字符组成，也可以由单个或零个字符组成。但字符串常量必须用双撇号括起来。双撇号仅起定界符的作用，并不是字符串中的字符。例如，"w"是一个字符串常量，而'w'是一个字符常量。

字符串常量中不能直接包含双撇号（""）和反斜杠（\），若要使用这些字符，可参照转义字符中介绍的方法。

字符串常量与字符常量的主要区别如下。

① 字符串常量是用一对双撇号括起来的字符序列（0 个、1 个或多个），而字符常量是用一对单撇号括起来的单个字符。

② 字符串常量在内存中存储时，串尾会自动增加一个结束标志符'\0'。

③ 一个字符型常量的值是其 ASCII 编码值，可以与整型数据进行数值运算，而字符串常量没有独立数值的概念。

一个字符串中所包含的字符个数称为该字符串的长度。字符串中若有转义字符，则应将其视为一个整体，当做一个字符来计算。如字符串"Hello,world!\n"的长度为 13，而不是 14。

C 语言规定，在存储字符串常量时，由系统在字符串的末尾自动加一个\0 作为结束标志。'\0'在内存中占一个字节，它不引起任何控制动作，也不可显示，只用于系统判断字符串是否结束。因此，长度为 n 的字符串常量，在内存中占用 n+1 个字节。

2）符号常量

符号常量是指用符号表示的常量，在使用之前必须先定义。其定义的一般形式为：

#define 标识符 常量

其中，标识符是以字母或下划线开头，并且只能是由字母、数字和下划线组成的字符序列。标识符通常作为变量、符号常量、函数及用户定义对象的名称。其有效长度为 1～32 个字符，但为了便于程序阅读，建议不超过 8 个字符。

【例 2.1】符号常量的使用。

```
#define PI 3.1415926            //定义符号常量 PI，表示圆周率
main()
{
    float r,area;               //定义变量 r 表示圆的半径，area 表示圆的面积
    r=5.0;
    area=PI*r*r;
    printf("area=%f\n",area);
}
```

程序运行结果如下：

area=78.539815

该例的作用是计算圆的面积。其中的标识符 PI 就是一个符号常量，它代表常量 3.1415926。

在程序中使用符号常量主要有两个好处：一是便于修改程序。当程序中多处使用了某个常量而又要修改该常量时，修改的操作十分烦琐，而且容易错改、漏改。当采用符号代

表该常量时，只需修改定义格式中的常量值即可做到一改全改，十分方便。二是见名知意，便于理解程序。如将 3.1415926 定义为 PI，很容易理解为圆周率。

注意

> 符号常量不同于变量，其值在它的作用域内不能改变，也不能再被赋值。习惯上，符号常量名用大写，变量名用小写，以示区别。符号常量定义中的"#define"是一个编译预处理命令，其详细内容将在第 6 章介绍。

2. 变量

变量是指在程序执行过程中其值可以被改变的量。在 C 语言中，通常用变量来保存程序执行过程中的输入数据、中间结果以及最终结果等。变量有 3 个基本要素，即变量类型、变量名和变量的值。在使用变量之前，必须先对其进行定义。

1）变量定义

变量定义的一般形式为：

类型说明符 变量 1,变量 2, … ,变量 n;

其中，"…"表示该部分可以多次重复；"类型说明符"用来指定变量的数据类型，可以是 C 语言的基本数据类型，也可以是用户自定义的数据类型；当有多个变量时，彼此间要用逗号分隔。例如，任务一中的变量定义：

```
float data1,data2;
int choose;
char yes_no;
```

注意

> ① 在 C 语言中，变量定义不是可执行语句，必须出现在可执行语句之前。
> ② 同一变量只能定义一次，不能重复。
> ③ 变量名不能是 C 语言的关键字（见附录 II），要见名知意，并尽可能简短。
> ④ 变量的类型应根据变量的取值范围来选择，以占用内存少、操作简便为优。
> ⑤ C 语言没有提供字符串类型，字符串是用字符数组或指针来处理的。

2）变量赋初值

当首次引用一个变量时，变量必须有一个唯一确定的值，该值称为变量的初值。将一个值赋给一个变量的过程，称为赋值运算。赋值运算的一般形式为：

变量 = 值;

例如：

num1 = 3;

```
num2 = 4;
num3 = 76543;
```

定义变量的同时，也可以给变量指定一个初始值，称为变量的初始化。例如：

```
int num4 = 6;                    /*定义了一个基本整型变量 num4，并且 num4 被赋予了初值 6*/
```

已经定义的变量，在程序的运行中，可以被赋予新的值。例如：

```
int num;                         /*定义了一个基本整型变量 num*/
…
num = 40;                        /*num 被赋值为 40*/
…
num = 50;                        /*num 被赋新值为 50*/
```

程序运行时，也可以将变量 num1 的值赋值给其他变量，如 num2。赋值后，变量 num1 的值保持不变。例如：

```
int num1 = 45, num2;             /*定义了两个基本整型变量 num1 和 num2*/
…
num2 = num1;                     /*num1 的值赋给 num2。num2 的值为 45，num1 仍保持原值*/
```

【例 2.2】整型变量的定义与赋值（单步执行程序，观察各变量值的变化）。

```
int main ()
{
    /*变量的定义部分*/
    int num1, num2, temp;
    long num3, num4;
    /*变量定义完毕*/
    num1 = 4;
    num2 = 5;
    num3 = 6;
    num4 = 7;
    temp = num1;
    num1 = num2;
    num2 = temp;                 /*注①：num1 与 num2 的值发生了什么变化？ */
    num3 = num4;
    num4 = num3;                 /*注②：num3 与 num4 的值发生了什么变化？试分析变化的原因*/
    num1 = 32767;
    num2 = 32768;                /*注③：num2 的值是正还是负*/
    num3 = 2147483647;
    num4 = 2147483648;           /*注④：num4 的值是正还是负*/
    return 0;
}
```

任何一个类型的变量所表示的数据范围都是有限的。对于一个整型变量，如果被赋予一个超出其表示范围的数据，将会出现整数数据溢出的现象（例 2.2 中的注③与注④）。在程序运行时，如果整数数据溢出，系统并不报错，但会出现不正确的结果。一般地，长整型变量所能表示的数据范围比基本整型变量表示的数据范围要大一些。例如，在 TC V2.0

环境中，int 型变量占用 2 个字节的存储单元，long 型变量占用 4 个字节的存储单元。

注意

① "="称为赋值运算符，其作用是为一个变量赋予指定的值。

② 赋值过程的结果相当于将"="右边的值复制一份给"="左边的变量。

③ 只能为单独的一个变量赋值，而不能为常量或者包含多个量（变量或常量）的式子赋值。例如：

```
3 = x;                    /*不能为常量赋值*/
( x + y ) = 4;            /*不能为包含多个量的式子赋值*/
```

这两个例子都是错误的。

对于实型变量，按变量所能表示的数据范围和精度的不同，可分为单精度（float）和双精度（double）等。实型变量在使用前也需要进行定义。例如：

```
float num1;                /*定义了 1 个单精度实型变量 num1 */
float num2, num3;          /*定义了 2 个单精度实型变量 num2 和 num3*/
double num4, num5;         /*定义了 2 个双精度实型变量 num4 和 num5*/
```

与整型变量的赋值一样，实型变量可以在定义时赋初值，也可以在程序的运行阶段被赋予一个新值，还可以通过一个已被赋值的变量进行赋值。

【例 2.3】实型变量的定义与赋值。

```
int main ()
{
    /*变量的声明部分*/
    float num1= 6.2815, num2;      /*num2 的值与 num1 的值有关吗*/
    float num3 = 3.14e3;
    double num4;                    /*定义了一个双精度实型变量 num4*/
    num2 = num1;
    num1 = 7.429;
    num4 = 6.28e13;
    return 0;
}
```

实型变量所能表示的数据范围比整型变量表示的数据范围大。例如，在 Turbo C 系统中，一个单精度实型变量占用 4 个字节的存储单元，一个双精度实型变量占用 8 个字节的存储单元。但是，任何一个实型变量所占用的存储单元都是有限的，因此能提供的精度（即有效数字）也是有限的，有效位以外的数字将被舍去。因此，对实型变量进行一些操作可能会引起误差。

对于字符型变量，在某一时刻，一个字符变量只能存放一个字符。一个字符变量占用一个字节。字符变量的值在内存中是以字符的 ASCII 码值的二进制形式存储的。因此，一个字符型变量可以被赋予单个的字符，也可以被赋予一个 0～255 之间的整数。

【例 2.4】字符变量的定义与赋值。

```
int main ()
{
    /*变量的声明部分*/
    char ch1, ch2;
    ch1 = 'A';
    ch2 = 65;
    ch1 = 48;
    ch2 = '0';
    return 0;
}
```

2.2.3　运算符和表达式

描述各种不同运算的符号称为运算符，由运算符把操作数（运算对象）连接起来的式子称为表达式。根据操作数的个数，运算符可分为一元、二元、三元运算符，也称为单目、双目、三目运算符。表达式的类型由运算符的类型决定，可分为算术表达式、关系表达式、逻辑表达式、条件表达式和赋值表达式。

C 语言规定了运算符的优先级和结合性（见附录Ⅲ）。优先级是指当一个表达式中出现多个不同的运算符时运算的先后顺序。运算符的优先级有以下特点。

（1）单目运算符>双目运算符。

（2）算术运算符>关系运算符>逻辑运算符>条件运算符>赋值运算符>逗号运算符。

结合性是指当一个表达式中出现两个以上优先级相同的运算符时，运算的方向是从左到右还是从右到左。在 C 语言中，赋值运算符和条件运算符是从右往左结合的，除此之外的双目运算符都是从左往右结合的。例如，a+b+c 是按(a+b)+c 的顺序运算的；而 a=b=c 是按 a=(b=c)的顺序赋值的。

在学习运算符时需要注意其优先级、结合性以及与数学运算符的区别。

1．算术运算符及其表达式

算术运算符分为单目运算符和双目运算符。算术表达式也称为数值型表达式，由算术运算符、数值型常量、变量、函数和圆括号组成，其运算结果为数值。

1）双目运算符

双目运算符是人们比较熟悉的运算符，需要两个操作数参与，通常得出一个结果。双目运算符有加（+）、减（-）、乘（*）、除（/）、取余（%）5 种。在此重点介绍除运算和取余运算。

（1）除运算：C 语言规定，两个整数相除，其商为整数，小数部分被舍弃。例如，10/3=3。如果相除的两个数中至少有一个是实型，则结果为实型。例如，10.0/3=3.333333。如果商为负值，则取整的方向随系统而异。但大多数系统采取"向 0 取整"原则，即取整后向 0 靠拢。例如，-5/3=-1。

（2）取余运算：求余数运算要求两侧的操作数均为整型数据，否则出错。例如，5%2=1。

在实用计算器项目中，主要使用"+"、"-"、"*"、"/"来实现整数和实数的四则运算。

> **注意**
>
> 　　算术运算符的使用和数学中运算符的使用基本一致，但也有一些用法有别于数学习惯。需要特别注意以下几点：
> 　　① C 语言中不能用数学中的符号"×"或"·"表示乘法。另外，C 语言中两个数据相乘，"*"不能省略。例如，6*a 不能写成6×a、6·a 或6a。
> 　　② 不能用符号"÷"或分数线表示除法。
> 　　③ 当除数和被除数都是整数时，其商也是整数（取整，而非四舍五入）。例如，5/3 的结果为 1，2/3 的结果为 0。
> 　　如果除数和被除数中至少有一个是实型数，其商也是实型数，并按一定精度要求，对某些位四舍五入。例如，5.4/2 的结果为 2.7，6/3.0 的结果为 2.0，2.0/3.0 的结果为 0.666667。
> 　　④ 运算符号"%"为求模运算，即用于求两个整数相除时的余数。求模运算只能用于两个整数之间。例如，11%4 的结果为 3，4%9 的结果为 4，而 6.2%5、7%4.6、17.3%3.6 都是错误的。

2）单目运算符

单目运算符可以和一个变量构成一个算术表达式。常见的单目运算符有自增（++）和自减（--），自增运算使单个变量的值增 1，自减运算使单个变量的值减 1。自增、自减运算符都有两种用法。

（1）前置运算，即运算符放在变量之前，如++i、--j。变量的值先增（或减）1，然后以变化后的值参与其他运算，即先增减，后运算。例如：

```
int i=3,j;
j=++i;                          //i 和 j 的值均为 4
```

如把 j=++i 改为 j=--i，则 i 和 j 的值均为 2。

（2）后置运算，即运算符放在变量之后，如 i++、j--。变量先参与其他运算，然后再增（或减）1，即先运算，后增减。例如：

```
int i=3,j;
j=i++;                          //i 的值为 4，j 的值为 3
```

如把 j=i++改为 j=i--，则 i 的值为 2，j 的值为 3。

说明：

① 自增、自减运算常用于循环语句（见第 5 章）以及指针变量（见第 8 章）中。它使循环控制变量加（或减）1，或使指针指向下（或上）一个地址。

② 自增、自减运算符不能用于常量和表达式。例如，5++、--(a+b)等都是非法的。

2. 赋值运算符及其表达式

由赋值运算符组成的表达式称为赋值表达式。最常用的是简单的赋值运算符"="，在前面已出现过多次。另外，还有复合赋值运算符，即在赋值运算符之前添加一个双目运算符。常用的复合赋值运算符有"+="、"−="、"*="、"/="、"%="等。

例如：

```
x+=5                        //等价于 x=x+5
y*=x+3                      //等价于 y=y*(x+3)，而不是 y=y*x+3
```

赋值运算符的优先级比算术、关系和逻辑运算符低，其结合性为自右向左，即先求表达式的值，然后将表达式的值赋给变量。

初学者可能不习惯赋值运算符的这种写法，但这十分有利于编译处理，能提高编译效率，并产生质量较高的目标代码。

3. 关系运算符及其表达式

关系运算符用于比较两个操作数之间的关系，若关系成立，则返回一个逻辑真值；否则返回一个逻辑假值。由于 C 语言没有逻辑型数据，所以用整数"1"表示逻辑真，用整数"0"表示逻辑假。但在判断一个量是否为真时，用 0 表示假，非 0 表示真，即把一个非 0 的数值作为真。

关系运算符共有 6 种："＞"、"＜"、"＞="、"＜="、"=="、和"!="，依次表示大于、小于、大于等于、小于等于、等于和不等于。它们都是双目运算符，其中前 4 种运算符的优先级相同，后两种运算符的优先级相同，且前 4 种运算符的优先级高于后两种。关系运算符的优先级比算术运算符低。

需要注意的是，等于运算符"=="由两个等号组成，中间不能有空格，使用时要注意不要和赋值运算符"="混淆。例如，在实用计算器的除法运算中，需要判断第二个操作数 data2（即除数）的值是否为 0，则关系表达式应写成 data2==0，而不能写成 data2=0。

在实际编程时，常用表达式 i%2==0 判断整数 i 的奇偶性，如果表达式的值为逻辑假，则 i 为奇数；否则 i 为偶数。

4. 逻辑运算符及其表达式

当一个条件比较复杂时，则需要用逻辑运算符来表示。例如，要描述"x ＞= −1"和"x ＜= 10"两个条件同时成立或至少一个成立。其中，"同时"、"至少一个"等运算称为逻辑运算。

1）逻辑运算符

C 语言提供了 3 个逻辑运算符。

（1）逻辑与（相当于"同时"、"两个都"）：&&。

（2）逻辑或（相当于"或者"、"至少一个"）：||。

（3）逻辑非（相当于"否定"）：!。

其中，"&&"和"||"是二元运算符，要求运算符两侧都有运算量。例如：

```
( num1 >= 3 ) && ( num1 <= 89 )
( num1 > 45 ) || ( num2 <= 12 )
```

"!"是一元运算符，只要求有一个运算量。例如：

!(num > 3)

2）逻辑表达式

通过逻辑运算符将一个或多个表达式连接起来，组成的符合 C 语言规则的式子称为逻辑表达式。例如：

(a < (b + c)) && (b < (a + c)) && (c < (b + c))

该逻辑表达式可表示 3 个长度分别为 a，b，c 的线段能否构成一个三角形的条件。

逻辑表达式也是表达式。因此，逻辑表达式也具有确定的值和类型。逻辑表达式的值按照判断结果分为逻辑真和逻辑假。若逻辑表达式成立，则该逻辑表达式的值为真，仍用整数 1 表示；否则，为假，用整数 0 表示。

逻辑表达式的值可以用真值表进行求解，如表 2-6 所示。

表 2-6　逻辑表达式的真值表

a	b	!a	a&&b	a||b
真	真	假	真	真
真	假	假	假	真
假	真	真	假	真
假	假	真	假	假

3）逻辑运算符的运算规则

设 a 和 b 是两个关系表达式。

（1）a && b：当且仅当 a 和 b 的值都为真时，a && b 的值为真，并且求解逻辑与（&&）时，总是先求解表达式 a 的值。如果表达式 a 的值为假，则不需再求解表达式 b 的值。即只有表达式 a 的值为真时，才进一步求解表达式 b 的值。

（2）a || b：当且仅当 a 和 b 的值都为假时，a || b 的值为假，并且求解逻辑或（||）时，总是先求解表达式 a。如果表达式 a 的值为真，则不必求解表达式 b 的值。即只有表达式 a 的值为假时，才进一步求解表达式 b 的值。

（3）! a：当 a 的值为真时，!a 的值为假；当 a 的值为假时，!a 的值为真。

4）逻辑运算符的优先级与结合方向

"&&"（逻辑与）的优先级高于"||"（逻辑或），但低于"!"（逻辑非）。例如，设 num1 = 4，num2 = 5，num3 = 6。则(num1 < num2) || (num2 <= 15) && (num3 >=10)的值为 1，而((num1 < num2) || (num2 <= 15)) && (num3 >=10)的值为 0。

逻辑运算符与其他运算符相比，其优先级高于赋值运算符，低于比较运算符。逻辑运算符的结合方向也都是自左至右的。

例如：

a = 3 > 4 || 5 > 4

先计算"3 > 4"，值为 0；再计算"5 > 4"，值为 1；然后计算"0 || 1"，值为 1；最后结果 a = 1。

注意

① 逻辑运算符两侧的操作数，除可以是 0 和非 0 的整数外，也可以是其他任何类型的数据，如实型、字符型等，但这些值都要根据规则看成是逻辑值。

② 对于逻辑与运算，如果第一操作数被判定为假，系统不再判定或求解第二操作数。

③ 对于逻辑或运算，如果第一操作数被判定为真，系统不再判定或求解第二操作数。

④ 数学中的 a 大于 b 且 b 大于 c，应写为(a>b)&&(b>c)的形式，而不能写成 a>b>c，因为 a>b>c 在 C 语言中等价于(a>b)>c，即先求出 a>b 的值（为 0 或 1），并使运算的结果继续参与后面的运算。例如，(4>3)&&(3>2)的结果为 1，而 4>3>2 的结果为 0，因为后者等价于求(4>3)>2。

5. 条件运算符及其表达式

由运算符"?"与":"组成的表达式称为条件表达式。运算符"?:"是一个三目运算符，也是 C 语言中唯一的三目运算符，它是分支语句 if…else…的简单形式，有关 if…else…语句的内容将在第 4 章详细介绍，这里先介绍条件运算符的用法。其一般形式为：

表达式 1?表达式 2:表达式 3

其中，表达式 1、表达式 2、表达式 3 的类型可以各不相同。

如果表达式 1 的值为非 0（即逻辑真），则运算结果等于表达式 2 的值；否则，运算结果等于表达式 3 的值。例如：

min=(a<b)?a:b

执行结果是将条件表达式的值赋给 min，若 a 小于 b，min=a；若 a 不小于 b，min=b。

条件运算符的优先级较低，仅高于赋值运算符和逗号运算符，其运算方向是从右向左结合。

6. 逗号运算符及其表达式

由逗号运算符","把若干个表达式连接起来的式子称为逗号表达式。逗号运算符的优先级最低。其一般形式如下：

表达式 1,表达式 2,…,表达式 n

其求解过程是自左至右依次计算各表达式的值,表达式 n 的值即为整个逗号表达式的值。例如，已知长方体的长、宽、高，求其体积，可用下面的表达式：

a=3,b=4,c=5,v=a*b*c

整个逗号表达式的值为 60，即体积值。

注意

> 并不是任何地方出现的逗号都是逗号运算符，很多情况下，逗号仅作为分隔符使用。

7．sizeof 运算符

sizeof 运算符是单目运算符，它返回变量或类型在内存中占用的字节数。其使用形式如下：

sizeof(类型名或表达式)

例如：

```
sizeof(int)              //获得整型数据所占内存空间的字节数，值为 2
sizeof(float)            //获得单精度数据所占内存空间的字节数，值为 4
sizeof("Hello")         //值为 6，因字符串"Hello "占 6 字节内存
```

同一种数据类型在不同的编译系统中所占空间不一定相同。例如，在基于 16 位的编译系统中（如 Turbo C 2.0），int 型数据占用 2 个字节，但在基于 32 位的编译系统中（如 VC++6.0），int 型数据要占用 4 个字节。因此为了便于移植程序，最好用 sizeof 运算符计算数据类型长度。

2.2.4　数据类型转换

不同类型的数据进行混合运算时，必须先转换成同一类型，然后再进行运算。数据类型转换分为自动类型转换和强制类型转换。

1）自动类型转换

自动类型转换又称隐式类型转换，是由系统按类型转换规则自动完成的。其转换规则如图 2-2 所示。

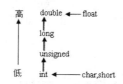

图 2-2　自动类型转换规则

（1）横向向左的箭头表示无条件的转换。如 char 和 short 型无条件自动转换成 int 型，float 型则无条件自动转换成 double 型。

（2）纵向向上的箭头表示不同类型的转换方向。如 int 型与 double 型数据进行运算，先将 int 型数据转换成 double 型，然后在两个同类型数据间进行运算，其结果为 double 型。

要注意，不是所有类型的运算都转换成 double 型，如果两个操作对象有一个是 float 型或 double 型，则另一个要先转换为 double 型，运算结果为 double 型；如果参加运算的两个数据中最高级别为 long，则另一个数据先转换成 long 型，运算结果为 long 型；也不要理解为转换是一级一级完成的。如 int 转换成 double 的过程，不是 int→unsigned→long→double，而是直接将 int 型转成 double 型。

【例 2.5】已知：char ch = 'A'; int m = 5; float f = 2.0; double d = 2.5; long L = 10;，表达式 ch+ m－f * d / L 的运算过程如图 2-3 所示。

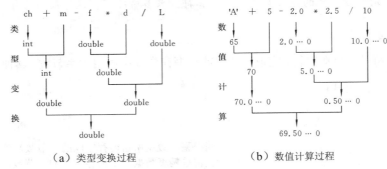

（a）类型变换过程　　　　　　　（b）数值计算过程

图 2-3　类型转换示例

2）强制类型转换

强制类型转换又称显式类型转换，是由程序员在程序中用类型转换运算符明确指明的转换操作。通常，当使用隐式类型转换不能满足要求时，就需要在程序中用强制类型转换。其一般形式为：

(类型名)(表达式)

其功能为把表达式结果的类型转换为第一个圆括号中的数据类型。当被转换的表达式是一个简单表达式时，其外面的一对圆括号可以省略。

例如：

```
(double)a                    //将变量 a 的值转换成 double 型，等价于(double)(a)
(int)(x+y)                   //将 x+y 的结果转换成 int 型
( int ) x + y                //将 x 转换为 int 型，再与 y 相加
(float)5/2                   //将 5 转换成实型后除以 2，等价于(float)(5)/2，结果为 2.5
(float)(5/2)                 //将 5 整除 2 的结果转换成实型，结果为 2.0
```

📝 **注意**

　　无论是自动数据类型转换还是强制数据类型转换都是临时性的，它们都不能改变各个变量原有的数据类型和取值大小。

2.3　知识扩展

2.3.1　数值在计算机中的表示

1. 二进制位与字节

计算机系统的内存储器由许多称为字节的单元组成，1 个字节由 8 个二进制位（bit）构成，每位的取值为 0 或 1。最右端的 1 位称为最低位，最左端的 1 位称为最高位，一般

用 1 字节、2 字节、4 字节、8 字节表示一个信息。例如，用 1 字节表示一个英文字符，用 2 字节表示一个汉字字符，用 4 字节表示一个实数。

2. 数值的原码表示

数值的原码表示是指将最高位用作符号位（0 表示正数，1 表示负数），其余各位代表数值本身的绝对值（以二进制形式表示）的表示形式。为了便于描述，本节约定用 1 个字节表示 1 个整数。

例如，十进制数+9 的原码是 00001001，

     └ 符号位上的 0 表示正数

  十进制数-9 的原码是 10001001。

     └ 符号位上的 1 表示负数

3. 数值的反码表示

数值的反码表示分两种情况。

（1）正数的反码：与原码相同。

例如，+9 的反码是 00001001。

（2）负数的反码：符号位为 1，其余各位为该数绝对值的原码按位取反（1 变为 0，0 变为 1）。

例如，-9 的反码是 11110110。

4. 数值的补码表示

数值的补码表示分两种情况。

（1）正数的补码：与原码相同。

例如，+9 的补码是 00001001。

（2）负数的补码：符号位为 1，其余位为该数绝对值的原码按位取反，然后整个数加 1。

例如，计算-9 的补码：因为是负数，则符号位为 1；其余 7 位为-9 的绝对值+9 的原码 0001001 按位取反，为 1110110；再加 1，所以-9 的补码是 11110111。

5. 由补码求原码的操作

（1）如果补码的符号位为 0，表示是一个正数，所以补码就是该数的原码。

（2）如果补码的符号位为 1，表示是一个负数，求原码的操作是符号位不变，其余各位取反，然后加 1。

例如，已知一个补码为 11110111，则原码是 10001001（-9）。因为符号位为 1，表示是一个负数，所以该位不变，仍为 1；其余 7 位 1110111 取反后为 0001000；再加 1，包括符号位，最终结果为 10001001。

在计算机系统中，数值通常用补码表示（存储），这是因为使用补码，可以将符号位和其他位统一处理；同时，减法也可按加法来处理。另外，两个用补码表示的数相加时，如果最高位（符号位）有进位，则进位被舍弃。

2.3.2 标准数学函数的使用

C 语言提供了标准函数库，包含许多常用的数学函数。用 C 语言表达式描述复杂的数学算式时，可以使用这些标准数学函数。

【例 2.6】设 $y=|x|^{1/2}$。当 x 的值为 5.678 时，计算 y 的值。

```
# include <stdio.h>
# include <math.h>                      /*使用标准数学函数需要包含相应的 math.h 头文件*/
int main ()
{
    double x, y;
    x = 5.678;
    y = sqrt ( fabs ( x ) );
    printf ( "y=%lf\n", y );
    return 0;
}
```

程序的运行结果为：

y = 2.382855

其中，fabs()是一个标准库函数，用于求实型数的绝对值，fabs(a)即为 a 的绝对值；sqrt()也是一个标准库函数，用于求实型数的算术平方根，sqrt(a)即为 a 的算数平方根。

除了例 2.6 中的求绝对值的函数 fabs(x)和求算术平方根的函数 sqrt(x)外，还有很多用于数学计算的库函数。例如：

☑ pow(x, y)，用于求实型数 x 的 y 次幂，即，用于求 x^y 的值。

☑ sin(x)，用于求实型数 x 的正弦值，即用于求 sin x 的值。

☑ $\log_{10}(x)$，用于求 x 的常用对数值，即用于求 $\log_{10} x$ 的值。

☑ log(x)，用于求 x 自然对数值，即用于求 ln x 的值。

2.4 本 章 小 结

本章主要介绍了 C 语言中的基本数据类型、常量和变量、运算符和表达式以及不同数据类型间的转换，并结合实用计算器项目分析了它们的用法。在本章学习过程中，要重点掌握基本数据类型的表示方法、常量和变量的区别，熟悉常用运算符的优先级和结合性。

本章主要知识点包括：

（1）C 语言提供了丰富的数据类型，基本数据类型有整型、实型和字符型。

（2）常量是指在程序运行期间其值不可改变的量，包括整型常量、实型常量、字符型常量、字符串常量和符号常量。

（3）变量是指在程序运行期间其值可以改变的量，在使用前必须先定义。

（4）C 语言的表达式非常丰富，有算术表达式、赋值表达式、关系表达式、逻辑表达式、条件表达式和逗号表达式等。

（5）在 C 语言中，不同类型的数据间进行混合运算时，必须先转换成同一类型，然后再进行运算。数据类型转换分为自动类型转换和强制类型转换两种。

（6）位运算是指进行二进制位的运算。位运算要求参与运算的操作数必须是整型或字符型的数据。

2.5 习 题

一、单项选择题

1. C 语言中的标识符只能由字母、数字和下划线 3 种字符组成，且第一个字符（   ）。
   A．必须是字母
   B．必须是下划线
   C．必须是字母或下划线
   D．可以是字母、数字和下划线中的任一字符

2. 在 C 语言中，合法的字符常量是（   ）。
   A．'\084'   B．"a"   C．'ab'   D．'\0'

3. 在 C 语言中，合法的实型常量是（   ）。
   A．.e2   B．1.4E0.5   C．1.3145e2   D．e3

4. 设有变量定义"char='\72';"，则变量 a（   ）。
   A．包含 1 个字符   B．包含 2 个字符
   C．包含 3 个字符   D．不合法

5. 下列数据中属于字符串常量的是（   ）。
   A．abc   B．'abc'   C．"abc"   D．'a'

6. 下面关于字符常量和字符串常量的叙述中错误的是（   ）。
   A．字符常量由单引号括起来，字符串常量由双引号括起来
   B．字符常量只能是单个字符，字符串常量则可以包含一个或多个字符
   C．字符常量占内存一个字节，字符串常量所占字节数等于字符串的实际字符个数加 1
   D．可以把一个字符常量赋予一个字符变量，但不能把一个字符串常量赋予一个字符变量

7. C 语言中，两个运算对象都必须为整型数据的运算符是（   ）。
   A．%   B．/   C．%和/   D．%和\

8. 设 x，y，z 和 k 都是 int 型变量，则执行表达式"x=(y=4,z=16,k=32)"后 x 的值为（   ）。
   A．4   B．16   C．32   D．52

9. 数学算式 x≥y≥z，应使用 C 语言表达式（   ）表示。
   A．(x>=y)&&(y>=z)   B．(x>=y)and(y>=z)

    C．(x>=y>=z)   D．(x>=y)&(y>=z)

10．逻辑运算符两侧运算对象的数据类型（　　　）。

    A．只能是 0 或 1   B．只能是 0 或非 0 正数

    C．只能是整型或字符型数据   D．可以是任意类型的数据

11．判断 char 型变量 ch 是否为大写字母的正确表达式是（　　　）。

    A．'A'<=ch<='Z'   B．(ch>= 'A')&(ch<='Z')

    C．(ch>= 'A')&&(ch<='Z')   D．(ch>= 'A')AND(ch<='Z')

12．在 C 语言中，要求操作数必须是整型或字符型的运算符是（　　　）。

    A．&&   B．&   C．!   D．||

二、填空题

1．C 语言的基本数据类型分为_____、_____和_____。

2．在 16 位的 C 语言编译系统中，整型、长整型、单精度型、双精度型、字符型的数据在内存占用的字节数分别为_____、_____、_____、_____、_____。

3．整型常量的 3 种表示方法为_____、_____、_____，实型常量的两种表示方法为_____和_____。

4．设 a 为 int 型变量，则执行表达式 a=36/5%3 后，a 的值为_____。

5．执行"int x=4,y;y=x--;"后，x 的值是_____，y 的值是_____。

6．执行"int x=5,y;y=++x;"后，x 的值是_____，y 的值是_____。

7．代数式-2ab+b-4ac 改写成 C 语言的表达式为_____。

8．设有定义：char w;int x;float y;double z;则表达式 w*x+z-y 值的数据类型是_____。

9．已知 a=1，b=2，c=3，d=4，m 和 n 的原值为 1，执行表达式(m=a>b)&&(n=c>d)后，n 的值是_____。

高等职业教育"十二五"规划教材

第3章
项目主菜单的顺序执行设计

第2章介绍了数据类型、常量和变量、运算符和表达式等C语言的一些基本要素，它们是构成程序的基本成分，但只有这些成分是不够的，必须按照一定的规则将它们组合起来，才能形成一个完整的程序。本章将结合实用计算器项目主菜单的顺序执行设计，介绍C语言程序语句、输入/输出函数、算法与程序的3种基本控制结构等内容，并结合典型实例说明顺序结构程序设计的思想和方法。

学习目标

> 了解C语言程序语句
> 了解结构化程序设计的基本知识
> 掌握格式化、单字符输入/输出函数的使用方法
> 理解算法的概念和描述方法
> 掌握顺序结构程序的编写方法

3.1 任务二 用输入/输出函数实现项目主菜单的顺序执行

一、任务描述

实现实用计算器项目主菜单的设计，且能够从键盘输入两个运算数，按主菜单中列出的加、减、乘、除顺序依次进行运算，并输出运算的结果。

二、知识要点

该任务涉及的新知识点主要有 C 语言程序语句、格式化输出函数 printf()、格式化输入函数 scanf()以及顺序结构程序设计。

三、任务分析

该任务需要解决 3 个问题，即如何显示主菜单、如何从键盘接收数据以及如何完成加、减、乘、除 4 种运算并输出结果。

（1）显示主菜单。简单菜单的制作可利用 C 语言提供的标准输出函数 printf()来实现，界面中的边框可通过字符"|"和"-"的拼接实现，也可以使用其他字符界定边框。需要注意的是，菜单设计应做到美观、友好、整齐。

（2）从键盘接收数据。C 语言提供的标准输入函数很多，但根据任务接收数据的类型选用 scanf()，该函数不但能输入实型数据，还能输入整型和字符型数据。

（3）加、减、乘、除 4 种运算的实现。4 种运算可分别用 2.2.3 节介绍的算术运算符"+"、"-"、"*"、"/"实现。在书写程序时，需要注意 C 语言中的乘、除表示方法和数学公式中不同。最后的运算结果可用 printf()函数输出。

四、具体实现

根据分析，可写出如下完整程序。

```
#include <stdio.h>
#include <stdlib.h>              //使用 system("cls")函数时需加此行
main()
{
    float data1,data2;           //存放参与运算的两个操作数
    system("cls");               //调用清屏函数。若在 TC 下运行，改用 clrscr
    printf("\n\n");
    printf("\t\t------------------------------------------------|\n");
    printf("\t\t|        实用计算器                              |\n");
```

```
printf("\t\t|-----------------------------------------------------------|\n");
printf("\t\t|                    1---加法                    |\n");
printf("\t\t|                    2---减法                    |\n");
printf("\t\t|                    3---乘法                    |\n");
printf("\t\t|                    4---除法                    |\n");
printf("\t\t|                    0---退出                    |\n");
printf("\t\t|-----------------------------------------------------------|\n");
printf("\t\t  请输入第一个运算数：");
scanf("%f",&data1);
printf("\t\t  请输入第二个运算数：");
scanf("%f",&data2);
printf("\t\t  加法运算结果为：\n");
printf("\t\t  %f + %f = %f \n",data1,data2,data1+data2);
printf("\t\t  减法运算结果为：\n");
printf("\t\t  %f - %f = %f \n",data1,data2,data1-data2);
printf("\t\t  乘法运算结果为：\n");
printf("\t\t  %f * %f = %f \n",data1,data2,data1*data2);
printf("\t\t  除法运算结果为：\n");
printf("\t\t  %f / %f = %f \n",data1,data2,data1/data2);
}
```

程序运行结果如图 3-1 所示。

图 3-1　任务二程序运行结果

因为该任务主要实现主菜单的顺序执行操作，不要求用户选择菜单项和输入是否继续的应答。因此，任务一中定义的 choose 和 yes_no 两个变量在此暂不考虑。

五、要点总结

在程序设计中，为了保证程序的正确运行，需要对输入的数据进行合法性检查，如果输入的数据有误，则应进行相应的处理。如该任务中，当运算类型为除法时，应当判断输入的除数（即 data2）是否为 0，并给出错误信息和相应处理。这一判断是用分支语句实现的，具体用法将在第 4 章介绍。

3.2　理 论 知 识

3.2.1　C 语言程序语句

一个 C 语言程序是由若干语句组成的，每个语句以分号作为结束符。C 语言的语句可以分为 5 类，分别是控制语句、表达式语句、函数调用语句、空语句和复合语句。下面分别介绍。

1．控制语句

控制语句完成一定的控制功能。C 语言有 9 条控制语句，又可细分为 3 种。

（1）选择结构控制语句

包括 if、switch 语句。

（2）循环结构控制语句

包括 do…while、for、while、break、continue 语句。

（3）其他控制语句

包括 goto、return 语句。

2．表达式语句

表达式语句由表达式后加一个分号构成。最常见的表达式语句是在赋值表达式后加一个分号构成的赋值语句。例如，num=5 是一个赋值表达式，而"num=5;"是一个赋值语句。

3．函数调用语句

函数调用语句由一次函数调用加一个分号构成。例如：

printf("This is a C Program.");

4．空语句

空语句仅由一个分号构成，不执行任何动作。空语句主要用于指明被转向的控制点或在特殊情况下作为循环语句中的循环体。

5．复合语句

复合语句由花括号括起来的一个或多个语句构成，也称为块语句。例如：

```
#include <stdio.h>
main()
{
    {                                    //复合语句的开始
        int a=1,b;
        b=a*a-1;
        printf("%d",b);
    }                                    //复合语句的结束。注意：右括号后不需要分号
}
```

复合语句被看成一个语句，可以出现在单条语句出现的任何地方，广泛用于控制语句中。复合语句可以嵌套，即复合语句中也可包含一个或多个复合语句。

3.2.2 格式化输入/输出函数

程序运行时，有时需要从外部设备（如键盘）上得到一些原始数据；程序运行结束后，通常要把运行结果发送到外部设备（如显示器）上，以便分析。通常把程序从外部设备上获得数据的操作称为输入，而把程序发送数据到外部设备的操作称为输出。

C 语言本身没有专门的输入/输出语句，其输入/输出操作是通过调用 C 语言的库函数来实现的。这些库函数以库的形式存放在扩展名为.h 的文件中，这种文件称为头文件。在使用库函数时，要用预编译命令 "#include" 将有关头文件包含到用户的源程序中。因此，源文件开头应加入预编译命令 "#include <stdio.h>" 或 "#include "stdio.h""，其中，stdio 是 standard input & output 的意思。

printf()和 scanf()函数属于标准输入/输出函数，使用较频繁。为此，系统允许在使用这两个函数时可不包含头文件 stdio.h。有关预编译命令的知识将在第 6 章详细介绍。

1. 格式化输出函数 printf()

printf()函数是最常用的输出函数，其作用是向计算机系统默认的输出设备（一般指显示器）输出一个或多个任意指定类型的数据。其一般形式为：

printf(格式字符串, 输出项表);

例如，任务二中加法运算结果的输出语句为：

printf("\t\t   %f + %f = %f \n",data1,data2,data1+data2);

1）格式字符串

格式字符串也称格式控制字符串，是由双引号括起来的字符串，用于指定输出格式。它包含格式说明符、转义字符和普通字符 3 种。

（1）格式说明符

格式说明符由 "%" 和格式字符组成，用于说明输出数据的类型、形式、长度、小数位等格式。如 "%d" 表示按十进制整型输出，"%f" 表示按实型数据输出 6 位小数，"%c" 表示按字符型输出等。C 语言中提供的格式字符如表 3-1 所示。

表 3-1 printf()格式字符

格 式 字 符	说　　明
d	以十进制形式输出带符号的整数（正数不输出符号）
u	用来输出 unsigned 型整数，以十进制无符号形式输出
o	以八进制无符号形式输出整数（不输出前缀 0）
x, X	以十六进制无符号形式输出整数（不输出前缀 0x 或 0X）
c	用来输出单个字符
s	用来输出一个字符串

格 式 字 符	说　明
f	以小数形式输出单精度和双精度实数，隐含输出 6 位小数
e，E	以指数形式输出实数
g，G	按 e 和 f 格式中较短的一种输出

（2）转义字符

常用的转义字符有回车换行符'\n'、Tab 符'\t'等，这些字符通常用来控制光标的位置。

（3）普通字符

普通字符指除格式说明符和转义字符之外的其他字符。普通字符输出时将原样输出。其作用是作为输出时数据的间隔，在显示中起提示作用。

例如，任务二中加法运算结果的输出语句：

```
printf("\t\t   %f + %f = %f \n",data1,data2,data1+data2);
```

其中，格式字符串中的 "+" 和 "=" 都是普通字符。

2）输出项表

输出项表由若干个输出项构成，输出项之间用逗号分隔，每个输出项既可以是常量、变量，也可以是表达式。有时调用 printf()函数也可以没有输出项。在这种情况下，一般用来输出一些提示信息，例如：

```
printf ("Hello, world!\n");
```

3）附加修饰符

在 printf()函数的格式说明符 "%" 和格式字符间还可以插入修饰符，用于确定数据输出的宽度、精度、小数位数、对齐方式等，能够更规范、整齐地输出数据。当没有修饰符时，则按系统默认设定输出。常用的附加修饰符如表 3-2 所示。

表 3-2　printf()的附加修饰符

修　饰　符	说　明
(字母)l	用于长整型，可加在格式符 d，o，x，u 的前面
(正整数)m	数据输出时的最小宽度
(正整数).n	对实数表示输出 n 位小数，对字符串则表示截取的字符个数
(负号)-	输出的数字或字符在域内向左对齐

附加修饰符的使用举例如表 3-3 所示。

表 3-3　printf()附加修饰符示例

输 出 语 句	说　明	输 出 结 果
printf("%5d", 42);	输出列宽为 5 的整数，不够 5 位左边补空格，向右对齐	□□□42
printf("%-5d", 42);	输出列宽为 5 的整数，不够 5 位右边补空格，向左对齐	42□□□

输 出 语 句	说　　明	输 出 结 果
printf("%7.2f", 1.23456);	输出列宽为 7 的实数，其中小数位为 2 位，整数位为 4 位，小数点占 1 位，不够 7 位左边补空格，向右对齐	□□□1.23
printf("%.2f", 1.23456);	输出实数，其中小数位为 2 位，整数位为其实际整数位数	1.23
printf("%5.3s", "student");	输出列宽为 5，但只截取字符串左端 3 个字符输出。字符串不够 5 位左边补空格，向右对齐	□□stu
printf("%-5.3s", "student");	输出列宽为 5，但只截取字符串左端 3 个字符输出。字符串不够 5 位右边补空格，向左对齐	stu□□

注：表中的"□"表示空格。

如果字符串的长度或整数位数超过说明的列宽，则按其实际长度输出。但对于实数，若整数部分超过了说明的整数位宽度，将按实际整数位输出；若小数部分位数超过了说明的小数位宽度，则按说明的列宽以四舍五入输出。

📋 注意

① printf()函数可以输出常量、变量和表达式的值。但格式字符串中的格式说明符必须按从左到右的顺序，与输出项表中的每个数据一一对应，否则出错。

② 格式字符 x，e，g 可以用小写字母，也可以用大写字母。使用大写字母时，输出数据中包含的字母也大写。除了 x，e，g 格式字符外，其他格式字符必须用小写字母，例如，"%f" 不能写成 "%F"。

③ 格式字符紧跟在 "%" 后面时作为格式字符，否则将作为普通字符原样输出，例如：printf("c=%c, f=%f\n", c, f);中 "=" 左边的 c 和 f 都是普通字符。

2. 格式化输入函数 scanf()

scanf()函数的功能是从计算机默认的输入设备（一般指键盘）向计算机主机输入数据。调用 scanf()函数的一般形式为：

scanf(格式字符串，输入项地址表);

例如，任务二中第一个运算数 data1 的输入语句为：

scanf("%f",&data1);

1）格式字符串

格式字符串是由双引号括起来的字符串，包括格式说明符、空白字符（空格、Tab 键和 Enter 键）和非空白字符（又称普通字符）。其中的格式说明符与 printf()函数中相似，由"%"和格式字符组成，中间可以插入附加修饰字符。

格式字符串中若有普通字符，在输入时要原样输入。例如，任务二中第一个运算数 data1 的输入如改为：

```
scanf("data1=%f",&data1);
```

则输入时"data1="也必须输入。假设 data1 的值为 2.5，则程序运行时应按如下形式输入：

data1=2.5↙

但是，在实际应用中，为改善人机交互性，同时简化输入操作，在设计输入操作时，一般先用 printf()函数输出一个提示信息，再用 scanf()函数进行数据输入。例如：

```
scanf("data1=%f",&data1);
```

可改为：

```
printf("data1=");
scanf("%f",&data1);
```

2）输入项地址表

输入项地址表由若干个输入项地址组成，相邻两个输入项地址之间用逗号分隔。输入项地址表中的地址可以是变量的地址，也可以是字符数组名或指针变量（分别在第 7 章和第 8 章介绍）。变量地址的表示方法为"&变量名"，其中，"&"是地址运算符。

任务二中两个运算数的输入也可用一个 scanf()实现，方法是将如下所示的程序段 1 改为程序段 2。

程序段 1：

```
printf("\t\t   请输入第一个运算数：");
scanf("%f",&data1);
printf("\t\t   请输入第二个运算数：");
scanf("%f",&data2);
```

程序段 2：

```
printf("\t\t   请输入两个运算数（两数之间用逗号分开）：");
scanf("%f,%f",&data1, &data2);
```

则输入时应按如下形式：

2.5,3.6↙

📝 **注意**

① 在调用 scanf()函数时，如果相邻两个格式说明符之间不指定数据分隔符（如逗号、冒号等），则相应的两个输入数据之间至少用一个空格或用 Tab 键分开，或者输入一个数据后，按 Enter 键，然后再输入下一个数据。

例如：

```
scanf("%f%f",&data1,&data2);
```

假设 data1 为 10，data2 为 20，则正确的输入操作为（"□"为空格）：

<u>10□20</u>↙

或者：

<u>10</u>↙
<u>20</u>↙

② 格式字符串中出现的普通字符必须原样输入，否则会导致输入出错。

例如：

scanf("data1=%f,data2=%f",&data1,&data2);

假设 data1 为 10，data2 为 20，正确的输入操作为：

<u>data1=10,data2=20</u>↙

③ 对于实型数据，输入时不能规定其精度。例如，scanf("%6.2f,%6.2f",&data1, &data2);
是不合法的。

④ 使用格式说明符"%c"输入单个字符时，应避免将空格和回车等作为有效字符
输入。

例如：

scanf("%c%c%c",&ch1,&ch2,&ch3);

假设输入 <u>A□B□C</u>↙，则系统将字符'A'赋值给 ch1，空格赋值给 ch2，字符'B'赋值给
ch3，而字符'C'并没有赋给 ch3。正确的输入方法应当是：<u>ABC</u>↙。

⑤ 数值型数据（整型、实型）与字符型数据混合输入时要特别小心，如果输入格式不
正确，将不能得到正确的结果。

例如：

```
int x1,x2;
char c1,c2;
scanf("%d%c%d%c",&x1,&c1,&x2,&c2);
printf("%d,%c,%d,%c\n",x1,c1,x2,c2);
```

如果输出结果为：

10,a,20,b

正确的输入操作为：

<u>10a20b</u>↙

即数字与字符之间不能有空格。这是因为空格是字符，如果 10 与 a 之间输入了空格，
系统将空格赋值给 c1，而不是将字符 a 赋值给 c1。

3.2.3 单字符输入/输出函数

除了使用 scanf()函数和 printf()函数输入/输出字符数据外，C 语言还提供了 getchar()、getch()和 putchar()函数，专门用来输入/输出单个字符。

1. 单字符输出函数 putchar()

putchar()函数的功能是在显示器上输出单个字符。其一般形式为：

putchar(ch);

其中，ch 可以是一个字符变量或字符常量，也可以是一个转义字符。例如：

```
putchar('A');          //输出大写字母 A
putchar(x);            //输出字符变量 x 的值
putchar('\n');         //换行，对控制字符则执行控制功能，不在屏幕上显示
```

2. 单字符输入且回显函数 getchar()

getchar()函数的功能是从键盘输入单个字符，并将字符回显在屏幕上。其一般形式为：

ch=getchar();

getchar()函数是一个无参函数，但调用该函数时，后面的圆括号不能省略。getchar()函数从键盘接收一个字符作为它的返回值。

【例 3.1】编写一个 C 程序，先从键盘接收一个字符，然后显示在屏幕上。

```
#include <stdio.h>
main()
{
    char ch;
    ch=getchar();
    putchar(ch);
    putchar('\n');
}
```

程序运行结果为：

A✓
A

getchar()函数得到的字符可以赋给一个字符型变量或整型变量,也可作为表达式的一部分。如例 3.1 可改为：

```
#include <stdio.h>
main()
{
    putchar(getchar());
    putchar('\n');
}
```

高等职业教育"十二五"规划教材

程序运行结果同例 3.1。

需要注意的是，程序中如果调用了 putchar()或 getchar()函数，则在程序的开头必须加上 "#include "stdio.h"" 或 "#include <stdio.h>"，否则，程序编译时会出错。

3. 单字符输入无回显函数 getch()

getch()函数的功能也是从键盘输入一个字符，但是字符不回显在屏幕上。其一般形式为：

getch();

getch()函数一般用来使屏幕暂停或输入密码等操作。

【例 3.2】getch()函数应用举例。

```
#include <stdio.h>
#include <conio.h>
main()
{
    char ch;
    printf("请输入一个字符：");
    ch=getchar();                    //从键盘上带回显地输入一个字符赋给变量 ch
    putchar(ch);
    printf("\n 按任意键继续……");
    getch();                         //暂停，以观察结果
}
```

程序运行结果为：

请输入一个字符：a↙
a
按任意键继续……

例 3.2 只给出了 getch()函数使屏幕暂停的操作，使用 getch()函数输入密码的操作将在第 7 章中详细介绍。

需要注意的是，getch()函数只要用户按下一个有实际意义的键就结束输入，而 getchar()函数则需要等到用户按 Enter 键才会结束输入。另外，getch()函数也是 C 语言的库函数，使用时必须在源文件的开头加上 "#include <conio.h>"。

3.2.4 算法与程序的 3 种基本结构

1. 算法的概念

问题的求解过程是对数据对象的加工过程，包括两方面内容，即对问题涉及的数据进行描述和对加工过程进行描述。对数据的描述称为数据结构，即程序中所要处理的数据对象以及它们之间的相互关系；对加工过程的描述称为算法，即解决一个问题所采取的方法和步骤。算法一般不是唯一的。

利用计算机来解决问题需要编写程序，在编写程序前要对问题进行分析，设计解题的方法与步骤，也就是设计算法。算法的好坏决定了程序的优劣，因此，算法的设计是程序

设计的核心任务之一。

2. 算法的特性

通常，一个算法必须具备以下 5 个基本特性。

（1）有穷性。算法所包含的操作步骤是有限的，且每一步都应在有限时间内完成。

（2）确定性。算法的每一步都应该是确定的，不允许有歧义。

（3）有效性。算法的每一步都必须有效可行，即能够由计算机执行。例如，对一个负数求平方根，就是一个无效的步骤。

（4）有 0 个或多个输入。输入是算法实施前需要从外界取得的信息。有些算法需要有多个输入，而有些算法不需要输入，即 0 个输入。

（5）有 1 个或多个输出。输出就是算法实施后得到的结果。显然，没有输出的算法是没有意义的。

3. 算法的描述

算法的描述方法有多种，常用的有自然语言描述法、传统流程图描述法、结构化流程图描述法、伪代码描述法、PAD 图描述法等。这里仅介绍几种主要的描述法。

1）自然语言描述

即用人类自然语言（如中文、英文）来描述算法，同时还可插入一些程序设计语言中的语句来描述，这种方法也称为非形式式算法描述。用自然语言描述算法，通俗易懂，但直观性很差，容易出现歧义。例如，对于"如果 a 小于 b，把它赋给 min"这句话，在理解时就可能出现"是把 a 赋给 min 还是把 b 赋给 min"的二义性。因此，除了很简单的问题以外，一般不用自然语言描述算法。

2）流程图描述

这是一种图形语言表示法，它用一些不同的图例来表示算法的流程，其常用符号如图 3-2 所示。

用流程图描述算法直观形象，易于理解。例如，求两个数中的较小数，其流程图如图 3-3 所示。

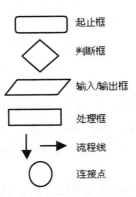

图 3-2　常用的流程图符号

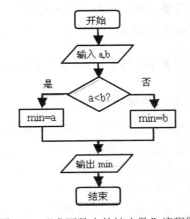

图 3-3　"求两数中的较小数"流程图

3）N-S 流程图描述

N-S 流程图是由美国学者 I. Nassi 和 B. Shneiderman 于 1973 年提出的，是用于描述 3 种基本结构的表示方法。按照 N-S 流程图方法，所有结构化的算法都可以写在一个矩形框内，在该框内还可以包含其他的框。

（1）顺序结构。如图 3-4 所示，A 和 B 两个框组成一个顺序结构，即执行 A 框所指定的操作后，接着执行 B 框所指定的操作。顺序结构是最简单的一种基本结构。

（2）选择结构。选择结构也称为分支结构。该结构必须包含一个判断框，根据给定的条件是否成立，执行不同的操作。如图 3-5 所示，当条件 p 成立时，执行 A 操作；p 不成立时，执行 B 操作。

图 3-4　顺序结构

图 3-5　选择结构

注意

　　无论条件 p 是否成立，只能执行 A 框或 B 框中的一个，不可能既执行 A 框又执行 B 框，也不可能 A 框和 B 框都不执行。

（3）循环结构。循环结构也称为重复结构，即反复执行某一部分操作。循环结构又可以分为两种。一种称为当型循环结构，如图 3-6 所示，当条件 p 成立时，执行 A 框，执行完 A 框后，判断条件 p 是否成立，如果成立，再执行 A 框，如此反复，即，当条件 p 成立时，总执行 A 框；另一种称为直到型循环结构，如图 3-7 所示，先执行 A 框，然后判断条件 p 是否成立。如果条件 p 不成立，再执行 A 框，然后再对条件 p 判断。如果条件 p 仍然不成立，继续执行 A 框，如此反复，直到给定条件 p 成立时，不再执行 A 框。

图 3-6　当型循环结构

图 3-7　直到型循环结构

结构化算法总能分解为若干个顺序、选择和循环等基本结构。因此，使用 N-S 流程图可描述任一结构化算法。

设计好算法后，必须通过计算机语言编写程序代码才能实现其功能，所以用计算机语言来实现算法是算法设计的最终目的。

4. 程序的 3 种基本控制结构

程序的 3 种基本控制结构为顺序结构、选择结构和循环结构。研究表明，这 3 种基本结构可以组成所有的复杂程序。

1）顺序结构

顺序结构是程序设计中最简单、最常用的基本结构。如图 3-8 所示，顺序结构中的各部分按书写顺序执行，即先执行 A 操作，再执行 B 操作。

图 3-8　顺序结构

2）选择结构

选择结构也称为分支结构，如图 3-9 所示。图 3-9（a）所示的执行流程根据判断条件 P 的成立与否，选择其中的一路分支执行。图 3-9（b）所示的选择结构中，当条件 P 成立时，执行 A 操作，然后脱离选择结构；如果条件 P 不成立，则直接脱离选择结构。

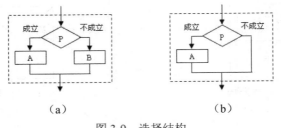

（a）　　　　　　　　　　　（b）

图 3-9　选择结构

3）循环结构

循环结构又称重复结构，即重复执行某一部分的操作。循环结构有两种形式：当型循环和直到型循环。

（1）当型循环

如图 3-10（a）所示，其执行流程是首先判断条件 P 是否成立，若成立，则执行 A 操作，然后判断条件 P 是否成立，若成立，再执行 A 操作，如此反复进行，直至某次判断条件 P 不成立，则不再执行 A 操作而结束循环。

（2）直到型循环

如图 3-10（b）所示，其执行流程是首先执行 A 操作，然后判断条件 P 是否成立，如果成立，再执行 A 操作，然后判断条件 P 是否成立，如果成立，继续执行 A 操作，如此反复，直到条件 P 不成立而结束循环。

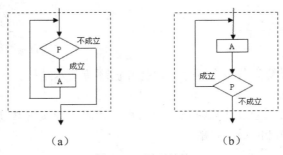

（a）　　　　　　　　　　　（b）

图 3-10　循环结构

注意

① 3 种基本控制结构有一个共同的特点，即只有一个入口且只有一个出口。

② 3 种基本结构中的 A，B 操作是广义的，可以是一个操作，也可以是另一个基本结构或几种基本结构的组合。

3.2.5　顺序结构程序设计

在顺序结构程序中，各语句是按照位置的先后次序顺序执行的，且每个语句都会被执行。顺序结构程序中的语句绝大部分由表达式语句和函数调用语句组成。例如，任务二就是由 printf() 和 scanf() 函数调用语句组成的顺序程序结构。

【例 3.3】编写程序，求两个数的平均值。

```
                                        /*程序功能：求两个数的平均值*/
# include <stdio.h>
int main ()
{
    float num1, num2, average;          /*定义 3 个实型变量*/
    num1 = 97.45;
    num2 = 15.3;
    average = (num1 + num2) / 2;        /*计算 num1 与 num2 的平均值*/
    printf ( "The average is %f\n", average );   /*输出 average 的值*/
    return 0;
}
```

程序的运行结果为：

The average is 56.375000

例 3.3 中的程序也只包含一个 main() 函数。该函数先定义了 3 个变量 num1、num2 和 average，然后分别给 num1 和 num2 指定值。通过计算，用 average 记录了 num1 与 num2 的平均值，并输出到屏幕上。

【例 3.4】编写程序，从键盘输入一个小写字母，输出该字母及其对应的 ASCII 码值，然后将该字母转换成大写字母，并输出大写字母及其对应的 ASCII 码值。

```
#include <stdio.h>
main()
{
    char   c1,c2;
    c1=getchar();
    printf("%c,%d\n",c1,c1);
    c2=c1-32;
    printf("%c,%d\n",c2,c2);
}
```

程序运行结果为：

a↙
a,97
A,65

【例 3.5】 编写程序，从键盘输入变量 x 和 y 的值，交换其值并输出结果。

```c
#include <stdio.h>
main()
{
    int x,y,temp;
    printf("请输入变量 x,y 的值(两数之间用逗号分隔)：");
    scanf("%d,%d",&x,&y);
    temp=x;
    x=y;
    y=temp;
    printf("x=%d,y=%d\n",x,y);
}
```

程序运行结果为：

请输入变量 x,y 的值(两数之间用逗号分隔)：3,6↙
x=6,y=3

3.3　知　识　扩　展

3.3.1　程序设计的步骤

简单地说，程序设计就是使用计算机语言编写程序的过程。一般地，程序的设计过程可以细分为以下 5 个步骤。

（1）分析问题：提出解决问题的可行方案。

（2）确定算法：针对提出的可行方案，确定求解问题、完成任务的每一个细节步骤。

（3）编写程序：使用计算机语言，把算法严格地描述出来，输入到计算机并保存。

（4）调试并运行程序：如果在运行过程中发现错误，需要仔细分析错误原因。更正后再次运行程序，直到程序准确无误，并得到正确的输出结果为止。

（5）总结：写出书面报告。

其中，步骤（2）～（4），即为一般所说的程序设计。

设计程序时，需要遵循一定的程序设计方法。每一个程序必须用某种计算机语言编写，并有必要的环境支持。因此可以认为：

程序=算法+数据结构+程序设计方法+语言工具和支持环境

算法设计、数据结构都有专门的课程介绍。本书着重介绍如何以 C 语言为工具进行程序设计的方法。

3.3.2　结构化程序设计的标准

早期的非结构化语言中都包含 goto 语句，允许程序从一个地方直接转到另一个地方。其优点是程序设计比较灵活方便，但不加限制地使用 goto 语句，会使得程序的正确性验证工作难以进行。同时，过多的 goto 语句会使程序流程显得复杂和紊乱，维护成本急剧增加。这正是软件产生危机的根源之一。

结构化的程序设计，可以将任一复杂的求解算法都归结为 3 种特定的基本结构，即顺序结构、选择结构和循环结构，并明确规定，基本结构可以并列和嵌套，但不允许交叉。结构化的程序易于书写、阅读、修改和维护。

结构化程序设计对复杂问题的求解是分阶段进行的。每个阶段处理的问题都以人们容易理解和处理为准。在总体设计阶段，采用"自顶向下，逐步求精"的方法，将复杂问题的求解方案分解和细化为多个模块，按照层次结构将模块组装成一个软件系统；在详细设计和编码阶段，将每一模块的功能逐步分解和细化为一系列具体的处理步骤。

一个结构化的程序，应遵循以下标准。

（1）程序符合"正确第一，效率第二"的质量标准。

（2）程序由模块组成，模块之间可以跳转但不能随意地跳转。

（3）程序只有一个入口、一个出口。

（4）程序由顺序、选择和循环 3 种结构组成。

（5）程序没有死循环。

3.3.3　程序设计的风格

程序设计者只要遵循结构化程序设计的规定，就可以设计出结构化的程序。但由于 C 语言程序的书写格式比较自由，有较大的随意性，对于初学者来说，反而容易造成程序条理不清、结构混乱。因此，建议初学者在开始学习程序设计时，严格要求自己，遵循良好的程序设计风格，使编写的程序易于阅读、调试和维护。

良好的程序设计风格包括对源程序进行文档化管理、数据对象说明规范、输入/输出方式符合用户习惯、注重效率等。

（1）源程序文档化。编码的目的是产生源程序，但是为了提高程序的可维护性，源代码需要进行文档化。源程序文档化包括按照"见名知意"的原则给数据对象命名、插入适当的注释、按照标准格式书写源程序等。

（2）数据对象说明标准化。按照一定的次序说明数据对象，有利于程序的测试、排错和维护。因此，数据对象的说明次序要固定；当用一个语句说明多个数据对象时，应按照数据对象的字母顺序排列；对于复杂的数据结构，增加注释以说明其特点及实现方法。

（3）构造语句简单化。不能为了追求效率而使程序代码复杂化，语句应当简单明了；为了便于阅读和理解，最好不要将多个语句写在同一行；不同层次的语句采用缩进形式，使程序的逻辑结构和功能特征更加清晰；要避免复杂的判定条件和多重的循环嵌套。

（4）输入和输出要符合用户的习惯。即输入操作步骤和输入格式尽量简单；程序应能够自动检查输入数据的合法性、有效性，并报告必要的输入状态信息及错误信息；成批输入数据时，要使用数据或文件结束的标志，而不要用计数来控制；交互式输入时，应提供可用的选择和边界值；当程序设计语言有严格的格式要求时，应保持输入格式的一致性；输出的数据应尽量表格化、图形化。

（5）注重程序的效率。程序的效率主要指该程序对处理器和存储空间的使用效率，包括该程序的运行时间；对存储器的使用效率；输入/输出操作的效率等。提高程序效率的根本途径在于选择良好的设计方法和数据结构算法，而不是靠编程时对程序语句作调整。同时，提高效率不能损害程序的正确性、可读性和可靠性。

3.4　本章小结

本章结合实用计算器项目主菜单的顺序执行操作，主要介绍了 C 语言程序语句、标准输入/输出函数、算法与程序的 3 种基本结构等相关理论知识，并举例说明了顺序结构程序设计的思想和方法。其中标准输入/输出函数格式描述比较复杂，是本章的重点和难点，在学习过程中不必死记，应多用多练，加强对常用格式的理解。

本章主要知识点包括：

（1）C 程序语句分为 5 类，分别是控制语句、表达式语句、函数调用语句、空语句和复合语句。

（2）C 语言本身没有专门的输入/输出语句，其输入/输出操作是通过调用 C 语言的库函数来实现的。其中 scanf()和 printf()函数用于处理多种类型、多个数据的输入/输出，而 getchar()、getch()和 putchar()用于单个字符的输入和输出。在使用 getchar()和 putchar()函数时，必须在程序开头加上预处理命令"#include <stdio.h>"，而使用 getch()函数时，需要在程序开头加上预处理命令"#include <conio.h>"。

（3）在利用计算机编程解决问题时，算法设计是十分关键的一步。算法是指解决一个问题而采取的方法和步骤。算法必须具备 5 个特性：有穷性、确定性、有效性、有 0 个或多个输入、有 1 个或多个输出。

（4）程序的 3 种基本控制结构为顺序结构、选择结构和循环结构。这 3 种基本结构可以组成所有的复杂程序。

（5）顺序结构是最简单的一种结构。在顺序结构程序中，各语句是按照位置的先后次序顺序执行的。顺序结构程序中的语句绝大部分由表达式语句和函数调用语句组成。

3.5　习　　题

一、单项选择题

1. 使用 getchar()和 putchar()函数时，必须在程序开头加上预处理命令（　　）。

　　A．#include <string.h>　　　　　　B．#include <stdio.h>

　　C．#include <math.h>　　　　　　　D．#include <conio.h>

2．printf()函数的格式说明符中，要输出字符串应使用格式字符（　　　）。

　　A．%d　　　　B．%f　　　　　　C．%s　　　　　D．%c

3．printf()函数的格式说明符"%7.2f"是指（　　　）。

　　A．输出列宽为 8 的浮点数，其中小数位为 2，整数位为 6

　　B．输出列宽为 9 的浮点数，其中小数位为 2，整数位为 7

　　C．输出列宽为 7 的浮点数，其中小数位为 2，整数位为 5

　　D．输出列宽为 7 的浮点数，其中小数位为 2，整数位为 4

4．下列程序段的输出结果是（　　　）。

```
#include <stdio.h>
main()
{
    int a;
    float b;
    a=4;
    b=9.5;
    printf("a=%d,b=%4.2f\n",a,b);
}
```

　　A．a=%d,b=%f\n　　　　　　　　B．a=%d,b=%f

　　C．a=4,b=9.5　　　　　　　　　　D．a=4,b=9.50

5．如果要使 x 和 y 的值均为 2.35，语句"scanf("x=%f,y=%f",&x,&y);"正确的输入是（　　　）。

　　A．2.35, 2.35　　　　　　　　　　B．2.35　　2.35

　　C．x=2.35, y=2.35　　　　　　　　D．x=2.35　　y=2.35

6．设有语句"scanf("%c%c%c",&c1,&c2,&c3);"，若 c1，c2，c3 的值分别为 a，b，c，则正确的输入方法是（　　　）。

　　A．a✓b✓c✓　　　　　　　　　　B．abc✓

　　C．a,b,c✓　　　　　　　　　　　D．a□b□c✓（"□"为空格)

7．设 a=3，b=4，执行"printf("%d,%d\n",(a,b),(b,a));"输出的是（　　　）。

　　A．3,4　　　　B．4,3　　　　　　C．3,3　　　　　D．4,4

8．putchar()函数可以在屏幕上输出一个（　　　）。

　　A．整数　　　　B．实数　　　　　C．字符串　　　D．字符

9．printf()函数中用到格式符"%5s"，其中数字 5 表示输出的字符串占用 5 列。如果字符串长度小于 5，则输出方式为（　　　）。

　　A．从左起输出该字符串，右补空格

　　B．按原字符串长从左向右全部输出

　　C．右对齐输出该字符串，左补空格

　　D．输出错误信息

10．以下说法正确的是（　　　　）。

  A．输入项可以为一实型常量，如 scanf("%f",3.5);

  B．只有格式控制，没有输入项，也能进行正确输入，如 scanf("a=%d,b=%d");

  C．输入实型数据时，格式控制部分应规定小数点后的位数，如 scanf("%4.2f",&f);

  D．当输入数据时，必须指明变量的地址，如 scanf("%f",&f);

二、填空题

1．C 语言程序的语句分为＿＿＿＿＿、＿＿＿＿＿、＿＿＿＿＿、＿＿＿＿＿和＿＿＿＿＿。

2．表达式和表达式语句的区别是＿＿＿＿＿＿＿＿＿＿＿＿＿＿＿＿＿＿＿＿＿＿＿＿＿＿＿。

3．算法是指＿＿＿＿＿＿＿＿＿＿＿＿＿＿＿＿＿＿＿＿＿＿＿＿＿＿＿＿，算法的 5 个基本特性＿＿＿＿＿＿是＿＿＿＿＿、＿＿＿＿＿、＿＿＿＿＿、＿＿＿＿＿、＿＿＿＿＿。

4．程序的 3 种基本控制结构为＿＿＿＿＿、＿＿＿＿＿、＿＿＿＿＿。

5．下列程序的输出结果为＿＿＿＿＿。

```
#include <stdio.h>
main()
{
    int a=1,b=2;
    a=a+b;
    b=a-b;
    a=a-b;
    printf("%d,%d\n",a,b);
}
```

6．要得到下列输出结果：

```
a,b
A,B
97,98,65,66
```

请按要求填空，补充以下程序。

```
#include <stdio.h>
main()
{
    char c1,c2;
    c1='a';
    c2='b';
    printf("_____",c1,c2);
    printf("%c,%c\n",_____);
    _____;
}
```

三、编程题

1．输入三角形的三边长，求三角形的面积。已知三角形的面积公式为 area =

$\sqrt{s \cdot (s-a) \cdot (s-b) \cdot (s-c)}$，其中，a，b，c 分别为三角形三边，$s = \dfrac{1}{2}(a+b+c)$（程序开头加上预编译命令"#include <math.h>"）。

2．输入一个 3 位正整数，正确分离出其个位、十位、百位数字，并将结果输出在屏幕上。

第4章
项目主菜单的选择执行设计

　　顺序结构只能解决程序设计中的一些简单问题，在实际解决问题过程中，经常会根据不同的情况做出不同的选择，即给出一个条件，判断是否满足该条件，并按照判断结果做出相应处理，这种程序结构称为选择结构。C 语言中有两种选择结构语句：if 语句和 switch 语句。本章将结合实用计算器项目主菜单的选择执行设计，详细介绍如何在 C 语言程序中实现选择结构。

 学习目标

 ➢　理解选择结构程序设计的思想和方法
 ➢　识记各种选择语句的格式和执行过程
 ➢　掌握用 if 语句实现分支结构的方法
 ➢　掌握用 switch 语句实现多分支结构的方法

4.1　任务三　项目主菜单的选择执行设计

一、任务描述

分别用 if 语句和 switch 语句实现项目主菜单的选择执行。要求能根据用户选择的主菜单选项进行相应的运算，并输出运算结果。

二、知识要点

新知识点主要有 if 语句和 switch 语句。

三、任务分析

实用计算器项目主菜单含有加、减、乘、除和退出 5 个菜单项，属于多分支选择结构。C 语言有两种方法实现多分支结构：一种是用 if...else 语句实现；另一种是用 switch 语句实现。该任务分别用两种语句实现主菜单的选择执行。

四、具体实现

为了突出 if 和 switch 语句的区别，压缩源程序的篇幅，将主菜单的显示部分用程序段 A 表示，两个运算数的输入部分用程序段 B 表示。

程序段 A：

```
system("cls");                    //调用清屏函数。若在 TC 下运行，改用 clrscr()
printf("\n\n");
printf("\t\t-----------------------------------------------|\n");
printf("\t\t|                    实用计算器                 |\n");
printf("\t\t|-----------------------------------------------|\n");
printf("\t\t|            1---加法                           |\n");
printf("\t\t|            2---减法                           |\n");
printf("\t\t|            3---乘法                           |\n");
printf("\t\t|            4---除法                           |\n");
printf("\t\t|            0---退出                           |\n");
printf("\t\t-----------------------------------------------|\n");
printf("\t\t   请选择运算类型(0～4):");
scanf("%d",&choose);
```

程序段 B：

```
if(choose>=1 && choose<=4)
{
    printf("\n\t\t   请输入第一个运算数：");
    scanf("%f",&data1);
    printf("\n\t\t   请输入第二个运算数：");
```

```
    scanf("%f",&data2);
    printf("\n\t\t   运算结果为：\n");
}
```

1. 用 if 语句实现项目主菜单的选择执行

```
#include <stdio.h>
#include <stdlib.h>                      //使用 system("cls")函数时需加此行
main()
{
    float data1,data2;                   //存放参与运算的两个操作数
    int choose;                          //存放用户输入的菜单选项
    程序段 A
    程序段 B
    if(choose==1)
        printf("\n\t\t   %f + %f = %f \n",data1,data2,data1+data2);
    else if(choose==2)
        printf("\n\t\t   %f - %f = %f \n",data1,data2,data1-data2);
    else if(choose==3)
        printf("\n\t\t   %f * %f = %f \n",data1,data2,data1*data2);
    else if(choose==4)
    {
        if(data2==0)
            printf("\n\t\t   除数不能为零!");
        else
            printf("\n\t\t   %f ÷ %f = %f \n",data1,data2,data1/data2);
    }
    else if(choose==0)
        exit(0);
    else
        printf("\n\t\t   输入选项错误!\n");
}
```

2. 用 switch 语句实现项目主菜单的选择执行

```
#include <stdio.h>
#include <stdlib.h>                      //使用 system("cls")函数时需加此行
main()
{
    float data1,data2;                   //存放参与运算的两个操作数
    int choose;                          //存放用户输入的菜单选项
    程序段 A
    程序段 B
    switch(choose)
    {
        case 1:printf("\n\t\t%f+%f=%f\n",data1,data2,data1+data2);break;
        case 2:printf("\n\t\t%f-%f=%f\n",data1,data2,data1-data2);break;
        case 3:printf("\n\t\t%f*%f=%f\n",data1,data2,data1*data2);break;
        case 4:
            if(data2==0)
                printf("\n\t\t   除数不能为零!");
```

```
            else
                printf("\n\t\t%f÷%f=%f\n",data1,data2,data1/data2);break;
        case 0:exit(0);
        default:printf("\n\t\t    输入选项错误!\n");
        }
    }
}
```

程序说明：

（1）程序中，exit(0)的功能是结束程序的执行。exit()函数包含在 stdlib.h 头文件中。

（2）因为加、减、乘、除每一种运算都要输入两个运算数，为了减少程序代码的重复，在 if…else 和 switch 语句之前，增加一个单分支 if 语句，即程序段 B，对这 4 种运算的运算数输入进行统一处理。

（3）当运算类型为除法时，应当判断输入的除数（即 data2）是否为 0。如果除数为 0，则给出错误信息，并结束本次运算。

（4）程序中用来存放用户输入菜单选项的变量 choose 也可以定义为 char 型，具体程序请读者思考。

（5）该任务只能实现一次主菜单的选择执行，主菜单的重复执行将在第 5 章详细介绍。

（6）程序中的"程序段 A"和"程序段 B"在输入源程序时要用相应的代码替换。程序段 A 和程序 B 也可以写成函数的形式。有关函数的具体内容将在第 6 章详细介绍。

五、要点总结

一个程序虽然经过多次修改、编译、连接和运行，但还不能断定该程序就是正确的，因为程序中可能存在逻辑错误，这些错误往往很难用眼睛检查出来，因此需要进行测试与调试。在进行程序的测试与调试时，应注意精选数据，既具有代表性，又能涵盖可能出现的各种情况。如运行该程序时，菜单的选项可分别输入 0～4 和 0～4 以外的数据来测试程序是否能达到预期效果，以保证程序的正确性，提高调试效率。

4.2　理　论　知　识

4.2.1　if 语句

if 语句根据给定的条件进行判断，以决定执行某个分支程序段。if 语句有 3 种使用形式。

1. 单分支 if 语句

单分支 if 语句的一般形式如下：

if(表达式)语句;

其功能为：先计算表达式的值，如果表达式的值为真，则执行其后的语句；否则，不执行该语句。其执行过程如图 4-1 所示。

图 4-1 单分支 if 语句的执行过程

说明：

（1）表达式通常是逻辑表达式或关系表达式，但也可以是其他表达式或任意的数值类型（包括整型、实型、字符型等）。在执行 if 语句时先对表达式求解，若表达式的值为 0，则按假处理；若表达式的值为非 0，则按真处理。如下面的 if 语句均为合法的语句：

```
if(3) printf("O.K.");
if('a') printf("%d",'a');
```

（2）表达式后面的语句可以是一个单语句，也可以是用花括号 "{}" 括起来的复合语句。花括号 "}" 外面不需要再加分号，但括号内最后一个语句后面的分号不能省略。

例如，任务三中判断用户输入的运算类型是否合法的程序段：

```
…
if(choose>=1 && choose<=4)
{
    printf("\n\t\t   请输入第一个运算数：");
    scanf("%f",&data1);
    printf("\n\t\t   请输入第二个运算数：");
    scanf("%f",&data2);
    printf("\n\t\t   运算结果为：\n");
}
…
```

【例 4.1】输入 3 个整数 a，b，c，按从小到大的顺序排序输出。

```
#include <stdio.h>
main()
{
    int a,b,z,temp;
    printf("请输入 3 个整数: ");
    scanf("%d,%d,%d",&a,&b,&z);
    if(a>b)
    {temp=a;a=b;b=temp;}                 //交换 a,b 的值
    if(a>z)
    {temp=a;a=c;c=temp;}                 //交换 a,c 的值
    if(y>z)
    {temp=b;b=c;c=temp;}                 //交换 b,c 的值
    printf("3 个整数从小到大排序结果为:%d,%d,%d\n", a,b,c);
}
```

程序运行结果：

请输入 3 个整数:<u>3,2,5</u>✓
3 个整数从小到大排序结果为:2,3,5

2.　双分支 if 语句

双分支 if 语句的一般形式如下：

```
if(表达式)
    语句 1;
else
    语句 2;
```

其功能为：先执行表达式的值，如果表达式的值为真，则执行语句 1；否则，执行语句 2。其执行过程如图 4-2 所示。

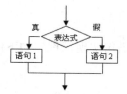

图 4-2　双分支 if 语句的执行过程

例如，任务三中判断除数是否为 0 的程序段：

```
…
if(data2==0)
    printf("\n\t\t    除数不能为零!");
else
    printf("\n\t\t    %f÷%f=%f\n",data1,data2,data1/data2);
…
```

说明：

（1）双分支 if 语句中的 else 子句不能作为语句单独使用，必须与 if 配对使用。

（2）if 语句允许嵌套。所谓 if 语句嵌套，是指在"语句 1"和"语句 2"中，又包含 if 语句的情况。C 语言规定，在嵌套的 if 语句中，else 总是与其上面最近的且尚未匹配的 if 配对。为明确匹配关系，避免匹配错误，建议将内嵌的 if 语句用花括号"{}"括起来。如：

```
if(…)
{
    if(…)语句 1;
}
else
    语句 2;
```

【例 4.2】输入 3 个整数，输出其中的最大数。

```
#include <stdio.h>
```

```
main()
{
    int a,b,c,max;
    printf("请输入 3 个整数: " );
    scanf("%d,%d,%d",&a,&b,&c);
    if(a>b)
        max=a;
    else
        max=b;
    if(max<c)
        max=c;
    printf("最大数是%d\n",max);
}
```

程序运行结果：

请输入 3 个整数:<u>5,8,2</u>↙
最大数是 8

例 4.2 也可用两个单分支的 if 语句实现，程序如下：

```
#include <stdio.h>
main()
{
    int a,b,c,max;
    printf("请输入 3 个整数: " );
    scanf("%d,%d,%d",&a,&b,&c);
    max=a;
    if(max<b)      max=b;
    if(max<c)      max=c;
    printf("最大数是%d\n",max);
}
```

程序运行结果与例 4.2 相同。

这种方法的基本思想是：首先取一个数假定为 max（最大值），然后将 max 依次与其余的数逐个比较，如果发现有比 max 大的数，就用该数给 max 重新赋值，比较完所有的数后，max 的值就是最大数。这种方法常用来求多个数中的最大值（或最小值）。

3. 多分支 if 语句

多分支 if 语句的一般形式如下：

```
if(表达式 1)语句 1;
else if(表达式 2)   语句 2;
else if(表达式 3)   语句 3;
    …
else if(表达式 n)   语句 n;
else  语句 n+1;
```

其功能为：依次判断表达式的值，当出现某个值为真时，则执行其对应的语句，其余语句不被执行。如果所有的表达式均为假，则执行语句 n+1。其执行过程如图 4-3 所示。

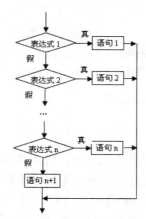

图 4-3　多分支 if 语句的执行过程

【例 4.3】编写程序，根据输入的学生成绩给出相应的等级。90 分以上为优秀，60 分以下为不及格，其余每 10 分一个等级。

```
#include <stdio.h>
main()
{
    int score;
    printf("请输入学生成绩(0-100):");
    scanf("%d",&score);
    if(score>=90)
        printf("优秀!\n");
    else if(score>=80)
        printf("良好!\n");
    else if(score>=70)
        printf("中等!\n");
    else if(score>=60)
        printf("及格!\n");
    else
        printf("不及格!\n");
}
```

程序运行结果：

请输入学生成绩(0-100):86↙
良好!

4.2.2　switch 语句

使用 if 语句实现复杂问题的多分支选择时，程序的结构显得不够清晰，因此，C 语言提供了一种专门用来实现多分支选择结构的 switch 语句，又称开关语句。

switch 语句的一般形式如下：

```
switch(表达式)
{
    case  常量表达式 1: 语句 1; break;
    case  常量表达式 2: 语句 2; break;
     …
    case  常量表达式 n: 语句 n; break;
    [default：语句 n+1;]
}
```

其功能为：首先计算 switch 后表达式的值，然后将该值与各常量表达式的值相比较。当表达式的值与某个常量表达式的值相等时，即执行其后的语句，当执行到 break 语句时，则跳出 switch 语句，转向执行 switch 语句下面的语句（即右花括号下面的第一条语句）。如果表达式的值与所有 case 后的常量表达式的值均不相同，则执行 default 后面的语句。若没有 default 语句，则退出此开关语句。

说明：

（1）switch 后面的表达式可以是 int、char 和枚举型中的一种。

（2）常量表达式后的语句可以是一个语句，也可以是复合语句或另一个 switch 语句。

（3）各 case 及 default 子句的先后次序不影响程序执行结果，但 default 通常作为开关语句的最后一个分支。

（4）每个 case 后面常量表达式的值必须各不相同，否则会出现相互矛盾的现象。

（5）switch 语句中允许出现空的 case 语句，即多个 case 共用一组执行语句。

（6）break 语句在 switch 语句中是可选的，用来跳过后面的 case 语句，结束 switch 语句，从而起到真正的分支作用。如果省略 break 语句，则程序在执行完相应的 case 语句后不能退出，而是继续执行下一个 case 语句，直到遇到 break 语句或 switch 结束。

使用 switch 语句还需要注意以下几点。

（1）常量表达式与 case 之间至少应有一个空格，否则可能被编译系统认为是语句标号，如 case1，测试时并不出现语法错误，这类错误较难查找。

（2）每个 case 只能列举一个整型或字符型常量，否则会出现语法错误，如下列程序段所示。

```
float x=1.5;
int a=3,b=4,c;
switch(x)                        //错：x 为实型数据。可改为：switch((int)x)
{
    case 4.5:                    //错：4.5 非整型常量。可改为：case (int)4.5:
        c=1;break;
    case a+b:                    //错：a+b 不是常量表达式。可改为：case 3+4:
        c=2;break;
    case 1,2,3:                  //错：不允许。可改为：case 1:case 2:case 3:
        c=3;
}
```

（3）switch 语句结构清晰，便于理解，用 switch 语句实现的多分支结构程序完全可以用 if 语句来实现，但反之不然。原因是 switch 语句中的表达式只能取整型、字符型和枚举型值，而 if 语句中的表达式可取任意类型的值。

【例 4.4】用 switch 语句实现例 4.5。

```c
#include <stdio.h>
main()
{
    int score;
    printf("请输入学生成绩(0-100):");
    scanf("%d",&score);
    switch(score/10)
    {
        case 10:
        case 9:printf("优秀!\n");break;
        case 8:printf("良好!\n");break;
        case 7:printf("中等!\n");break;
        case 6:printf("及格!\n");break;
        default:printf("不及格!\n");
    }
}
```

程序运行结果：

请输入学生成绩(0-100):78✓
中等!

在使用 switch 语句编写该程序时，特别需要注意 case 后面必须为常量表达式，不能是某一个分数段，即不能写成 "case　score>=90 && score<=100" 的形式，所以在 switch 后面的表达式中使用 score 整除 10，将百分制分数 score 转换成了 0～10 之间的整数，大大减少了分支，使 switch 语句变得更加简洁。

请读者思考：如果将程序中所有的 break 语句去掉，并输入成绩 78，会得到什么样的运行结果？

再看下面这个程序，请读者思考。

```c
#include <stdio.h>
main()
{
    int a = 1, b = 0;
    switch(a)
    {
    case 1:
    switch(b)
        {
        case 0:printf("**0**");break;
        case 1:printf("**1**");break;
        }
```

```
        case 2:printf("**2**");break;
        }
    }
```

该程序的运行结果如何？很多同学往往认为是**0**，可正确答案是**0****2**，这是为什么？也就是说，为什么 case 2 后面的代码也会执行？

4.3 选择控制结构程序举例

顺序结构中的各个语句是按照位置的先后顺序执行的，且每个语句都会被执行。选择结构用于从多组操作（每组操作相当于程序的一个分支）中选择其中一组进行执行。switch 和 if 语句都是实现多分支选择结构的语句，但二者的应用环境不同。switch 语句是对单个整型表达式的值进行计算，该表达式具有多个可能的整型值；而 if 语句是对多个表达式进行并列计算，每个表达式只有两个结果：0 值与非 0 值。能够用 switch 语句实现的选择结构都可以用 if 语句实现；能够用 if 语句实现的多分支结构，当分支个数有限时（能用整型变量表示），也能够使用 switch 语句实现。

【例 4.5】输入一个字符，若输入的为大写英文字母，则输出其对应的小写英文字母；若输入的为小写英文字母，则输出其对应的大写英文字母；若输入的为非英文字母，则原样输出。

分析：大写英文字母的 ASCII 码值在 65~90 之间；大写英文字母加 32（实为其 ASCII 码值加 32）即为其对应的小写英文字母。同理，小写英文字母减 32（实为其 ASCII 码值减 32）即为其对应的大写英文字母。算法流程图如图 4-4 所示。

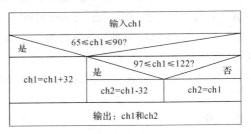

图 4-4 字符的转换

```
/*程序功能：大小写英文字母转换*/
# include <stdio.h>
int main ()
{
    char ch1, ch2;
    printf ( "Input a character: " );
    scanf ( "%c", &ch1 );
    switch ( ch1 >= 65 && ch1 <= 90 )
    {
        case 0:      /*非大写英文字母*/
            switch ( ch1 >= 97 && ch1 <= 122 )
```

```
        {
            case 0:     /*非小写英文字母*/
                ch2 = ch1;
                break;
            case 1:     /*是小写英文字母*/
                ch2 = ch1 - 32;
                break;
        }
        break;
    case 1:     /*是大写英文字母*/
        ch2 = ch1 + 32;
        break;
    }
    printf ( " Output: %c\n", ch2 );
    return 0;
}
```

程序的运行结果为：

```
Input a character:
a√
Output: A
```

【例 4.6】编写程序，输入一个年份，判断其是否为闰年。

分析：一个年份，当且仅当符合下列两个条件之一的，即是闰年。

（1）能被 4 整除，但不能被 100 整除的年份。例如，1992 年、2008 年。

（2）能被 400 整除的年份。例如，2000 年、2400 年。

用 flag 的值表示是否为闰年。如果 flag 的值为 1，表示闰年；如果是 0，表示非闰年。算法流程图如图 4-5 所示。

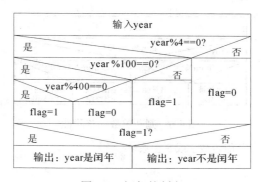

图 4-5　闰年的判定

```
/*程序功能：判断一个年份是否为闰年*/
# include <stdio.h>
int main ()
{
    int year, flag;
    printf ( "Input a year: " );
```

```
        scanf ( "%d", &year );
        if ( year % 4 == 0 )
        {
            if ( year % 100 != 0 )
                flag = 1;
            else
            {
                if ( year % 400 == 0 )
                    flag = 1;
                else
                    flag = 0;
            }
        }
        else
            flag = 0;
        if ( flag )
            printf ( "%d is a leap year\n", year );
        else
            printf ( "%d is not a leap year\n", year );
        return 0;
    }
```

程序的运行结果为：

Input a year: <u>1900</u>↙
1900 is not a leap year

【例 4.7】使用嵌套的 if 语句，判断一个整数能否被 3 或 5 整除。

分析：设 a，b 为两个整数，当且仅当 a % b 的值为 0 时，a 能被 b 整除。

算法流程图如图 4-6 所示。

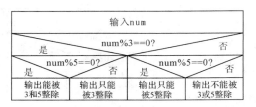

图 4-6　判断整数的整除性

```
/*程序功能：判断一个整数能否被 3 或 5 整除*/
# include <stdio.h>
int main ()
{
    int num;
    printf ( "Input a number: " );
    scanf ( "%d", &num );
    if ( num % 3 == 0)                      /*num 能被 3 整除*/
    {
        if ( num % 5 == 0 )                 /*num 既能被 3 整除，又能被 5 整除*/
```

```
            printf ( "%d can be divided by 3 and 5!\n", num );
        else                                /*num 能被 3 整除，但不能被 5 整除*/
            printf ( "%d can be divided by 3 only!\n", num );
    }
    else                                    /*num 不能被 3 整除*/
    {
        if ( num % 5 == 0 )                 /*num 不能被 3 整除，但能被 5 整除*/
            printf ( "%d can be divided by 5 only!\n", num );
        else                                /*num 既不能被 3 整除，也不能被 5 整除*/
            printf ( "%d can not be divided by 3 or 5!\n", num );
    }
    return 0;
}
```

程序的运行结果为：

Input a number: <u>30</u>✓
30 can be divided by 3 and 5!

switch 语句也可以嵌套，并且 if 和 switch 语句可以相互嵌套。

【例 4.8】使用嵌套的 switch 语句，判断一个整数能否被 3 或 5 整除。

分析：算法流程图如图 4-6 所示。

```
/*程序功能：判断一个整数能否被 3 或 5 整除*/
# include <stdio.h>
int main ()
{
    int num;
    printf ( "Input a number: " );
    scanf ( "%d", &num );
    switch ( num % 3 == 0 )
    {
        case 0:
            switch ( num % 5 == 0 )
            {
                case 0:
                    printf ( "%d can not be divided by 3 or 5!\n", num );
                    break;
                case 1:
                    printf ( "%d can be divided by 5 only!\n", num );
                    break;
            }
            break;
        case 1:
            switch ( num % 5 == 0 )
            {
                case 0:
                    printf ( "%d can be divided by 3 only!\n", num );
```

```
                    break;
            case 1:
                printf ( "%d can be divided by 3 and 5!\n", num );
                break;
        }
        break;
    }
}
```

程序的运行结果为:

Input a number: 21✓
21 can be divided by 3 only!

4.4 本章小结

本章结合实用计算器项目主菜单的选择执行设计, 主要介绍了选择结构程序设计中的 if 语句和 switch 语句。

（1）if 语句包括单分支、双分支和多分支 3 种形式。在使用 if 语句时应注意, 如果 if 语句的 if 子句或 else 子句是多个语句时, 要用花括号 "{ }" 括起来构成复合语句, 花括号 "}" 外面不需要再加分号, 但括号内最后一个语句后面的分号不能省略。

（2）switch 语句主要用于实现多分支选择, 其中的 break 语句是可选项, 用来跳过后面的 case 语句, 结束 switch 语句, 从而起到真正的分支作用。如果省略 break 语句, 则程序在执行完相应的 case 语句后不能退出, 而是继续执行下一个 case 语句, 直到遇到 break 语句或 switch 结束。所以初学者特别需要注意, 在使用 switch 语句编写多分支程序时, 有无 break 语句会得到两种截然不同的结果。

4.5 习 题

一、选择题

1. 下列运算符中, 优先级最高的是 ( )。
   A. +   B. >   C. &&   D. =
2. 下列运算符中, 结合方向为自右至左的是 ( )。
   A. +   B. >   C. &&   D. =
3. 要表达数学关系式 x≥y≥z, 应选用的 C 语言表达式为 ( )。
   A. (x >= y) and (y >= z)   B. (x >= y >= z)
   C. (x >= y) && (y >= z)   D. (x >= y) || (y >= z)
4. 已知 "int i = 10;", 则执行下面的 switch 语句后, 变量 i 的值为 ( )。

```
switch ( i )
{
    case 9:
        i = i + 1;
    case 10:
        i = i + 1;
    case 11:
        i = i + 1;
    default:
        i = i + 1;
}
```

    A．10   B．11   C．12   D．13

5．适合描述 "$x > 0$，则 $y = 1$，否则 $y = 0$" 的语句是（   ）。

    A．switch 语句   B．嵌套的 switch 语句

    C．if…else 语句   D．嵌套的 if 语句

6．下列程序的输出为（   ）。

```
# include <stdio.h>
int main ()
{
    int x = 3;
    int y = 2;
    int z = 1;
    if ( x > y )
        x = y;
    else if ( y > z )
        y = z;
    printf( "%d,%d,%d", x, y, z );
    return 0;
}
```

    A．3,2,1   B．2,2,1   C．1,2,1   D．2,1,1

7．以下程序的执行结果是（   ）。

```
# include <stdio.h>
int main ()
{
    int a1 = 1, a2 = 1, a3 = 1, a4 = 1;
    if ( a1 > 0 ) a3 = a3 + 1;
    if ( a1 > a2 ) a3 = a3 - 1;
    else if ( a1 == a2 ) a4 = a4 + 1; else a4 = a4 - 1;
    printf ( "%d,%d,%d,%d\n", a1, a2, a3,a4 );
    return 0;
}
```

    A．1,1,1,1   B．1,1,2,2   C．1,1,2,0   D．1,1,1,2

8．以下程序的执行结果是（   ）。

```
# include <stdio.h>
int main ()
{
    int x;
    switch ( x = 1 )
    {
        case 0:
            x = 10;
            break;
        case 1:
            switch ( x = 2 )
            {
                case 1:
                    x = 20;
                    break;
                case 2:
                    x = 30;
                    break;
            }
            break;
    }
    printf( "%d", x );
    return 0;
}
```

    A．1   B．10   C．20   D．30

9. 设 x，y，z 都是 int 型变量，则执行语句组"x = y = 3; (z = (x + 1)) || (y = (y + 1));"后，y 的值是（　　）。

    A．不定值   B．4   C．3   D．1

10. 设 x，y，z 都是 int 型变量，则执行语句组"x = y = 3; (z = (x - 3)) && (y = (y + 1));"后，y 的值是（　　）。

    A．不定值   B．4   C．3   D．1

二、填空题

1. 以下程序的执行结果是＿＿＿＿＿＿。

```
# include <stdio.h>
int main ()
{
    int a1 = 10, a2 = -9, a3 = 0, a4 = 100, x;
    if ( a1< a2 ) {x = a1; a1 = a2; a2 = x; }
    if ( a1< a3 ) {x = a1; a1 = a3; a3 = x; }
    if ( a1< a4 ) {x = a1; a1 = a4; a4 = x; }
    if ( a2< a3 ) {x = a2; a2 = a3; a3 = x; }
    if ( a2< a4 ) {x = a2; a2 = a4; a4 = x; }
    if ( a3< a4 ) {x = a3; a3 = a4; a4 = x; }
```

```
        printf ( "%d,%d,%d,%d\n", a1, a2, a3, a4 );
        return 0;
}
```

2．以下程序的执行结果是_____。

```
# include <stdio.h>
int main ()
{
    int a1 = 10, a2 = -9, a3 = 0, a4 = 100, x;
    if ( a1< a2 ) {x = a1; a1 = a2; a2 = x; }
    else if ( a1< a3 ) {x = a1; a1 = a3; a3 = x; }
    if ( a1< a4 ) {x = a1; a1 = a4; a4 = x; }
    else if ( a2< a3 ) {x = a2; a2 = a3; a3 = x; }
    else if ( a2< a4 ) {x = a2; a2 = a4; a4 = x; }
    if ( a3< a4 ) {x = a3; a3 = a4; a4 = x; }
    printf ( "%d,%d,%d,%d\n", a1, a2, a3, a4 );
    return 0;
}
```

3．以下是为求整系数方程"$ax^2 + bx + c = 0$"的实数根的程序，补充程序使其完整。

```
#include    <stdio.h>
#include    _____
int main ()
{
    int a, b, c, d, x1, x2;
    scanf ( "%d%d%f", &a, &b, &c );
    d = b * b - 4.0 * a * c;
    switch ( 1 * ( d > 0 ) + 2 * ( d == 0 ) + 0 * ( d < 0 ) )
    {
        case ____:
            printf( "x1 = x2 = %f\n", -b / ( 2 * a ) );
            _____
        case____:
            x1 = ( - b + sqrt (d ) ) / ( 2.0 * a );
            x2 = ( - b - sqrt( d ) )+ / ( 2.0 * a );
            printf ( "x1 = %f, x2 = %f\n", x1, x2 );
            _____
        case____:
            printf (_____);
    }
    return 0;
}
```

三、编程题

要求：先绘制流程图，然后分别使用 if 和 switch 两种语句编写程序。

1．输入 3 个边长（设为三个整数）后，判断它们能否构成三角形。若不能构成三角形，则输出 0；若能构成三角形，再判断能否构成等腰三角形。若不能构成等腰三角形，则输出 1；若能构成等腰三角形，则输出 2。

2．输入一个整数，如果该整数是偶数，则输出该整数；如果是奇数，则输出该数与 2 的乘积。

3．输入 3 个整数，按从大到小的顺序输出。

4．编写程序，输入某个学生的百分制成绩时，输出相应的五分制信息：成绩在 90～100 分之间（含 90 和 100 分）的，输出 A；成绩在 80～89 分（含 80 分）的，输出 B；成绩在 70～79 分（含 70 分）的，输出 C；成绩在 60～69 分（含 60 分）的，输出 D；成绩在 60 分以下的，输出 E。

第5章
项目主菜单的循环执行设计

　　循环结构可以实现重复性、规律性的操作，是程序设计中一种非常重要的结构，它和顺序结构、选择结构共同作为各种复杂程序的基本构造单元。在许多问题中都需要用到循环控制。例如，输入所有学生成绩、求若干个数之和、求迭代根等。循环结构的特点是，在给定条件成立时，反复执行某程序段，直到条件不成立为止。给定的条件称为循环条件，反复执行的程序段称为循环体。C 语言主要提供了 while、do…while 和 for 3 种循环语句。本章将结合实用计算器项目主菜单的循环执行设计，详细介绍 3 种循环语句及转移语句的用法。

学习目标

➢ 理解循环结构程序设计的基本思想
➢ 理解 while、do…while 和 for 语句的定义格式和执行过程
➢ 掌握用 while、do…while 和 for 语句实现循环结构的方法
➢ 理解嵌套循环的定义原则和执行过程
➢ 掌握用 while、do…while 和 for 语句实现两重循环的方法
➢ 掌握 break 和 continue 转移语句的使用方法和区别

5.1 任务四 项目主菜单的循环执行设计

一、任务描述

利用分支结构和循环结构实现项目主菜单的循环执行。要求能重复显示主菜单，并按用户输入的主菜单选项进行相应的运算。

二、知识要点

该任务涉及的新知识点主要为 while、do…while 和 for 3 种循环语句。

三、任务分析

要实现项目主菜单的重复显示，需要用到循环结构。在 C 语言中，可用 for、do…while、while、goto 和 if 语句实现循环结构。因为使用 goto 和 if 语句编写的程序可读性差，所以一般情况下，不提倡使用 goto 语句。该任务只给出用 while、do…while 和 for 语句实现循环的程序结构。

四、具体实现

为了减少程序代码的重复，在任务三中程序段 A 和程序段 B 的基础上，增加程序段 C，即将 4 种运算的实现（switch 语句）用程序段 C 表示。程序段 A 和程序段 B 的程序代码已任务三中给出，在此不再重复。

另外，在程序中需要说明的代码添加了灰色底纹，以突出显示（在输入源程序时不能这样设置）。

程序段 C：

```
switch(choose)
{
    case 1:printf("\n\t\t%f+%f=%f\n",data1,data2,data1+data2);break;
    case 2:printf("\n\t\t%f-%f=%f\n",data1,data2,data1-data2);break;
    case 3:printf("\n\t\t%f*%f=%f\n",data1,data2,data1*data2);break;
    case 4:
        if(data2==0)
            printf("\n\t\t    除数不能为零!");
        else
            printf("\n\t\t%f÷%f=%f\n",data1,data2,data1/data2);break;
    case 0:exit(0);
    default:printf("\n\t\t    输入选项错误!\n");
    }
}
```

1. 用 while 语句实现项目主菜单的循环执行

```
#include <stdio.h>
#include <conio.h>
#include <stdlib.h>                          //system()函数的头文件
main()
{
    float data1,data2;                       //存放参与运算的两个操作数
    int choose;                              //存放用户输入的菜单选项
    char yes_no;                             //存放是否继续的应答
    yes_no='y';
    while(yes_no=='y'||yes_no=='Y')
    {
      程序段 A
      程序段 B
      程序段 C
      printf("\n\t\t 是否继续计算(输入'Y'或'y'继续，其他字符退出)?");
      scanf("\n%c",&yes_no);
    }
}
```

2. 用 do...while 语句实现项目主菜单的循环执行

```
#include <stdio.h>
#include <conio.h>
#include <stdlib.h>                          //system()函数的头文件
main()
{
    float data1,data2;                       //存放参与运算的两个操作数
    int choose;                              //存放用户输入的菜单选项
    char yes_no;                             //存放是否继续的应答
    yes_no='y';
    do
    {
      程序段 A
      程序段 B
      程序段 C
      printf("\n\t\t 是否继续计算(输入'Y'或'y'继续，其他字符退出)?");
      scanf("\n%c",&yes_no);
    } while(yes_no=='y'||yes_no=='Y');
}
```

3. 用 for 语句实现项目主菜单的循环执行

```
#include <stdio.h>
#include <conio.h>
#include <stdlib.h>                          //system()函数的头文件
main()
{
    float data1,data2;                       //存放参与运算的两个操作数
    int choose;                              //存放用户输入的菜单选项
    char yes_no;                             //存放是否继续的应答
```

```
        yes_no='y';
        for(;yes_no=='y'||yes_no=='Y';)
        {
            程序段 A
            程序段 B
            程序段 C
            printf("\n\t\t 是否继续计算(输入'Y'或'y'继续，其他字符退出)?");
            scanf("\n%c",&yes_no);
        }
    }
```

程序说明：

（1）在编写循环结构程序时，循环条件要全面考虑。例如，该任务中，用户在输入是否继续的应答时，可能输入大写字母 Y，也可能输入小写字母 y。因此，在循环条件表达式中（程序中具有灰色底纹的代码），这两种情况都需要考虑，否则就无法有效控制循环。

另外，"yes_no=='y'||yes_no=='Y'"（循环条件表达式）也可以写成"toupper(yes_no)=='Y'"的形式，即将 yes_no 使用 toupper()函数转换成大写字母统一判断。需要注意的是，toupper()函数是 C 语言的库函数，使用时必须在文件的开头加上 "#include <string.h>"。

（2）语句 "scanf("\n%c",&yes_no);" 中，"\n" 的作用是把上次输入时的回车符消去。

五、要点总结

实际编程时，要根据需要正确选用循环语句。一般情况下，当需要处理能够确定循环次数的循环问题时，选用 for 语句；当需要处理虽能确定循环结束条件，但不能确定循环次数的问题时，选用 while 或 do…while 语句。while 和 do…while 语句相似，而 do…while 循环的特点是，不管条件满足与否，先执行一次循环体，然后再进行判断。例如，该任务中需要先显示一次主菜单，所以此时适宜用 do…while 循环。

5.2 理 论 知 识

在日常生活中，经常遇到需重复处理的问题，如计算 1~100 的累加和。根据目前所学的知识，将写出一个很长的表达式，这太烦琐且不现实。用计算机解决此问题的算法如下。

首先设置一个用于存放和值的变量 sum，初值为 0，再设置一个存放加数的变量 i，初值为 1，然后反复执行 "sum=sum+i;" 和 "i=i+1;" 这两条语句，当 i 增加到 101 时，停止执行，这时 sum 中的值就是 1~100 的累加和。这种能重复执行的结构称为循环结构。C 语言主要提供了 while、do…while 和 for 3 种语句实现循环结构。

5.2.1 while 语句

1. while 语句的语法格式

while 语句用来实现当型循环结构。其一般形式为：

```
while (表达式)
    {
        循环体
    }
```

其中，"表达式"是循环条件，可以为任何类型，常用的是关系表达式或逻辑表达式；"循环体"语句为重复执行的程序段，可以是单个语句，也可以是复合语句，如果是复合语句，要用花括号"{}"括起来。

2．while 语句的执行过程

while 语句的执行过程如下。

（1）先判断表达式的值为真（非 0）还是为假（0）。

（2）如果表达式的值为真，执行循环体语句，再重复步骤（1）；如果表达式的值为假，循环结束，执行 while 语句后面的程序。

其流程图如图 5-1 所示。

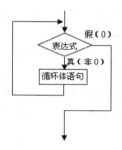

图 5-1　while 循环语句的流程图

3．while 语句应用举例

【例 5.1】用 while 语句，求解连加式 $1 + 2 + \ldots + n$（$n > 2$）的值。

分析：求解连加式，相当于重复执行加法，每次加的结果都保存在一个变量中。循环条件为，当累加的次数不超过 n 次时，继续累加。算法的流程图如图 5-2 所示。

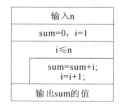

图 5-2　求解连加式的值

```
/*程序功能：求解连加式的值*/
# include <stdio.h>
int main ()
{
    int i = 1, sum = 0;
    int n;
```

```
        printf ( "Input a number: " );
        scanf ( "%d", &n );
        while ( i <= n )        /*当 i 的值不超过 n 时，累加 i 的值*/
        {
            sum = sum + i;
            i = i + 1;
        }
        printf ( "1 + 2 + ... + %d = %d\n", n, sum );
        return 0;
}
```

程序的运行结果为：

Input a number: <u>50</u>↙
1 + 2 + ... + 50 = 1275

说明：

（1）该例中的循环体由语句"sum=sum+i;"和"i=i+1;"复合而成。如果没有花括号，则只执行到语句"sum=sum+i;"就结束循环。

（2）在循环体中应该有使循环趋于结束的语句，否则会出现死循环。例如，该例中循环结束的条件是"i>100"，因此在循环体中应有使 i 值改变并最终导致"i>100"成立的语句，该程序中使用语句"i = i + 1;"来达到此目的。语句"i = i + 1;"可以用语句"i++;"代替，也可写成"++i;"的形式。i 又称循环变量，通常用来控制循环的开始和结束。

5.2.2 do...while 语句

1. do...while 语句的语法格式

do...while 语句用于实现直到型循环结构。其一般形式为：

```
do
{
    循环体
}while (表达式);
```

其中，do 是 C 语言的关键字，必须和 while 联合使用。do...while 循环由 do 开始，用 while 结束。注意，在 while 的表达式后面必须有分号，用于表示该语句的结束。其他同 while 语句。

2. do...while 语句的执行过程

do...while 语句的执行过程如下。

（1）先执行循环体语句，然后判断表达式的值。

（2）如果表达式的值为假，循环结束；如果表达式的值为真，重复执行步骤（1）。

其流程图如图 5-3 所示。

图 5-3　do...while 循环语句的流程图

3. do...while 语句应用举例

【例 5.2】用 do...while 语句，求解连乘式 1 * 2 * ... * n（n > 2）的值。

分析：求解连乘式，相当于重复执行乘法，每次乘的结果都保存在一个变量中。循环条件为累乘，直到执行了 n 次为止。算法的流程图如图 5-4 所示。

图 5-4　求解连乘式的值

```c
/*程序功能：求解连乘式的值*/
# include <stdio.h>
int main ()
{
    int i = 1, n;
    long product = 1;
    printf ( "Input a number: " );
    scanf ( "%d", &n);
    do
    {
        product = product * i;
        i = i + 1;
    }while ( i <= n ); /*累乘 i，直到 i 超过 n 为止*/
    printf ( "1 * 2 * ... * %d = %ld\n", n, product );
    return 0;
}
```

程序的运行结果为：

Input a number: 11↙
1 * 2 * ... * 11 = 39916800

说明：

（1）while 语句中的表达式后面不能加分号，而 do...while 语句的表达式后面必须加分号。

（2）无论是 while 语句，还是 do…while 语句，在循环开始前，一定要对循环控制变量赋初值，如"i=1;"。在循环体中，都需要有使循环趋于结束的语句，如"i = i + 1;"。

（3）do…while 语句和 while 语句一般可以相互替换，但两者的区别在于：do…while 是先执行后判断，因此至少要执行一次循环体。而 while 是先判断后执行，如果条件不满足，则一次循环体语句也不执行。正因为存在这一区别，在处理同一问题时会造成不同的运行结果。例如，下面两个程序段中，s 的结果是不同的。

程序段 1：

```
s=0;i=1;
while(i<1)
{
    i++;
    s=s+i;
}
printf("s=%d\n",s);
```

程序段 2：

```
s=0;i=1;
do
{
    s=s+i;
    i++;
}while(i<1);
printf("s=%d\n",s);
```

程序段 1 中 s 的结果为 0，而程序段 2 中 s 的结果为 1。

5.2.3 for 语句

1. for 语句的语法格式

for 语句是 C 语言所提供的功能更强、使用更广泛的一种循环语句，其一般形式为：

for (表达式 1; 表达式 2; 表达式 3)
{
    循环体
}

其中，"表达式 1"通常用来给循环变量赋初值，一般是赋值表达式。当然也允许在 for 语句之前给循环变量赋初值，此时可以省略该表达式；"表达式 2"通常是循环条件，一般为关系表达式或逻辑表达式；"表达式 3"可用来修改循环变量的值，一般是赋值语句。3 个表达式都可以是逗号表达式，即每个表达式都可以由多个表达式组成。3 个表达式都是可选项，均可以省略，但其间的分号不能省略。

2. for 语句的执行过程

for 语句的执行过程如下。

（1）计算表达式 1 的值。

（2）计算表达式 2 的值，若值为真（非 0），则执行循环体语句，然后执行第（3）步；若值为假（0），则结束循环，执行 for 语句之后的语句。

（3）计算表达式 3 的值，返回第（2）步重复执行。

在整个 for 循环过程中，表达式 1 只计算一次，表达式 2 和表达式 3 则可能计算多次。循环体可能执行多次，也可能一次都不执行。

其流程图如图 5-5 所示。

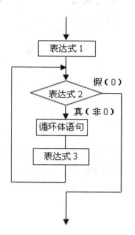

图 5-5 for 循环语句的流程图

注意

① for 语句的一般形式中，"表达式 1"的主要作用是为控制循环的变量（简称为循环变量）赋初始值。"表达式 1"也可以是与循环变量无关的其他表达式，甚至可以省略。省略时，其后面的分号不能省略。例如：

```
for( ; i < 5; i = i + 1)
{
    sum = sum + i;
}
```

该循环语句执行时，跳过"求解表达式 1"这一步，其他不变。

② "表达式 2"的值决定是否继续循环。"表达式 2"也可以省略，但其后面的分号不能省略。"表达式 2"省略时，系统不再判断循环的条件，即认为"表达式 2"的值为非0值。此时应在循环体中增加一些辅助控制语句，使得程序能及时地退出循环。例如：

```
for ( i = 1; ; i = i + 1)      /*表达式 2 的省略，导致本循环为死循环*/
{
    sum = sum + i;
}
```

③ "表达式 3"一般用于改变循环变量的值，也可以省略。例如：

```
for ( i = 1; i < 5; )
{
    sum = sum + i;
    i = i + 1;
}
```

④ 可以省略"表达式 1"、"表达式 2"、"表达式 3"中的任意两个，甚至 3 个全部省略，但两个分号都不能省略。例如：

```
i = 1;
for ( ; ; )
{
    sum = sum + i;
    i = i + 1;
}
```

⑤ 循环体可以包含多个语句，此时，包含循环体的花括号"{}"不能省略。如果循环体只包含一个语句，两端的花括号才可以省略。建议初学者编写程序时保留"{}"。

3. for 语句应用举例

【例 5.3】求解奇数连加式 $1 + 3 + 5 + \ldots + n$ ($n > 10$)的值。

```
/*程序功能：求奇数连加式的值*/
# include <stdio.h>
int main ()
{
    int i, sum = 0;
    int n;
    printf ( "Input a number: " );
    scanf ( "%d", &n );
    for ( i = 1; i <= n; i = i + 2 )
    {
        sum = sum + i;
    }
    printf ( "1 + 3 + 5 + ... + %d = %d\n", i - 2, sum );
    return 0;
}
```

程序的运行结果为：

Input a number: <u>50</u>↙
1 + 3 + 5 + ... + 50 = 625

说明：

（1）for 语句不仅可以用于循环次数已经确定的情况，也可以用于循环次数不确定而只给出循环结束条件的情况。其执行顺序与 while 语句相同，都是先对循环条件进行判断，后执行循环体中的语句，属于当型循环。

（2）for 循环语句允许有多种变化格式，以增强其功能和灵活性。

5.3　知识扩展

5.3.1　循环的嵌套

如果一个循环体内包含另一个完整的循环结构，则称为循环的嵌套。内嵌的循环体内还可以嵌套循环，形成多重循环。循环嵌套的层次是根据实际需要确定的。

while、do…while 和 for 3 种循环语句可以进行相互嵌套，但要注意，一个循环结构必须完整地包含在另一个循环结构中，两个循环不能交叉。如图 5-6 所示为给出了两重循环的部分嵌套形式。

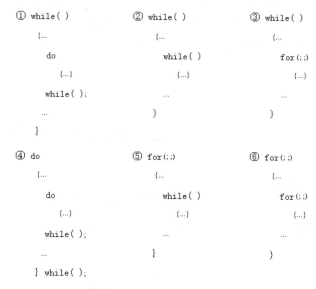

图 5-6　两重循环的部分嵌套形式

【例 5.4】假设有 5 个班，每班有 20 名学生，编写一个程序，分别输入每班 20 个学生的数学考试成绩，并求出各班的数学平均分。

```c
#include <stdio.h>
main()
{
    int m,n;
    float ave=0.0,sum,score;
    for(m=1;m<=5;m++)                //循环计算 5 个班的数学平均分
    {
        sum=0.0;
        printf("请输入第%d 个班的 20 个学生的数学成绩:",m);
        for(n=1;n<=20;n++)            //循环输入 20 个学生的数学成绩
        {
            scanf("%f",&score);
```

```
            sum=sum+score;                  //计算每班的数学总分
        }
        ave=sum/20;                         //计算每班的数学平均分
        printf("第%d 个班的平均分为%f\n",m,ave);
    }
}
```

【例 5.5】编程打印下列图形。

```
       *
      ***
     *****
    *******
```

分析：打印该图形需要用两重循环来实现，其中外层循环决定要打印的行数，内层循环决定每一行要打印的空格数和星数，要注意，每一行星打印完后要输出一个回车符。内层循环的循环条件是一个不确定的值，它与外层循环变量有关。其关系是"每行要打印的空格数=4-行号"，每行要打印的星数等于"2*行号-1"。

程序如下：

```
#include <stdio.h>
main()
{
    int i,j,k;                          //变量 i,j,k 分别表示行数、空格数和星数
    for(i=1;i<=4;i++)
    {
        for(k=1;k<=4-i;k++)
            printf(" ");                //每行打印 4-i 个空格
        for(j=1;j<=2*i-1;j++)
            printf("*");                //每行打印 2*i-1 个星号
        printf("\n");
    }
}
```

设计多重循环结构时，不允许内、外层循环使用相同的循环变量，为了提高程序的可读性，最好每层循环的语句都按一定的缩进格式书写。

5.3.2 辅助控制语句

程序中的语句通常是按顺序方向或按语句功能所定义的方向执行的。在实际应用中，有时需要改变程序的正常流向，如在 switch 语句中，使用 break 语句结束某一分支。此外，还可能在某种条件下跳出循环或提前进行下一轮循环。为了使程序员能自由控制程序的执行，C 语言提供了 4 种辅助控制语句：break、continue、goto 和 exit 语句。

1. break 语句

break 语句通常用在循环语句和 switch 语句中。break 在 switch 语句中的用法已在第 4 章中举例介绍，这里不再重复。

当 break 语句用于 while、do…while 和 for 循环语句中时，可使程序终止 break 语句所在层的循环。

break 语句的一般形式为：

break;

【例 5.6】输入一个大于 1 的正整数 n，判断 n 是否为素数。

分析：素数是只能被 1 和它自身整除的自然数。要判断一个数是否为素数，可用 2～(n-1)之间的每一个数去整除 n，如果 n 能被其中任何一个数整除，则 n 不是素数；相反 n，就是素数。判断一个数是否能被另一个数整除，可通过判断它们整除的余数是否为 0 来实现。

程序如下：

```
#include <stdio.h>
main()
{
    int n,i;
    printf("请输入一个大于 1 的正整数：");
    scanf("%d",&n);
    for(i=2;i<n;i++)
        if(n%i==0)
            break;
    if(i>=n)                      //也可写成 i==n
        printf("%d 是素数!\n",n);
    else
        printf("%d 不是素数!\n",n);
}
```

程序运行结果为：

请输入一个大于 1 的正整数：17↙
17 是素数!

说明：

（1）由于程序中的 for 循环含有 break 语句，使得 for 循环存在两个结束出口。一个出口是循环正常结束，即循环条件"i<n"不成立时结束循环，说明 n 不能被 2～(n-1)之间的任何一个数整除，即 n 是素数，此时 i 值等于 n；另一个出口是用 break 语句提前结束循环，此时循环体中 if 语句给出的条件"n%i==0"成立，说明 i 是 n 的因子，即 n 不可能是素数，无须再做后续的循环。因此，在 for 循环结束后，可根据 i 与 n 的关系来确定是哪种情况，以判断 n 是否为素数。

（2）该程序在 n 不是素数时循环要执行 n-2 次，其实在判断 n 是否为素数时，只需让 n 被 2～$\sqrt{n}$ 之间的数整除即可，因为任何一个整数都可分解成两个整数相乘的形式，即 n=i*j，分析可知，i 和 j 中的任何一个肯定介于 1～$\sqrt{n}$ 之间。这样做可以减少循环次数，提高执行效率。

改进后的程序如下：

```
#include <stdio.h>
#include <math.h>
main()
{
    int n,i,k;
    printf("请输入一个大于 1 的正整数：");
    scanf("%d",&n);
    k=sqrt(n);
    for(i=2;i<=k;i++)
        if(n%i==0)
            break;
    if(i>k)                            //也可写成 i>=k+1
        printf("%d 是素数!\n",n);
    else
        printf("%d 不是素数!\n",n);
}
```

变量 k 表示取 n 的平方根，和 i 一起控制循环。需要注意的是，算术平方根函数 sqrt() 是 C 语言的库函数，使用时必须在文件的开头加上 "#include <math.h>" 头文件。

2. continue 语句

continue 语句的作用是结束本次循环，即跳过本次循环体中其余未执行的语句，提前进行下一次循环。continue 语句只能用在 while、do…while 和 for 等循环体中，对于 while 和 do…while 循环，若遇到 continue，则跳到该循环的条件表达式的位置；而对于 for 循环，则跳到该循环的"表达式 3"的位置，而不是"表达式 2"的位置。

continue 语句的一般形式为：

continue;

break 语句和 continue 语句一般和 if 语句联合使用，若在循环体内单独使用这两个语句，则无任何意义。当循环嵌套时，break 和 continue 只影响包含它们的最内层循环，与外层循环无关。

break 和 continue 语句对循环控制的影响是不同的，continue 语句只结束本次循环，而不是终止整个循环的执行，而 break 语句则是结束整个循环过程，不再判断执行循环的条件是否成立。例如，下面两个循环结构的程序段：

（1）while(表达式 1)
   {
    语句 1;
    if(表达式 2)break;
    语句 2;
   }

（2）while(表达式 1)
   {
    语句 1;
    if(表达式 2)continue;
    语句 2;
   }

程序段（1）的流程图如图 5-7 所示，程序段（2）的流程图如图 5-8 所示。注意，图 5-7 和图 5-8 中，当"表达式 2"为真时，流程图的转向是不同的。

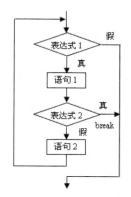

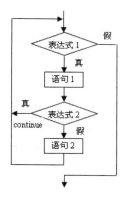

图 5-7　break 语句对循环控制的影响　　　　图 5-8　continue 语句对循环控制的影响

【例 5.7】输出 100 以内能被 7 整除的数。

```
#include <stdio.h>
main()
{
    int n;
    for(n=7;n<=100;n++)
    {
        if(n%7!=0)                    //判断是否能被 7 整除
            continue;
        printf("%4d",n);
    }
}
```

程序运行结果为：

7　14　21　28　35　42　49　56　63　70　77　84　91　98

该程序中，对 7～100 之内的每一个数进行测试，如果该数不能被 7 整除，即余数不为 0，则由 continue 语句转去执行下一次循环。只有余数为 0 时，才执行后面的 printf()语句，输出能被 7 整除的数。该例中的循环体还可以改为以下形式：

if(n%7==0) printf("%d",n);

读者可以通过比较体会 continue 语句的作用。

3. goto 语句

goto 语句是一种无条件转移语句。其一般形式为：

goto　语句标号;

其中，语句标号是用户任意选取的标识符，其后跟一个 "；"，可以放在程序中任意一条语句之前，作为该语句的一个代号。语句标号不影响该语句的执行，它只起与 goto 语句配合的作用。执行 goto 语句后，程序将跳转到该标号处并执行其后的语句。

goto 语句通常与 if 语句配合使用。可用来实现条件转移、构成循环、跳出循环体等功能。

【例 5.8】用 if 和 goto 语句构成循环，计算 1+2+...+100 的结果。

```c
#include <stdio.h>
main()
{
        int    i=1,sum=0;
    loop:sum+=i;i++;
        if(i<=100)   goto   loop;
        printf("sum=%d\n", sum);
}
```

程序运行结果为：

sum=5050

该程序中，第一次出现的标号 loop 是声明，第二次在 goto 语句中出现的标号 loop 是指明要转向的地方。goto 语句和语句标号必须在同一函数中存在，否则，程序在编译时会出错。

goto 语句的使用破坏了程序的结构，使程序的流程混乱，可读性减弱。因此，建议在编程中尽量少用 goto 语句。

4．exit 语句

exit 语句的功能是用来终止程序的执行并作为出错处理的出口。在 4.1 节中已经简单介绍过该函数，其一般形式如下：

exit(n);

当执行 exit(n)函数时，如果当前有文件在使用，则关闭所有已打开的文件，结束运行状态，并返回操作系统，同时把 n 的值传递给操作系统。在一般情况下，exit(n)函数中 n 的值为 0 表示正常退出，而 n 的值为非 0 时表示该程序是非正常退出。

需要注意的是，exit 是 C 语言的库函数，在 VC++6.0 环境中使用 exit 语句时，需要在文件的开头加上 "#include <stdlib.h>" 头文件。

另外，return 语句也可改变程序的执行顺序，其具体用法将在第 6 章中介绍。

5.4 循环控制结构程序举例

循环结构用于执行一些重复的操作。常见的重复操作如下。

（1）累加、累积：重复进行一批有规律的计算。

（2）递推：反复地从一个中间结果计算出下一个中间结果。

（3）对一系列类似的数据进行同样的加工处理。

如果重复操作的次数比较多，或者需要重复的次数无法事先确定，一般使用循环结构来解决。

while、do…while 和 for 语句都可以用于实现循环结构。但三者相比，for 语句最为灵活。

顺序结构、选择结构、循环结构是 C 语言程序的 3 种基本结构。一个程序可能既包含顺序结构，也包含选择结构，同时包含循环结构，甚至循环结构里又包含选择结构，或者选择结构里包含循环结构。

【例 5.9】某人上楼梯时，可以一步迈一个台阶，也可以一步迈两个台阶。现有 n 个台阶，问其从第一个台阶上到第 n 个台阶，共有多少种不同的上法？

分析：当 n = 1 时，有 $s_1 = 1$ 种不同的上法；n = 2 时，有 $s_2 = 2$ 种不同的上法。设 n = k (k>2) 时有 s_k 种不同的上法。n = k + 1 时，第一步分为两类上法：可以先上一个台阶，剩下的 k 阶台阶共有 s_k 种不同的上法；也可以先上两个台阶，剩下的 k-1 阶台阶共有 s_{k-1} 种不同的上法。所以，$s_{k+1} = s_k + s_{k-1}$。

即计算 $s_{k+1}(k>2)$ 的值，需要使用 s_k 和 s_{k-1} 的值。通过循环结构可以实现这一递推运算。

```c
/*程序功能：台阶问题求解*/
# include <stdio.h>
int main ()
{
    long step1, step2, step;
    int i, ladders;
    step1 = 1;
    step2 = 2;
    printf ( "Input the number of ladders: " );
    scanf ( "%d", &ladders );
    if ( ladders == 1 )
    {
        step = step1;
        printf ( "%12ld", step1 );
    }
    else if ( ladders == 2 )
    {
        step = step2;
        printf ( "%12ld%12ld", step1, step2 );
    }
    else
    {
        printf ( "%12ld%12ld", step1, step2 );
        i = 3;
        while ( i <= ladders )
        {
            step = step1 + step2;
            step1 = step2;
            step2 = step;
            printf ( "%12ld", step );
            if ( i % 4 == 0 )      /*每行输出 4 个数*/
                printf ("\n" );
            i = i + 1;
```

```
        }
    }
    return 0;
}
```

程序的运行结果为：

Input the number of ladders: 26↙

1	2	3	5
8	13	21	34
55	89	144	233
377	610	987	1597
2584	4181	6765	10946
17711	28657	46368	75025
121393	196418		

【例 5.10】编写程序，输入若干个算术表达式和计算表达式的值，直到输入字符 q 或 Q 停止计算。每个表达式只包含两个数和一个二元算术运算符。

分析：对于每一个输入的表达式，都需要对表达式进行类似的分析处理。可以使用循环结构实现。对于每个表达式，需要根据其包含的算术运算符进行相应的算术运算，可以通过选择结构实现。但循环的次数不能事先确定，所以需要使用特殊的方法来终止循环。

```c
/*程序功能：简单的计算器*/
# include <stdio.h>
int main ()
{
    int num1, num2, result;
    char ch;
    for ( ; ; )
    {
        printf ( "Input a expression ( e.g. 3+2 ): " );
        scanf ( "%d%c%d", &num1, &ch, &num2 );
        getchar ();                    /*目的是清除输入 num2 后所输入的换行符*/
        switch ( ch )
        {
            case '+':
                result = num1 + num2;
                break;
            case '-':
                result = num1 - num2;
                break;
            case '*':
                result = num1 * num2;
                break;
            case '/':
                result = num1 / num2;
                break;
            default:
```

```
                    printf( "Input error!\n" );
                    break;
              }
          printf ( "%d %c %d = %d\n", num1, ch, num2, result );
          printf ( "Quit? Press \'q\' or \'Q\'!\n" );
          ch = getchar ();
          if (ch == 'q' || ch == 'Q' )
              break;                            /*当输入字符'q'或'Q'时，退出循环*/
      }
      return 0;
}
```

程序的运行结果为：

```
Input a expression ( e.g. 3+2 ): 5+6↙
5 + 6 = 11
Quit? Press 'q' or 'Q'!
b↙
Input a expression ( e.g. 3+2 ): 6-9↙
6 - 9 = -3
Quit? Press 'q' or 'Q'!
5↙
Input a expression ( e.g. 3+2 ): 4*9↙
4 * 9 =36
Quit? Press 'q' or 'Q'!
Q↙
```

5.5　本章小结

本章首先实现了实用计算器项目主菜单的循环执行，并详细介绍了 while、do…while 和 for 3 种循环语句以及转移语句。3 种循环语句在用法上有一些差异，使用时要注意考虑以下几点。

（1）3 个循环语句都可以处理同样的问题，一般情况下可以互相替代，其中 for 语句的形式较为灵活，主要用在循环次数已知的情形。while 和 do…while 语句一般用在循环次数在循环过程中才能确定的情形。

（2）while 和 do…while 语句处理问题比较相近，循环初始化的操作要在进入 while 和 do…while 循环体之前完成；循环条件都放在 while 语句后面；在循环体中都必须有使循环趋于结束的操作。它们的不同之处是 while 循环先对循环条件进行判断，后执行循环体中的语句，如果循环条件一开始就不成立，则循环体将一次也不执行；而 do…while 循环则是先执行一次循环体中的语句，后对循环条件进行判断。所以，无论一开始循环条件是否成立，循环体都被执行一次。

（3）for 语句从表面上看与 while 和 do…while 不同，但从流程图上看，它们的本质是相同的。for 语句的执行顺序与 while 语句相同，即先对循环条件进行判断，后执行循环体中的语句。在使用 for 语句时，要注意 3 个表达式在执行过程中的不同作用和先后次序，"表达式 1"通常用来给循环变量赋初值，"表达式 2"通常是控制循环的条件，而"表达式 3"通常是循环变量的变化。

（4）使用 while、do…while 和 for 语句时，要注意 for 语句和 while 语句中表达式后面都不能加分号，而在 do…while 语句的表达式后面则必须加分号。另外，如果循环体为多个语句，一定要放在花括号"{}"内，以复合语句的形式使用。

（5）遇到复杂问题时需要使用嵌套的循环来解决，在使用嵌套的循环时，要注意每个循环结构必须完整地被包含在另一个循环结构中，循环之间不能出现交叉现象。

（6）为了实现程序流程的灵活控制，C 语言还提供了 break、continue、goto 和 exit 转移语句。break 语句通常用在 switch 语句和循环控制语句中，用于终止 switch 后续语句的执行以及跳出循环体，提前结束整个循环；continue 语句用于控制循环语句，使当前循环的剩余语句不被执行，强行进入下一次循环；goto 语句可与 if 语句配合使用，实现条件转移、构成循环、跳出循环体等功能，但容易使程序的结构混乱，建议尽量不要使用；exit 语句一般用来终止程序的执行并作为出错处理的出口，需要注意的是，在使用 exit 语句时，需要在文件的开头加上"#include <stdlib.h>"头文件。

5.6　习　　题

一、选择题

1．下列说法中正确的是（　　　）。
  A．while 语句的循环体至少执行一次
  B．do…while 语句的循环体至少执行一次
  C．for 语句的循环体至少执行一次
  D．for 语句、while 语句、do…while 语句的循环体都必须是复合语句

2．下列说法中正确的是（　　　）。
  A．continue 语句只能用于循环体中
  B．break 语句只能用在循环体中
  C．break 语句用于循环体中，可以终止循环体的执行
  D．continue 语句用于循环体中，可以中止循环体的执行

3．下列程序的输出结果是（　　　）。

```
# include <stdio.h>
int main ()
{
    char ch = '0';
    while ( ch < '4' )
        printf ( "%c", ch = ch + 1 );
    return 0;
```

```
}
```

    A．0123　　　　　B．1234　　　　　C．012　　　　　D．123

4．下列程序的输出结果是（　　　）。

```
# include <stdio.h>
int main ()
{
    int num = 1;
    while ( ( num = num + 1 ) < 3 );
        printf ( "%d", num );
    return 0;
}
```

    A．4　　　　　　B．3　　　　　C．23　　　　　D．234

5．下列程序的输出结果是（　　　）。

```
# include <stdio.h>
int main ()
{
    int i, total = 50;
    for ( i = 1; i <= 10; i = i + 1 )
        total = total - i;
    printf ( "%d", total );
}
```

    A．40　　　　　　B．50　　　　　C．-5　　　　　D．死循环，无输出

6．下列程序的输出结果是（　　　）。

```
# include <stdio.h>
int main ()
{
    int x = 1;
    do x = x + 1;
    while ( x <= 3 );
    printf ( "%d",x );
    return 0;
}
```

    A．1　　　　　　B．2　　　　　C．3　　　　　D．4

7．下列程序的输出结果是（　　　）。

```
# include <stdio.h>
int main ()
{
    int i, sum;
    i = 0;
    sum = 0;
    while ( i <= 100 )
        sum = sum + i;
```

```
        i = i + 1;
    printf ( "%d", sum );
    return 0;
}
```

A. 0　　　　　　B. 5050　　　　　C. 1　　　　　D. 程序无法终止

8. 下列程序的输出结果是（　　　）。

```
# include <stdio.h>
int main ()
{
    int i, j;
    for ( i = 2; i > 0; i = i - 1 ) for ( j = 0; j < i; j = j + 1 ) printf ( "*" );
    return 0;
}
```

A. **　　　　　　B. ***　　　　　C. ****　　　　　D. *****

9. 下列程序的输出结果是（　　　）。

```
# include <stdio.h>
int main ()
{
    int i;
    for ( i = 7; i > 0; i = i - 1 )
    {
        if ( i % 2 == 0 )
            continue;
        printf ( "%d", i );
    }
    return 0;
}
```

A. 7654321　　　B. 6　　　　　C. 7531　　　　　D. 642

10. 下列程序的输出结果是（　　　）。

```
# include <stdio.h>
int main ()
{
    int i;
    for ( i = 7; i > 0; i = i - 1 )
    {
        if ( i % 2 == 0 )
            break;
        printf ( "%d", i );
    }
    return 0;
}
```

A. 7654321　　　B. 7531　　　　C. 7　　　　　D. 6

二、填空题

1．以下程序的执行结果是_____。

```c
# include <stdio.h>
int main ()
{
    int k;
    for ( k = 0; k <= 5; k = k + 1 )
        do k = k + 1;
        while ( k < 5 );
    printf ( "%d", k );
    return 0;
}
```

2．设某网站成立第一天有 10 人点击，以后每天的点击数目都是前一天的 3 倍多 10 人，下列程序是计算第 11 天有多少人点击，填空使程序完整。

```c
# include <stdio.h>
int main ()
{
    long k = 10;
    int i;
    for (_____  )
        k = 3 * k + 10;
    printf( "%ld\n",  k );
    return 0;
}
```

3．下列程序的输出结果是_____。

```c
# include <stdio.h>
int main ()
{
    int n = 0;
    while ( n < 20 )
    {
        if ( ( n % 5 == 0 ) || ! ( n % 3 ) )
            printf( "%3d", n );
        n = n + 1;
    }
    return 0;
}
```

4．下列程序的输出结果是_____。

```c
# include <stdio.h>
int main ()
{
    int m = 11, n;
```

```
    for ( ; m > 10; m = m - 1 )
    {
        for ( n = m; n > 9; n = n - 1 )
        if ( m % n )
            break;
            if ( n <= m - 1 )
                printf ( "%d", m );
    }
    return 0;
}
```

5．下列程序段中，循环体执行的次数是_____。

```
int n = 12345;
do n = n / 10;
while ( n );
```

6．下列程序段中，循环体执行的次数是_____。

```
int n = 12345;
do
{
    n = n / 10;
    if ( n >100 )
        continue;
    printf ( "%d", n );
}while ( n );
```

三、编程题

要求：先绘制流程图。

1．使用 for 语句，求 1～20 之间所有奇数的乘积。

2．使用 while 语句，求 1～50 之间所有 7 的倍数之和。

3．使用 do…while 语句，求 1! +2! +3! +…+10!。

4．某人工资为 1600 元，若每年增长工资的 3%，编写程序，求 5 年后此人的工资是多少。

5．编写程序，求 1～100 中 2，3，5 公倍数的程序。

6．编写程序，判断整数 n（n≥2）是否为素数。

7．编写程序，求 m，n（n>m>1）之间的所有素数。

8．编写程序，输入若干组边长（每组 3 个数），判断每组边长可否构成三角形。当输入一组边长中包含非正数时，结束判断。

9．编写程序，连续输入若干个数，统计其中为正数的个数。

10．使用 for 循环作为外循环，while 循环作为内循环，输出以下矩形图。

```
* * * * * *
* * * * * *
* * * * * *
* * * * * *
```

11. 使用 while 循环作为外循环，do…while 循环作为内循环，输出以下平行四边形图。

```
      * * * * * *
     * * * * * *
    * * * * * *
   * * * * * *
```

12. 使用 do…while 循环作为外循环，for 循环作为内循环，输出以下三角形图。

```
         1
       2   2
     3   3   3
   4   4   4   4
```

第 2 篇 提高篇

本篇以学生成绩统计项目为背景，学习函数、数组和指针的内容。该项目分解为 4 个子任务，分别贯穿于第 6～8 章中进行分析和实现。

通过本篇的学习，读者应掌握分析问题和解决问题的思路和方法，并能灵活运用函数、数组和指针编写程序，解决科学计算和工程设计中的一般性问题。

学生成绩统计项目概述

一、任务描述

该项目主要巩固和加深学生对 C 语言基本知识的学习，使学生理解和掌握模块化程序设计的基本思想和方法，掌握数组和指针的定义和应用，培养学生利用 C 语言进行软件设计的能力。

二、知识要点

项目涉及的知识点主要包括程序的 3 种基本结构、函数、数组和指针等内容。其中程序的 3 种基本结构已在第 1 篇中进行了介绍，在此不再重复。函数、数组和指针的知识将在第 6~8 章中详细介绍。

三、任务分析

该项目主要实现学生某门课程成绩的统计。其功能包括：输入和显示学生成绩、统计总分和平均分、统计最高分和最低分、统计各分数段人数。系统功能模块结构图如图 0-1 所示。

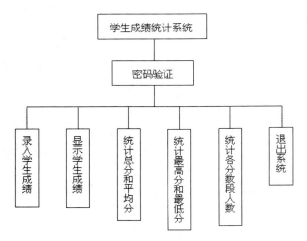

图 0-1　系统功能模块结构图

系统各模块的功能说明如下。

（1）密码验证模块，主要实现登录密码的验证工作。系统初始密码为 123456。

（2）录入学生成绩模块，主要实现学生考试成绩的输入。假设输入的第 1 名学生的学号为 1，第 2 名学生的学号为 2，依次类推，最多可以输入 30 个学生的成绩，可输入-1 结束整个录入过程。

（3）显示学生成绩模块，主要实现学生成绩的显示。

（4）统计总分和平均分模块，主要实现某门课程总分和平均分的统计，并显示统计结果。

（5）统计最高分和最低分模块，主要实现某门课程最高分和最低分的统计，并显示统计结果。

（6）统计各分数段人数模块，主要实现某门课程各分数段人数的统计。要求将百分制成绩转化为优、良、中、及格和不及格 5 个等级，并显示相应的统计结果。

（7）退出系统模块，主要实现系统的正常退出。

需要说明的是，学生成绩统计系统重在以一个小项目为突破口，让学生灵活掌握函数、数组和指针等重要知识并提升应用能力。所以其实现的功能相对比较简单，所处理的学生信息也不太全面，在学习结构体和文件内容之后，将给出更完善、更实用的学生信息管理系统。

四、界面设计

1. 密码验证界面

在用户登录系统时，要输入密码进行验证，如图 0-2 所示。

图 0-2 密码验证界面

2. 主界面

如果密码正确，则进入主界面，如图 0-3 所示。用户可选择 0～5 之间的数字，调用相应功能进行操作。当输入 0 时，退出系统。

图 0-3 主界面

3. 录入学生成绩界面

当用户在主界面中输入 1 并按 Enter 键后，进入录入学生成绩界面，如图 0-4 所示。

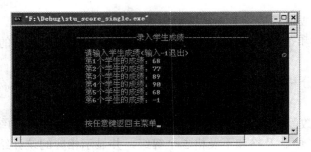

图 0-4　录入学生成绩界面

4. 显示学生成绩界面

当用户在主界面中输入 2 并按 Enter 键后，进入显示学生成绩界面，如图 0-5 所示。

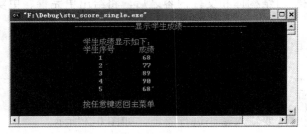

图 0-5　显示学生成绩界面

5. 统计总分和平均分界面

当用户在主界面中输入 3 并按 Enter 键后，进入统计总分和平均分界面，如图 0-6 所示。

图 0-6　统计总分和平均分界面

6. 统计最高分和最低分界面

当用户在主界面中输入 4 并按 Enter 键后，进入统计最高分和最低分界面，如图 0-7 所示。

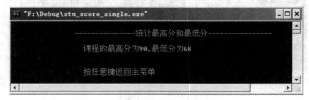

图 0-7　统计最高分和最低分界面

7. 统计各分数段人数界面

当用户在主界面中输入 5 并按 Enter 键后，进入统计各分数段人数界面，如图 0-8 所示。

图 0-8　统计各分数段人数界面

五、任务分解

该项目分解为 4 个子任务，每个子任务及其对应的章节如下。

☑　　第 6 章：任务一　项目的整体框架设计
☑　　第 7 章：任务二　用一维数组实现项目中学生成绩的统计
☑　　第 7 章：任务三　用字符数组实现项目中的密码验证
☑　　第 8 章：任务四　用指针实现项目中学生成绩的统计

第6章
项目的整体框架设计

　　函数是 C 语言程序的基本组成单位，也是程序设计的重要手段。使用函数可以将一个复杂程序按照其功能分解成若干个相对独立的基本模块，并分别对每个模块进行设计，最后将这些基本模块按照一定的关系组织起来，完成复杂程序的设计。这样可以使程序结构清晰，便于编写、阅读和调试。在 C 语言程序中进行模块化程序设计时，这些基本模块就是用一个个函数来实现的。

　　利用计算机解决问题的常用方法是，首先把比较复杂的问题分解为若干个相对简单的子问题，然后分别求解。如果某个子问题已有解决方案，就直接使用这一"预制件"来解决这一子问题；否则，需要设计新的"预制件"。"预制件"可用于解决某个子问题，也可以用于解决包含相同子问题的其他问题。在程序设计中，这种方法称为模块化程序设计方法。

　　C 语言程序中的"预制件"也称为一个模块。函数是实现模块化程序设计的重要机制。

　　本章将结合学生成绩统计项目的整体框架设计，介绍 C 语言函数的定义和调用、函数间的数据传递、变量的作用域和存储类型、嵌套和递归调用、编译预处理等相关内容。掌握函数的这些内容是进行模块化程序设计的基础。

学习目标

➤ 理解和掌握"自顶向下，逐步求精"的模块化程序设计方法
➤ 正确理解函数在程序设计中的作用和地位
➤ 掌握函数的定义和调用方法
➤ 正确理解和使用变量的作用域
➤ 正确理解和使用变量的存储类型
➤ 熟悉函数的嵌套调用和递归调用的方法
➤ 了解编译预处理命令的作用和特点，掌握宏定义和文件包含处理方法

6.1　任务一　项目的整体框架设计

一、任务描述

项目的整体框架是程序的总体结构，是程序设计中非常重要的部分。该任务要求采用结构化编程的思想，实现学生成绩统计项目的整体框架设计。

二、知识要点

该任务涉及的新知识点主要为结构化程序设计思想与函数，具体内容将在本章的理论知识中进行详细介绍。

三、任务分析

从项目功能描述中可知，系统主模块应包含显示主菜单模块、密码验证模块、录入学生成绩模块、显示学生成绩模块、统计总分和平均分模块、统计最高分和最低分模块、统计各分数段人数模块，每个模块都定义为一个功能相对独立的函数，各函数如下。

（1）显示主菜单模块，函数为 MainMenu()。

（2）密码验证模块，函数为 PassWord()。

（3）录入学生成绩模块，函数为 InputScore(int score[])。

（4）显示学生成绩模块，函数为 DisplayScore(int score[],int n)。

（5）统计总分和平均分模块，函数为 SumAvgScore(int score[],int n)。

（6）统计最高分和最低分模块，函数为 MaxMinScore(int score[],int n)。

（7）统计各分数段人数模块，函数为 GradeScore(int score[],int n)。

由于录入、显示和统计学生成绩模块均用到学生的成绩信息，因此在相应函数中用存储成绩信息的一维数组 score[] 作为形参，以接受来自主调函数中实参数组的值。

为了提高程序的可读性，给函数命名时应尽量做到"见名知意"，而且要用注释的方法将有关函数的功能和作用一一说明，以备查阅。

四、具体实现

项目的整体框架如下：

```
//==============================编译预处理命令部分==============================
#include <stdio.h>
#include <conio.h>
#include <time.h>
#include <string.h>
#include <stdlib.h>
```

```
#define MAXSTU 30                                      //最大学生人数为 30
//==========================函数原型声明部分==========================
void PassWord();                                       //密码验证函数声明
void MainMenu();                                       //主菜单函数声明
int   InputScore(int score[]);                         //录入学生成绩函数声明
void DisplayScore(int score[],int n);                  //显示学生成绩函数声明
void SumAvgScore(int score[],int n);                   //统计课程总分和平均分函数声明
void MaxMinScore(int score[],int n);                   //统计课程最高分和最低分函数声明
void GradeScore(int score[],int n);                    //统计课程各分数段人数函数声明
//==========================主函数部分==========================
main()                                                 //主函数
{
    int stu_score[MAXSTU];                             //定义一维数组,存放学生某门课程的成绩
    int stu_count=0;                                   //存放学生实际人数
    int choose;                                        //定义整型变量，存放主菜单选择序号
    PassWord();                                        //调用密码验证函数
    while(1)
    {
        MainMenu();                                    //调用显示主菜单函数
        printf("\t\t   请选择主菜单序号(0~5):");
        scanf("%d",&choose);
        switch(choose)
        {
            case 1:stu_count=InputScore(stu_score);    //调用录入学生成绩函数
                    break;
            case 2:DisplayScore(stu_score,stu_count);  //调用显示学生成绩函数
                    break;
            case 3:SumAvgScore(stu_score,stu_count);   //调用统计总分和平均分函数
                    break;
            case 4:MaxMinScore(stu_score,stu_count);   //调用统计最高分和最低分函数
                    break;
            case 5:GradeScore(stu_score,stu_count);    //调用统计各分数段人数函数
                    break;
            case 0:return;
            default:printf("\n\t\t   输入无效，请重新选择!\n");
        }
        printf("\n\n\t\t   按任意键返回主菜单");
        getch();
    }
}
//==========================各函数定义部分==========================
void PassWord()                                        //密码验证函数
{
    printf("输入密码函数\n");
    getch();
}

void MainMenu()                                        //显示主菜单函数
{
```

```
        system("cls");                                            //清屏
        printf("\n\n");
        printf("\t\t|-----------------------------------------------------|\n");
        printf("\t\t|                 学生成绩统计系统                     |\n");
        printf("\t\t|-----------------------------------------------------|\n");
        printf("\t\t|                   1---录入学生成绩                   |\n");
        printf("\t\t|                   2---显示学生成绩                   |\n");
        printf("\t\t|                   3---统计总分和平均分               |\n");
        printf("\t\t|                   4---统计最高分和最低分             |\n");
        printf("\t\t|                   5---统计各分数段人数               |\n");
        printf("\t\t|                   0---退出                           |\n");
        printf("\t\t|-----------------------------------------------------|\n");
}

int InputScore(int score[])                                     //输入学生成绩函数
{
    printf("输入学生成绩\n");
    return(0);                                                   //返回输入的学生人数，现假设为 0
}

void DisplayScore(int score[],int n)                            //显示学生成绩函数
{
    printf("显示学生成绩\n");
    return;
}

void SumAvgScore(int score[],int n)                             //统计课程总分和平均分函数
{
    printf("统计总分和平均分\n");
    return;
}

void MaxMinScore(int score[],int n)                             //统计课程最高分和最低分函数
{
    printf("统计最高分和最低分\n");
    return;
}

void GradeScore(int score[],int n)                              //统计课程各分数段人数函数
{
    printf("统计各分数段人数\n");
    return;
}
```

程序说明：

（1）由于目前还没有学习数组和字符串的内容，所以该任务只给出了显示主菜单函数 MainMenu() 的完整代码，其他函数中仅使用了一条 printf() 语句，以表示能正确调用，在学习第 7 章时，再完善相应函数。

（2）需要注意的是，该任务中主函数的位置在所有被调函数之前，也可以将主函数放在所有被调函数之后或两个被调函数之间。

五、要点总结

在实际开发中，当编写由多函数组成的程序时，一般情况下先编写主函数，并进行测试与调试。对于尚未编写的被调函数，先使用空函数占位，以后再用编好的函数代替，这样容易找出程序中的各种错误。切忌把所有函数编写并输入完再进行测试和调试，否则会因程序过长而不易检查出错误。可采用逐步扩充功能的方式分批进行，即编写一个、测试一个。

6.2 理 论 知 识

6.2.1 结构化程序设计思想与函数的分类

1. 结构化程序设计思想

结构化程序设计是一种最基本的程序设计方法，其基本思想是"自顶向下，逐步求精"。所谓"自顶向下，逐步求精"，是指一种先整体、后局部的设计方法，即将一个较复杂的问题划分为若干个相互独立的模块，每一个模块完成不同的功能，然后将这些模块通过一定的方法组织起来，成为一个整体。例如，学生成绩统计项目的开发，先给出项目的整体框架设计，然后具体实现每个功能模块。这种设计思想很像搭积木，单个的积木就像是一个个模块，它们的功能单一，便于开发和维护。

在 C 语言中进行模块化程序设计时，基本模块就是用一个个函数来实现的，一般由主函数来完成模块的整体组织。在一般情况下，要求函数完成的功能单一，这样做便于函数设计与重用。

2. 函数的分类

C 语言函数从不同的角度可以分为不同的类型。

（1）从用户角度上可分为库函数与用户自定义函数。

☑ 库函数，又称标准函数。这些函数由系统定义，用户在程序中可以直接使用它们，例如前面学过的输出函数 printf() 和输入函数 scanf() 等都是库函数。系统为用户提供了大量的库函数，为程序设计带来极大的方便。

☑ 自定义函数。这些函数由用户根据自己的需要来定义。如 6.1 节中的 MainMenu()、PassWord() 等都是自定义函数。对于该类函数，要先定义，然后才能使用。

（2）从函数自身形式上可分为无参函数和有参函数。

☑ 无参函数。函数名后的括号中没有参数，如 6.1 节中的 MainMenu()、PassWord() 都是无参函数。调用无参函数时，在主调函数与被调函数之间没有数据传递。

☑ 有参函数。函数名后的括号中有参数，如 6.1 节中的 InputScore(int score[])、DisplayScore(int score[] ,int n)等都是有参函数。调用有参函数时，在主调函数与被调函数之间有数据传递。

6.2.2 函数的定义

函数是 C 语言程序的基本组成部分。编写程序的主要工作实际上就是编写各个函数。根据不同的需要，在前面章节中已经定义了若干个 main()函数。

一个函数的定义包括两部分，即函数头部的定义和函数体的定义。

1. 函数头部

定义函数头部的一般形式为：

数据类型 函数名(参数列表)

函数头部分别定义了函数的类型、函数的名字和参数列表。该部分定义的是函数的基本特征，是函数使用者（包括函数定义者）必须遵循的标准，称为接口。其中，函数的数据类型指该函数计算结果的数据类型，也称为函数返回值的数据类型。函数返回值的数据类型可以是任意一种数据类型（如 int、float 等），也可以是空类型 void。关于返回值数据类型的定义，请参见 6.2.3 节"函数的功能"部分。

函数名是一个标识符。定义函数名时，必须遵循标识符的命名法则。

定义参数列表的一般形式为：

数据类型 参数名, 数据类型 参数名, …, 数据类型 参数名

函数头部的参数列表可以为空，即参数列表不包括任何参数，此类函数称为无参函数。如前面章节中定义的 main()函数都属于无参函数。

函数头部的参数列表也可以包括一个或多个参数，此类函数称为有参函数。

注意

① 定义无参函数时，函数名后面的圆括号不能省略。

② 定义有参函数时，如果包括多个参数，参数之间必须用逗号分隔。对每一个参数，无论其类型是否相同，都必须单独定义其数据类型。例如，下面的定义方式都是错误的。

```
int imax ( int x, y )              /*没有定义参数 y 的数据类型*/
int imax ( int x; int y )          /*函数头部的各个参数之间只能使用逗号分隔*/
```

定义函数头部时，参数列表中出现的参数称为形式参数，简称为形参。

2. 函数体

定义函数体的一般形式为：

{

　　　　变量定义和声明
　　　　语句序列
　　}

　　函数体是函数功能的具体实现过程，相当于一个具有特定功能的复合语句。一般包括变量的定义和声明部分、语句序列部分。

 注意

　　C 语言要求函数体中的变量定义和说明（包括变量的初始化部分）必须放在各执行语句之前。

　　【例 6.1】 函数体的定义。

```
double perimeter ( double radius )
{
    /*变量定义和声明部分*/
    int num1, num2 = 4;
    char ch = 'A';
    double num3;
    …
    /*语句序列部分*/
    num1 = 3 * num2;
    num3 = num1 + num2;
    …
}
```

　　函数体中定义的变量只能用在本函数的内部，称为该函数的局部变量。参数列表中定义的变量用于接收实际参数的值，也只能在该函数内部使用。因此，形式参数也属于局部变量。关于局部变量将在后面章节详细介绍。

6.2.3　函数的值

1.　返回语句

　　返回语句的一般形式为：

　　return　表达式;

　　其功能为：首先计算表达式的值，然后结束所在函数的执行。当所属函数返回值的数据类型非空类型时，返回语句还可以将表达式的值作为本次函数调用的返回值，返回给函数的使用者。

　　【例 6.2】 已知圆的半径，定义一个函数，用于计算圆的周长。

　　分析：函数的特征包括半径的名字和数据类型、计算结果（周长）的类型。为函数命名时，使用一个能够表明其确切含义的标识符，易于理解和记忆即可。函数的功能是根据半径的值计算圆的周长。

```
double perimeter ( double radius )
{
    return 2 * 3.1415926 * radius;                    // "2 * 3.1415926 * radius" 的值，即为函数的计算结果
}
```

2.　函数的功能

按照函数的不同功能，可以将 C 语言的函数分为两类：一类函数用于计算一个值，称为具有返回值的函数；另一类函数仅仅是为了实现一个过程，而不是为了得到一个值，称为无返回值的函数。

在 C 语言程序中，每一个运算对象都有数据类型，函数的返回值也不例外。如果函数的功能仅仅是为了表示一个过程，不需要返回值，应该将函数返回值的数据类型设置为空类型，即 void 类型。否则，定义函数时，应该定义函数返回值的数据类型。

注意

① 定义函数的头部时，如果不指明函数返回值的数据类型，编译器默认该函数返回值的数据类型为 int 型。

② 有返回值的函数的计算结果，只有通过返回语句，才能向函数的使用者返回指定的计算结果。

对于有返回值的函数，函数的计算结果就是函数的返回值。这一结果通过 return 语句返回给调用者。

如果没有使用 return 语句，或控制流没有执行到 return 语句，则函数并非无返回值，而是返回一个不确定的值。例如：

```
int fun ()
{
    int result;
    result = 3 * 7;
}
```

虽然没有 return 语句，但该函数仍然有返回值。函数执行到复合结构的末尾，依然会正常结束。但由于没有 return 语句，函数的返回值将是一个随机值，而未必是 result 的值。

对于无返回值的函数，当函数的数据类型定义为 void 时，则明确表明函数没有返回值。

【例 6.3】定义一个函数，输出 6 个 "*" 号。

```
void PrtStar ()
{
    printf ( "******\n" );
}
```

无返回值的函数只能用作单独的语句，而不能作为算术或赋值等运算符的操作数进行相应的算术或赋值运算。例如，以下语句是正确的：

PrtStar ();

而以下语句是错误的：

PrtStar () + 3;

6.2.4　函数的调用

使用已经定义函数的过程称为函数的调用。

1．有参函数的调用

类似于代数中对函数的使用，C 语言中对有参函数的调用是为其形参代入指定的值，再由其完成既定计算的过程。

有参函数调用的一般形式为：

函数名 (参数列表)

其中，参数列表的一般形式为：

表达式, 表达式, ..., 表达式

调用函数时，首先需要计算表达式的值，然后将这些值传递给形参，因此这些表达式称为实际参数，简称为实参。

实参的个数必须与被调用函数的形参个数相同。各个实参表达式的数据类型也应该分别与被调用函数形参的数据类型一致。当二者的数据类型不一致时，系统将自动进行数据类型的转换：实参将按照形参的数据类型参加运算。

【例 6.4】编写程序，通过调用函数 imin()，求两个表达式的最小值。

```
# include <stdio.h>
int imin ( int x, int y )
{
    if ( x > y )
        return y;
    else
        return x;
}
int main ()
{
    int num1, num2, result;
    scanf ( "%d%d", &num1, &num2 );
    result = imin ( num1 + num2, num1 * num2 );    /*第一次调用 imin()*/
    printf ( "result = %d\n", result );
    result = imin ( 5 * 6, 4.6 );                  /*第二次调用 imin()，4.6 以整数形式参加运算*/
    printf ( "result = %d\n", result );
    return 0;
}
```

程序的运行结果为：

4 5✓
result = 9
result = 4

调用 imin()函数的 main()函数称为主调函数。被调用的 imin()函数称为被调函数。

2. 无参函数的调用

调用无参函数的一般形式为：

函数名 ()

在调用无参函数时，只需要使用函数名，并在其后面加上一组圆括号即可。

【例 6.5】编写程序，通过调用 PtrStar()函数，输出 4 行 "@" 号，每行 10 个。

```c
# include <stdio.h>
void PrtStar ()
{
    printf ( "@@@@@@@@@@\n" );
}

int main ()
{
    int i = 0;
    while ( i < 4 )
    {
        PrtStar ();
        i = i + 1;
    }
    return 0;
}
```

程序的运行结果为：

@@@@@@@@@@
@@@@@@@@@@
@@@@@@@@@@
@@@@@@@@@@

3. 函数调用的方式

函数的调用会使程序的控制流程发生相应的改变。

主调函数是按顺序执行的。当执行到一个函数的调用时，其控制流程会暂时中断，主调函数执行的现场会被保存起来，计算机的控制权由被调函数接管。首先构造被调函数的运行环境，把实参表达式的值传递给形参变量，然后开始依次执行被调函数函数体的各条语句，直到被调函数执行完毕（遇到 return 语句或者执行到函数体的最后一条语句）。被调函数执行完毕后，恢复主调函数的现场，并处理返回值。计算机的控制权重新由主调函数接管，主调函数执行中断点的后继语句。函数的调用过程如图 6-1 所示。

函数调用时，主调函数把实参表达式的值传递给被调函数的形参变量。C 语言的参数传递机制是值的单向传递。函数调用时的处理过程如下。

（1）计算各个实参表达式的值。

（2）把这些值分别"赋值"给对应的形参变量。

（3）开始执行函数体。

例 6.4 中，"result = imin (5 * 6, 4.6);"的执行过程中即存在一次函数调用。函数调用中参数的传递过程如图 6-2 所示。

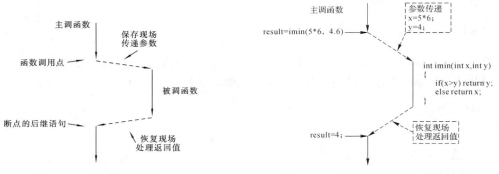

图 6-1　函数的调用过程　　　　图 6-2　函数调用过程中参数的传递

 注意

参数传递中的"赋值语句"只是示意，实际并不存在真正的赋值操作，只是作用有点像赋值而已。

4. 函数的声明与函数的原型

C 语言规定，所有的运算对象都必须先定义后使用，因为每个运算对象的操作方式依赖于它的数据类型。先定义后使用可以保证运算对象的正确使用。函数作为运算对象的一种，当然也必须遵循这一规定。相对于变量的定义和使用，函数的定义和使用较复杂。

一个函数能够被调用必须具备下列两个条件。

（1）被调用函数已经有定义。函数的定义是函数实体，它确定函数的功能，规定函数的实现细节。被调函数的定义可以在任何位置，可以和主调函数在同一个源程序文件中（在同一个文件中时，可以出现在主调函数的前面或者后面），也可以在另外的文件中。函数的定义要保证连接时能够找到函数的实体，最终构造出可执行程序。

（2）被调用函数已经声明。C 语言程序的基本编译单位是文件。编译主调函数所在的源文件时，在主调函数之前，必须能够让编译器看到被调用函数的特征。因为编译器在检查函数的调用时，需要根据被调用函数的名字检查以下内容。

① 实参的个数和形参的个数是否一致。

② 实参表达式的类型和形参类型是否相符，如果不符则需要进行必要的类型转换。

③ 函数返回值类型和主调函数环境是否相符，如果不符也需要进行必要的类型转换。

因此，函数的声明是函数特征的描述，是一种告知，用于将函数的特征告知编译器。

即在程序的编译阶段，对被调用函数的合法性进行全面检查。使用函数原型，是 ANSI C 的一个重要特点。函数声明的一般形式为：

　　数据类型　函数名(数据类型　参数名,数据类型　参数名,…,数据类型　参数名);

或

　　数据类型　函数名(数据类型,数据类型,…,数据类型);

第二种形式的参数列表中不带形参名字。由于编译器只检查参数的个数和参数的类型，并不检查形参的名字（形参名字只在函数体内部使用），因此，声明函数时参数列表中参数的名字经常省略。但是，函数的声明是函数的接口规范，调用者需要通过它了解函数的功能和特征。在函数声明中采用有意义的形参名字可增加接口的可读性，有利于函数的正确使用。

注意

　　① 同一个函数的定义只有一个。
　　② 同一个函数的调用和声明可以有多处。
　　③ 如果被调用函数的定义和主调函数在同一个源文件中,并且是在主调函数的前面定义的,被调用函数的声明可以省略。

声明的函数也称为函数的原型。函数的原型和函数的头部相似。在已经定义的函数的头部加一个分号，即为函数的原型。

6.2.5　函数间的数据传递

调用函数时，大多数情况下，主调函数与被调函数之间有数据传递关系。主调函数向被调函数传递数据主要是通过函数的参数进行的，而被调函数向主调函数传递数据一般是利用 return 语句实现的。在使用函数的参数传递数据时，可以采用两种方式，即传值方式和传址方式。从本质上讲，C 语言中只有传值方式，因为地址也是一种值，传址实际上是传值方式的一个特例，只是为了讲述方便，将它们分开讨论。本节只介绍传值方式，传址方式将在第 7 章和第 8 章中进行详细介绍。

函数调用时，主调函数的参数称为实参，被调函数的参数称为形参，主调函数把实参的值按数据复制方式传给被调函数的形参，从而实现调用函数向被调函数的数据传递。

使用传值方式在函数间传递数据时应注意以下几点。

（1）实参和形参的类型、个数和顺序都必须保持一致。实参可以是常量、变量、表达式或数组元素，但必须有确定的值，以便把这些值传送给形参。因此，应预先用赋值、输入等方法使实参获得确定的值。

（2）形参变量只有在函数被调用时才分配存储单元，函数调用结束后，即释放所分配的存储单元，因此，形参变量只有在该函数内有效。函数调用结束返回主调函数后，就不能再使用该形参变量。

（3）实参对形参的数据传送是单向的值传递，即只能把实参的值传送给形参，而不能把形参的值反向传送给实参。

【例 6.6】传值方式在函数间传递数据应用举例。

```
#include    <stdio.h>
void swap(int x,int y)                    //定义 swap()函数
{
    int temp;
    temp=x;x=y;y=temp;
    printf("x=%d,y=%d\n",x,y);            //交换 x，y 的值
}
main()
{
    int a=2,b=3;
    swap(a,b);                            //调用 swap()函数
    printf("a=%d,b=%d\n",a,b);
}
```

程序运行结果为：

x=3,y=2
a=2,b=3

在该程序中，函数间的数据传递采用传值方式。当执行到 main()函数中的函数调用语句 "swap(a,b);" 时，给 swap()函数中的两个形参 x 和 y 分配存储空间，并将实参 a，b 的值 2 和 3 分别传递给 x 和 y。此时数据传递如图 6-3（a）所示。在执行 swap()函数时，确实交换了 x 和 y 的值，但当函数调用结束返回主函数时，形参 x 和 y 所占的存储空间被释放，形参值的改变并不能影响实参，因此，主函数中 a 和 b 的值维持不变，并未实现两数的交换。返回 main()函数时，实参和形参的情况如图 6-3（b）所示，其中虚框表示形参所占内存空间已被释放。

（a）　　　　　　　　　　　　　　　　　　（b）

图 6-3　函数间的传值调用

在 C 语言中，还可以使用全局变量在函数间传递数据，关于全局变量的内容将在后面进行详细介绍。

6.2.6　变量的作用域

变量的有效范围称为变量的作用域。所有变量都有自己的作用域，变量定义的位置不同，其作用域也不同，作用域是从空间角度对变量特性的一个描述。按照变量的作用域，

可将 C 语言中的变量分为局部变量和全局变量。

1．局部变量

在一个函数（包括 main()函数）或复合语句内部定义的变量称为局部变量。局部变量只在该函数或复合语句范围内有效，在函数或复合语句之外就不能使用这些变量了。所以，局部变量又称为内部变量。局部变量的作用域如下所示：

```
int f1(int a)
{
    int b,c;              局部变量 a，b，c 的作用域
    …
}
int f2(int x)
{
    int y,z;              局部变量 x，y，z 的作用域
    …
}
main()
{
    int m,n;
    …
    {
        float f;          局部变量 f    局部变量 m，n 的作用域
        …                 的作用域
    }
    …
}
```

说明：

（1）主函数 main()中定义的局部变量只能在主函数中使用，其他函数不能使用。同时，主函数中也不能使用其他函数中定义的局部变量。因为主函数也是一个函数，与其他函数是平行关系。

（2）形参变量也是局部变量，属于被调函数；实参变量则是主调函数的局部变量。

（3）允许在不同的函数中使用相同的变量名，它们代表不同的对象，被分配不同的存储单元，互不干扰，也不会发生混淆。

（4）在复合语句中也可以定义变量，其作用域只限于复合语句范围内。

【例 6.7】局部变量应用举例。

```
#include <stdio.h>
main()
{
    int a=10;
    {
        int a=20;
        printf("a=%d\n",a);
    }
```

```
    printf("a=%d\n",a);
}
```

程序运行结果为：

```
a=20
a=10
```

该程序中，定义了两个变量，值为 10 的 a 的作用域为整个 main()函数，值为 20 的 a 的作用域为其所在的复合语句。但在该复合语句中，值为 10 的 a 被屏蔽，所以第一个 printf() 语句输出 20；当结束复合语句时，值为 20 的 a 消失，值为 10 的 a 变为有效，所以第二个 printf()语句输出 10。

2. 全局变量

全局变量又称外部变量，是指在函数外部定义的变量。全局变量不属于任何一个函数，其作用域从定义的位置开始，到整个源程序结束。全局变量可被作用域内的所有函数直接引用。全局变量的作用域如下所示：

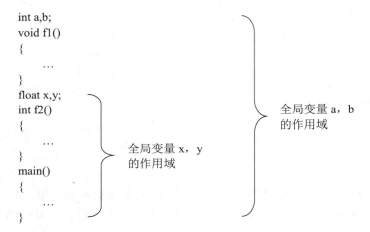

【例 6.8】输入圆的半径（r），求圆的周长（d）及面积（s）。

```
#include <stdio.h>
#define PI 3.1415926
float d,s;                              //全局变量定义
void fun_ds(float a)
{
    d=2*PI*a;                           //计算周长
    s=PI*a*a;                           //计算面积
}
main()
{
    float r;
    printf("请输入圆的半径：");
    scanf("%f",&r);
    fun_ds(r);                          //调用函数
```

```
printf("圆的周长为：%.2f,面积为：%.2f\n",d,s);
}
```

程序运行结果为：

请输入圆的半径：4↙
圆的周长为：25.13,面积为：50.27

从该例可以看出，全局变量是函数之间进行数据传递的又一种方式。由于 C 语言中的函数只能返回一个值，因此，当需要增加函数的返回值时，可以使用全局变量。该例中，在函数 fun_ds()中求得的全局变量 d 和 s 的值，在 main()函数中仍然有效，从而实现了函数之间的数据传递。

读者可参照此例改写例 6.6，用全局变量实现两个整数的交换。

说明：

（1）全局变量可加强函数之间的数据联系，因而使得函数的独立性降低。从模块化程序设计的观点来看，这是不利的，因此在不必要时尽量不要使用全局变量。

（2）在同一源文件中，允许全局变量和局部变量同名。同名时，在局部变量的作用域内，全局变量将被屏蔽而不起作用，如例 6.9 所示。

【例 6.9】全局变量与局部变量同名举例。

```
#include <stdio.h>
int   a=3,b=5;                            //全局变量定义
int max(int   a,int   b)
{
    int   c;
    if(a>b) c=a;
    else   c=b;
    return   c;
}
main()
{
    int a=8;                              //局部变量定义
    printf("max=%d\n",max(a,b));
}
```

程序运行结果为：

max=8

该例中，main()函数中定义的局部变量 a 与全局变量同名，max()函数中定义的形参 a，b 也与全局变量同名。因此，在 main()函数中，全局变量 a 被屏蔽，调用 max()函数的实参 a 是局部变量，值为 8，实参 b 是全局变量，值为 5。在 max()函数中，全局变量 a，b 均被屏蔽，形参 a，b 的值为实参所传递，分别为 8 和 5，所以输出结果为 8。

从例 6.9 可以看出，全局变量与局部变量同名时容易混淆其作用域，因此在程序设计中应尽量避免其同名。

（3）全局变量的作用域是从定义点开始到本源文件结束为止的。如果定义点之前的函数需要引用这些全局变量，则需要在函数内对被引用的全局变量进行声明。

全局变量声明的一般形式为：

extern　类型说明符　全局变量 1[, 全局变量 2...];

可通过对全局变量的声明将其作用域延伸到定义它的位置之前的函数中。如例 6.8 的程序也可以编写成如下形式：

```
#include <stdio.h>
#define PI 3.1415926
void fun_ds(int a)
{
    extern float d,s;                    //全局变量声明
    d=2*PI*a;                            //计算周长
    s=PI*a*a;                            //计算面积
}
float d,s;                               //全局变量定义
main()
{
    int r;
    printf("请输入圆的半径：");
    scanf("%d",&r);
    fun_ds(r);
    printf("圆的周长为：%.2f,面积为：%.2f\n",d,s);
}
```

上面程序的功能和运行结果与例 6.8 完全相同。全局变量 d，s 的定义位置在 fun_ds() 函数的定义之后，因此，在 fun_ds()函数中要引用全局变量 d，s 就必须先声明，使其作用域延伸到该函数中。这种作用域的扩展也称为作用域的提升。

全局变量的定义和全局变量的声明是两个不同的概念。全局变量的定义必须在所有函数之外，且只能定义一次。而全局变量的声明出现在要使用该全局变量的函数内，而且可以在不同的函数中出现多次。全局变量在定义时分配内存单元，并可以初始化；全局变量声明时，不能再赋初值，只是表明在该函数内要使用这些全局变量。

6.3　知 识 扩 展

6.3.1　变量的存储类型

在 C 语言中，每个变量都有数据类型和存储类型两个属性。数据类型在第 2 章已经作了详细介绍，存储类型是指变量在内存中存储的方式，可分为静态存储和动态存储两大类。

静态存储变量通常是在变量定义时就分配存储单元并一直占有，直至整个程序运行结束才释放。如全局变量即属于此类存储方式。

动态存储变量是在程序执行过程中使用它时才分配存储单元，使用完毕立即释放。典型的例子是函数的形参，在函数定义时并不给形参分配存储单元，只是在函数被调用时才予以分配，调用完毕立即释放。如果一个函数被多次调用，则反复地分配、释放形参变量的存储单元。

由此可知，静态存储变量是一直存在的，而动态存储变量则"用之则建，用完即撤"，这种由于变量存储方式的不同而产生的特性称为变量的生存期。生存期表示了变量存在的时间，它和作用域分别从时间和空间两个角度描述了变量的特性。两者之间既有联系，又有区别。

因此，对于一个变量，不仅应定义其数据类型，还应定义其存储类型。变量定义的完整形式为：

[存储类型] 数据类型 变量名 1[, 变量名 2...];

在 C 语言中，对变量的存储类型定义有以下 4 种：自动变量（auto）、静态变量（static）、寄存器变量（register）和外部变量（extern）。这里只介绍常用的自动变量和静态变量。

1. 自动变量（auto）

在定义变量时，用关键字 auto 指定存储类型的局部变量称为自动变量。由于 C 语言默认局部变量的存储类型为 auto，所以在定义局部变量时，通常省略 auto。前面各章程序中所定义的变量都是自动变量。例如：

int a,b,c;

等价于：

auto int a,b,c;

自动变量具有以下特点。

（1）自动变量属于动态存储方式，只有在定义它的函数被调用时，才分配存储单元，当函数调用结束后，其所占用的存储单元自动释放。函数的形参也属于此类变量。自动变量的生存期为函数被调用期间。

（2）自动变量的赋初值操作是在函数被调用时进行的，且每次调用都要重新赋一次初值。

2. 静态变量（static）

静态变量又分为静态局部变量和静态全局变量两种。当用关键字 static 定义局部变量时，称该变量为静态局部变量；当用关键字 static 定义全局变量时，则称该变量为静态全局变量。在此主要介绍静态局部变量。

静态局部变量具有以下特点。

（1）静态局部变量属于静态存储方式，在编译时为其分配存储单元，在程序执行过程中，静态局部变量始终存在，即使所在函数被调用结束也不释放。静态局部变量的生存期为整个程序执行期间。

（2）静态局部变量的作用域与自动变量相同，即只能在定义它的函数内使用，退出该函数后，尽管它的值还存在，但不能被其他函数引用。

（3）静态局部变量是在编译时赋初值，对未赋初值的静态局部变量，C 编译系统自动为它赋初值 0（整型或实型）或'\0'（字符型）。每次调用静态局部变量所在的函数时，不再重新赋初值，而是使用上次调用结束时的值，所以静态局部变量的值具有可继承性。

【例 6.10】自动变量和静态局部变量应用举例。

```
#include <stdio.h>
int fun(int a)
{
    auto int b=0;                    //自动变量定义
    static int c;                    //静态局部变量定义
    b=b+1;
    c=c+1;
    return(a+b+c);
}
main()
{
    int a=2,i;
    for(i=1;i<=3;i++)
        printf("%2d",fun(a));
}
```

程序运行结果为：

4   5   6

该例 fun()函数中定义了自动变量 b 和静态局部变量 c，由于自动变量在函数调用时才分配存储单元，函数调用结束时存储单元释放，值不保留。因此，3 次调用 fun()函数时，b 变量都将重新赋值 0；而静态局部变量在编译时分配存储单元，且系统自动赋初值 0，在函数调用结束时存储单元不释放，值具有继承性，下次调用该函数时，静态局部变量的初值就是上一次调用结束时变量的值。因此，3 次调用 fun()函数结束时，c 变量的值分别为 1，2，3，函数的返回值相应地为 4，5，6。

当多次调用一个函数且要求在调用之间保留某些变量的值时，可考虑采用静态局部变量。但由于静态局部变量的作用域与生存期不一致，降低了程序的可读性，因此，除对程序的执行效率有较高要求外，一般不提倡使用静态局部变量。

6.3.2 函数的嵌套调用和递归调用

前面介绍的函数调用方式只是一个函数调用另一个函数，这种调用属于简单调用。C 语言还允许函数的嵌套调用和递归调用。

1. 函数的嵌套调用

C 语言的函数定义都是互相平行、独立的。也就是说，在定义一个函数时，该函数体内不能再定义另一个函数，即不允许嵌套定义函数。但可以嵌套调用函数，即在调用一个函数的过程中调用另一个函数。其调用关系如图 6-4 所示。

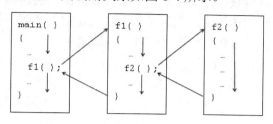

图 6-4　函数的嵌套调用

图 6-4 表示了两层嵌套调用的情形，其执行过程是：首先执行 main()函数，当遇到调用 f1()函数的语句时，即转去执行 f1()函数；在 f1()函数的执行过程中，当遇到调用 f2()函数的语句时，又转去执行 f2()函数；f2()函数执行完毕返回 f1()函数的调用点继续执行，f1()函数执行完毕返回 main()函数的调用点继续执行，直到整个程序结束。

【例 6.11】计算 $1^2+2^2+3^2+4^2+5^2$。

```
#include <stdio.h>
int sqare(int n)              //定义求平方值函数
{
    int t;
    t=n*n;
    return(t);
}
int sum(int m)               //定义求和函数
{
    int i,s;
    s=0;
    for(i=1;i<=m;i++)
        s=s+sqare(i);        //调用求平方值函数
    return(s);
}
main()
{
    int p;
    p=sum(5);                //调用求和函数
    printf("result=%d\n",p);
}
```

程序运行结果为：

result=55

该程序由主函数 main()、求和函数 sum()和求平方值函数 sqare()组成。主函数 main()先调用 sum()函数，在 sum()中又发生对 sqare()函数的调用，同时把 i 值（i 值分别取 1，2，3，4，5）作为实参传给 sqare()，在 sqare()中完成求 i 的平方值计算。sqare()执行完毕，把 i 的平方值返回给 sum()，在 sum()中通过循环实现累加，计算出结果后返回主函数。

2. 函数的递归调用

一个函数在其函数体内直接或间接地调用自身称为函数的递归调用。这是函数嵌套调用的一种特殊情况。在递归调用中，主调函数同时又是被调函数。执行递归函数将反复调用其自身，每调用一次就进入新的一层。例如，函数 f()定义如下：

```
int f(int n)
{
    int y;
    y=f(n-1);
    return y;
}
```

这是一个递归函数。运行该函数将无休止地调用其自身，为了防止递归调用无终止地进行，在函数内必须有终止递归调用的语句。常用的方法是采用条件语句来控制，满足某种条件后就不再进行递归调用，然后逐层返回。这个条件称为递归结束条件。

构造递归函数的关键是寻找递归算法。例如，计算 n! 递归算法的数学表达式为：

$$n! = \begin{cases} 1 & n = 0 \text{或} n = 1 \\ n \times (n-1)! & n > 1 \end{cases}$$

满足递归算法的 3 个条件如下。

（1）有明确的递归结束条件。如在 n=0 或 n=1 的条件下，可以直接得出 n!=1，从而结束递归。

（2）要解决的问题总是可以转化为相对简单的同类问题。如 n!可转化为 n×(n-1)!，而(n-1)!是比 n!稍简单的同类问题。

（3）随着问题的逐次转换，最终能达到结束递归的条件。算法中的参数 n 在递归过程中逐次减少，必然会达到 n=0 或 n=1。

【例 6.12】用递归方法计算 n!。

```
#include <stdio.h>
long fac(int n)
{
    long f;
    if(n==1||n==0) f=1;
    else
    f=n*fac(n-1);                    //递归调用
    return(f);
}
main()
{
    int n;
    long y;
    scanf("%d",&n);
    y=fac(n);
    printf("%d!=%ld\n",n,y);
}
```

高等职业教育"十二五"规划教材

程序运行结果为：

4↙
4!=24

运行该程序，输入 4，即求 4!。在主函数中的调用语句即为 y=fac(4)，进入 fac()函数后，由于 n>1，故执行 f=n*fac(n-1)，即 f=4*fac(4-1)。该语句对 fac()函数作递归调用，即调用 fac(3)，逐次展开递归。进行 3 次递归后，fac()函数形参取得的值变为 1，故不再继续递归调用，而开始逐层返回主调函数，fac(1)的函数返回值为 1，fac(2)的返回值为 1*2=2，fac(3)的返回值为 2*3=6，最后返回 fac(4)的值为 6*4=24。其递归调用过程如图 6-5 所示。

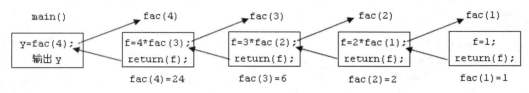

图 6-5　函数的递归调用示意图

6.3.3　编译预处理

C 语言系统提供了编译预处理功能。所谓编译预处理，是指在对源程序作正常编译之前，先对源程序中一些特殊的命令进行预先处理，产生一个新的源程序，然后对新的源程序进行通常的编译，最后得到目标代码。这些在编译之前预先处理的特殊命令称为预处理命令。在 C 源程序中，所有预处理命令都以符号"#"开头，每条预处理命令单独占用一行，且尾部不加分号，以区别于 C 语言的语句。

引入编译预处理命令是为了简化 C 源程序的书写，便于大型软件开发项目的组织，提高 C 语言程序的可移植性和代码可重用性，方便 C 语言程序的调试等。例如，在源程序中调用一个库函数时，只需在调用位置之前用包含命令包含相应的头文件即可。

C 语言提供的预处理命令有宏定义、文件包含和条件编译 3 种。

1．宏定义

所谓宏定义是指用一个指定的标识符代表一个具有特殊意义的字符串。命令中的标识符称为宏名。在编译预处理时，对程序中出现的宏名都用宏定义中的字符串去替换，这种将宏名替换成字符串的过程称为宏展开或宏代换。宏定义由源程序中的宏定义命令完成，宏代换则由预处理程序自动完成。

C 语言的宏定义可分为无参宏定义和带参宏定义两种。

1）无参宏定义

无参宏的宏名后不带参数。其定义的一般形式为：

#define　标识符　字符串

其中，"define"是宏定义的关键字；"标识符"是程序中将使用的宏名；"字符串"是程序在执行时所使用的真正数据，可以是常量、表达式等。

前面介绍过的符号常量的定义其实就是一种无参宏定义。如：

#define　PI 3.1415926

其作用是用指定的标识符 PI 代替 3.1415926 这个字符串。在编译预处理时，程序中在该命令以后出现的所有 PI 都用 3.1415926 代替。这样做的好处是见名知意、简化书写、方便修改。

【例 6.13】无参宏定义应用举例。

```
#include <stdio.h>
#define PRICE 100
main()
{
    int num,total;
    printf("input a number:");
    scanf("%d",&num);
    total=PRICE*num;
    printf("total=%d yuan\n",total);
}
```

程序运行结果为：

input a number: 20✓
total=2000 yuan

说明：

（1）宏名一般用大写字母表示，以区别于小写的变量名。

（2）宏定义不是 C 语句，在行尾不能加分号，否则连分号也一起代换。例如：

```
#define PRICE 100;
…
total=PRICE*num;
```

经过宏展开后，该语句变为"total=100;*num;"，这显然会引起语法错误。

（3）宏定义可以出现在程序中的任何位置，但必须位于引用之前，通常将宏定义放在源程序的开始。宏名的作用域从宏定义命令开始到本源程序结束，在同一作用域内，不允许重复定义宏名。如要终止其作用域，可使用#undef命令。例如：

```
#define PRICE 100
main()
{
    …
}
#undef PRICE
fun()
{…}
```

使用#undef 后，使得 PRICE 只在 main()函数中有效，而在 fun()函数中无效。

（4）宏代换时，只对宏名作简单的字符串替换，不进行任何计算和语法检查。若宏定义时书写不正确，会得到不正确的结果或编译时出现语法错误。例如：

#define PRICE 100

误写为：

#define PRICE 100ab

预处理时会把所有的 PRICE 替换成 100ab，而不管含义是否正确、语法有无错误。

（5）C 语言规定，对于程序中出现在字符串常量中的字符，即使与宏名相同，也不对其进行宏代换。例如：

#define PRICE 100
…
printf("THE TOTAL PRICE IS:%d\n",PRICE);

输出结果为：

THE TOTAL PRICE IS:100

而不是以下结果：

THE TOTAL 100 IS:100

（6）宏定义允许嵌套，即在宏定义的字符串中可以使用已经定义的宏名，并且在宏展开时由预处理程序层层代换。例如：

#define NUM 20
#define PRICE 100
#define TOTAL PRICE*NUM
…
printf("total=%d\n",TOTAL);

最后一个语句经过宏展开后为“printf("total=%d\n",100*20);”。

（7）宏定义与变量的定义不同，宏定义只作字符替换，不分配内存空间。

2）带参宏定义

C 语言允许宏定义带有参数。在宏定义中的参数称为形参，在宏调用中的参数称为实参。对带参数的宏，在调用时不仅要展开宏，而且要用实参代换形参。

带参宏定义的一般形式为：

#define　标识符(形参表) 字符串

其中，“形参表”由一个或多个形参组成，当有一个以上的形参时，形参之间用逗号分隔；“字符串”应该含有形参名。例如：

#define M(y)　y*y+3*y
…
k=M(5);

在宏调用时，用实参 5 去代替形参 y。宏展开后的语句为：

k=5*5+3*5;

带参宏常用来取代功能简单、代码短小、运行时间较短、调用频繁的程序代码。

【例 6.14】带参宏定义应用举例。

```
#include <stdio.h>
#define MAX(a,b) ((a)>(b)?(a):(b))
main()
{
    int x,y,z;
    x=10;
    y=20;
    z=10*MAX(x+1,y+1);
    printf("z=%d\n",z);
}
```

程序运行结果为：

z=210

该程序经过预处理后，语句"z=10*MAX(x+1,y+1);"变为："z=10*((x+1)>(y+1)?(x+1):(y+1));"。

请读者思考：如果将宏定义中字符串的最外层圆括号去掉，即为：

#define MAX(a,b) (a)>(b)?(a):(b)

程序运行的结果是什么？

说明：

（1）带参宏定义中，宏名和形参表之间不能有空格出现。否则，C 语言编译系统将空格以后的所有字符均作为替代字符串，而将该宏视为无参宏。

（2）带参宏定义中，字符串内的形参通常要用括号括起来，以避免出错。如以下宏定义：

#define S(a) a*a

当调用"y=S(2+3);"时，将替换成"y=2+3*2+3;"，这显然与设计者的原意不符。应改为：

#define S(a) (a)*(a)

宏展开后的语句为"y=(2+3)*(2+3);"，这样就达到了设计者的目的。

（3）带参宏和带参函数虽然很相似，但两者有本质区别，主要有。

① 函数调用时，先求出实参表达式的值，再传送给形参；而带参宏只是进行简单的字符替换，不进行计算。

② 函数中的形参和实参有类型要求，因为它们是变量；而宏定义与宏调用之间参数没

有类型的概念，只有字符序列的对应关系。

③ 函数调用是在程序运行时进行的，分配临时的内存单元，并占用运行时间；而宏调用在编译之前进行，不分配内存单元，不占用运行时间。

2．文件包含

文件包含是指一个程序文件将另一个指定文件的全部内容包含进来，使之成为源程序的一部分。文件包含在前面章节中已经多次出现，如"#include <stdio.h>"。

文件包含的一般形式为：

#include <文件名>

或者

#include "文件名"

文件包含命令一般放在源文件的开始部分。包含命令中的文件名可以用双引号或尖括号包括。但是这两种形式是有区别的。使用双引号，系统先在本程序文件所在的磁盘和路径下寻找包含文件，若找不到，再按系统规定的路径搜索包含文件；如果用尖括号，则系统仅按规定的路径搜索包含文件。用户编程时可根据自己文件所在的目录来选择某一种命令形式。

文件包含在程序设计中非常重要。一个大的程序通常分为多个模块，由多个程序员分别编程。有些共用的数据（如符号常量和数据结构）或函数可组成若干个文件，凡是要使用其中数据或调用其中函数的程序员，只要使用文件包含命令将所需文件包含进来即可，不必再次定义，从而减少程序员的重复劳动。

【例 6.15】文件包含应用举例。

假如有下列两个源程序文件 file1.c 和 file2.c，它们的文件内容如下。

file1.c 文件内容：

```
int max(int a,int b)                //定义 max()函数
{
    int c;
    if(a>b)   c=a;
    else c=b;
    return(c);
}
```

file2.c 文件内容：

```
#include <stdio.h>
#include "f:\file1.c"              //文件包含命令
main()
{
    int x,y;
    scanf("%d,%d",&x,&y);
    printf("max=%d\n",max(x,y));
}
```

程序运行结果为：

8.6✓
max=8

该例中，编译预处理把文件 file1.c 的内容插入到文件 file2.c 中命令行"#include "f:\file1.c""的位置，从而把 file2.c 和 file1.c 连成一个源文件。

在使用文件包含时，还应注意以下几点。

（1）一个 include 命令只能指定一个被包含文件，若有多个文件要包含，则需用多个 include 命令。

（2）文件包含允许嵌套，即在一个被包含的文件中可以包含另一个文件。

（3）当一个源文件中包含多个其他源文件时，一定要注意，所有这些文件中不能出现相同的函数名或全局变量名，且只能有一个 main()函数，否则编译时会出现重复定义的错误。

3. 条件编译

一般情况下，C 源程序中所有的行都参加编译。而条件编译则是按条件对 C 源程序的一部分进行编译，其他部分不参与编译。利用条件编译，可以控制只对一部分内容进行编译，减少目标代码。当程序在不同的计算机系统运行时，可减少程序移植对定义的修改，从而提高程序的可移植性和可维护性。

条件编译有 3 种形式。

（1）第 1 种形式为：

```
#ifdef    标识符
    程序段 1
#else
    程序段 2
#endif
```

或者

```
#ifdef    标识符
    程序段
#endif
```

其功能为：如果#ifdef 后面的"标识符"已经被#define 命令定义过，则编译"程序段 1"；否则编译"程序段 2"。如果没有#else 部分，则当标识符未定义时直接跳过#endif。

【例 6.16】条件编译应用举例一。

```
#define PRICE 20
#include <stdio.h>
main()
{
    #ifdef PRICE
        printf("PRICE is defined.\n");
    #else
```

```
        printf("PRICE is not defined.\n");
    #endif
}
```

程序运行结果为：

PRICE is defined.

该例在编译时，由于一开始定义了宏名 PRICE，因此，经过条件编译后，被编译的程序清单如下：

```
#define PRICE 20
#include <stdio.h>
main()
{
    printf("PRICE is defined.\n");
}
```

（2）第 2 种形式为：

```
#ifndef    标识符
    程序段 1
#else
    程序段 2
#endif
```

或者

```
#ifndef    标识符
    程序段
#endif
```

其功能为：如果#ifndef 后面的"标识符"没有被#define 定义过，则编译"程序段 1"；否则编译"程序段 2"。如果没有#else 部分，则当标识符已定义时直接跳过#endif。该形式与第 1 种形式的功能正好相反。

对于例 6.16，也可以写成以下形式。

```
#define PRICE 20
#include <stdio.h>
main()
{
    #ifndef PRICE
        printf("PRICE is not defined.\n");
    #else
        printf("PRICE is defined.\n");
    #endif
}
```

程序运行结果与例 6.16 相同。

（3）第 3 种形式为：

```
#if   表达式
      程序段 1
#else
      程序段 2
#endif
```

或者

```
#if   表达式
      程序段
#endif
```

其功能为：如果"表达式"的值为真（非 0），则编译"程序段 1"；否则编译"程序段 2"。如果没有#else 部分，则当表达式的值为假（0）时，直接跳过#endif。

【例 6.17】条件编译应用举例二。

```
#define F 1
#include <stdio.h>
main()
{
      float r,c,s;
      printf("input a number:\n");
      scanf("%f",&r);
   #if F
      s=3.14*r*r;
      printf("area of circle is:%.2f\n",s);
   #else
      c=2*3.14*r;
      printf("circumference of circle is:  %.2f\n",c);
   #endif
}
```

程序运行结果为：

```
input a number:3.5✓
area of circle is:38.47
```

该例中，如果条件成立，就计算圆面积并输出；否则计算圆周长并输出。

虽然直接用 if 语句也能满足同样的要求，但是用 if 语句将对整个源程序进行编译，生成的目标代码程序较长，而采用条件编译可以减少被编译的语句，从而减小目标程序的长度。

6.4 本章小结

函数是 C 语言中重要的概念，也是程序设计的重要手段。本章重点介绍了结构化程序设计思想、函数的定义与调用、函数间的参数传递、变量的作用域、函数的嵌套与递归调用、编译预处理等内容。

（1）C 语言是通过函数实现模块化程序设计的。函数分为库函数和自定义函数，库函数由系统提供，可以直接调用；自定义函数需要用户定义。一般情况下所说的函数均为自定义函数。

（2）在函数中可以使用 return 语句来返回函数计算结果。若函数体中不包含 return 语句或直接使用"return;"语句，表示是无返回值函数，其函数类型应指定为 void。

（3）函数调用时，主调函数的参数称为实参，被调函数的参数称为形参，实参的类型、个数和顺序要与形参一致，才能正确地进行数据传递。虽然实参对形参的数据传递是单向的，但仍根据形参是普通数据还是地址，将函数调用分为传值调用和传址调用。

（4）根据变量的有效范围，将变量的作用域分为局部变量（内部变量）和全局变量（外部变量）。局部变量的作用域只限于定义它的函数或复合语句内，全局变量的作用域则从其定义位置开始，到本源文件结束。通过用 extern 作声明，可以将全局变量的作用域扩大到整个程序的所有文件。

（5）在 C 语言中，每一个变量都有两个属性：数据类型和存储类型。存储类型分为动态存储和静态存储。动态存储变量是在程序执行过程中，使用它时才分配存储单元，使用完毕立即释放；静态存储变量通常是在变量定义时就分配存储单元，并一直占用，直至整个程序运行结束才释放。形参属于动态存储方式，全局变量属于静态存储方式。

（6）C 语言不允许嵌套定义函数，但可以嵌套调用函数，即在调用一个函数的过程中调用另一个函数。如果函数调用自身则称为递归调用。在使用递归调用时需要注意，函数体内必须有终止递归调用的语句。

（7）C 语言中，所有预处理命令都以符号"#"开头，每条预处理命令单独占用一行，且尾部不加分号。预处理命令有宏定义、文件包含和条件编译 3 种。

6.5　习　　题

一、单项选择题

1. 以下正确的函数头部是（　　）。
   A. int max (int x, int y)　　　　　　　B. int max (int x, y)
   C. int max (x, y)　　　　　　　　　　D. int max (int x; int y)

2. 关于函数的参数，下列叙述中正确的是（　　）。
   A. 一个函数至少有一个参数
   B. 定义函数时，函数的形参之间必须用分号隔开
   C. 如果定义的函数没有参数，则参数表的一对圆括号可以省略
   D. 函数形参的类型相同时，在定义时仍需要一一说明它们的类型

3. 下面说法正确的是（　　）。

A．一个函数一定有返回值

B．没有 return 语句的函数，也可能具有返回值

C．返回值类型为 void 的函数，不返回值

D．没有返回值的函数，不能作为运算符的运算分量

4．下列函数定义正确的是（　　　）。

A．int function (int x)
```
{
    int y;
    y = x * x * x + 2 * x;
    return y;
}
```

B．int function (int x)
```
{
    int y;
    y = x * x * x + 2 * x;
    int z;
    z = y + 1;
    return z;
}
```

C．int function (int x)
```
{
    return x * x + 1;
}
```

D．int function (int x)
```
{
    int y, z;
    y = x * x;
    z = z + 1;
    return z;
}
```

5．已知函数 function 的定义：

```
int function ( int x, int y )
{
    return x * x + y * y;
}
```

则 function (3, 4)的值为（　　　）。

A．3　　　　　　　　B．4　　　　　　　　C．5　　　　　　　　D．25

6．关于函数的实参与形参，下列说法正确的是（　　　）。

A．实参的值传递给形参

B．形参的值传递给实参

C．参数传递时，若形参的类型与实参的类型不同，则形参的类型转换为实参的类型

D．参数传递时，若形参的类型与实参的类型不同，则实参的类型转换为形参的类型

7．以下程序的执行结果是（　　　）。

```
# include <stdio.h>
void fun ( int x, int y )
{
    x = 10;
    y = 20;
}
int main()
{
    int a = 100;
    int b = 200;
    fun ( a, b );
    printf ( "%d,%d", a, b );
    return 0;
}
```

　　A．10,20　　　　　　B．100,200　　　C．10,200　　　　D．100,20

8．以下程序的执行结果是（　　　）。

```
# include <stdio.h>
int swap ( int x, int y )
{
    int temp;
    temp = x;
    x = y;
    y = temp;
    return x - y;
}
int main ()
{
    int num1 = 3;
    int num2 = 1;
    int result = 2;
    result = swap ( num1, num2 );
    printf ( "%d", result );
    return 0;
}
```

　　A．1　　　　　　　　B．2　　　　　　　C．3　　　　　　D．-2

9．以下程序的执行结果是（　　　）。

```
# include <stdio.h>
float sum ( int x, int y )
{
    int z = x + y;
    return z;
}
int main ()
```

```
{
    float a = 3.6;
    float b = 5.6;
    printf ( "%f", sum ( a, b ) );
    return 0;
}
```

  A．3.600000   B．5.600000   C．8.000000   D．9.200000

10．某函数中有语句"return x + y;"，则该语句的作用是（　　）。

  A．终止所在函数的一次运行

  B．计算表达式 x+y 的值

  C．将 x+y 的计算结果返回主调函数

  D．终止程序的运行

11．以下关于宏代换的叙述不正确的是（　　）。

  A．宏代换只是简单的字符替换   B．宏名无类型

  C．宏名必须用大写字母表示   D．宏代换不占用程序的运行时间

二、填空题

1．已知函数定义：int function (int x, int y){ return x * x + y * y; }，则其对应的函数原型为_____。

2．声明函数原型的原因是_____。

3．函数调用时的传值方向是_____。

4．函数的定义包括_____和_____ 两部分。

5．函数定义时，函数头部中的参数称为_____参数，简称为_____。

6．调用具有返回值的函数时，return 语句的作用是_____。

7．定义接口时，需要分别定义_____、_____和_____。

8．定义函数时，若形参有多个，则参数之间用_____隔开。

9．函数调用时，若实参的类型与形参的类型不一致，则转换的方向是_____。

10．同一个函数可以定义_____次；同一个函数可以声明_____次。

11．有以下宏定义：

```
#include WIDTH    80
#define   LENGTH WIDTH+40
```

则执行赋值语句"v=LENGTH*20;"（v 为 int 型变量）后，v 的值是_____。

12．下列程序的运行结果是_____ 。

```
#include <stdio.h>
long fun5(int n)
{
    long s;
    if ((n==1)||(n==2))    s=2;
```

```
    else    s=n+fun5(n-1);
    return(s);
}
void main()
{
    long x;
    x=fun5(4);
    printf("%ld\n",x);
}
```

13. 下面 add()函数的功能是求两个参数的和，并将和值返回调用函数。 函数中错误的部分是_____，改正后为_____。

```
void add(float a,float b)
{
    float c;
    c=a+b;
    return(c);
}
```

14. 下列程序的运行结果为_____。

```
#include <stdio.h>
#define    VAL1    1
#define    VAL2    2
main()
{
    int flag;
    #ifdef    VAL1
        flag=VAL1;
    #else
        flag=VAL2;
    #endif
    printf("flag=%d\n",flag);
}
```

三、编程题

1. 求 1！+2！+3！+…+10！。要求编写一个求 N 的阶乘的函数。

2. 写一个判断素数的函数，在主函数中输入一个整数，输出是否为素数的信息。

3. 计算一个圆柱体体积。分别用函数和全局变量实现，由主函数输入数据并输出结果。

4. 用递归方法实现下面的程序设计。

有 5 个人坐在一起，第 5 个人说他比第 4 个人大 2 岁；问第 4 个人的岁数，他说比第 3 个人大 2 岁；问第 3 个人，说比第 2 个人大 2 岁；问第 2 个人，说比第 1 个人大 2 岁；最后问第 1 个人，他说是 10 岁。请问第 5 个人多少岁？

第7章
项目中数组的应用

C 语言中，使用基本数据类型（整型、实型、字符型），可以描述和处理一些简单的问题。但是在实际问题中往往需要面对成批的数据，如果仍用基本数据类型来进行处理就很不方便，甚至是不可能的。例如，一个班有 50 名学生，要求按某门课程成绩排名。如果利用前面学习的变量类型表示学生成绩，需设置 50 个简单变量来表示学生成绩，而且各变量之间相互独立，在设计程序时很难对这组数据进行统一处理。而如果使用数组来存放 50 名学生的成绩，就可以利用循环很方便地处理这个问题。

数组是指一组数目固定、数据类型相同的若干元素的有序集合，使用统一的数组名和不同的下标来唯一表示数组中的每一个元素。在许多场合，使用数组可以缩短和简化程序，因为可以利用下标值设计循环，高效地处理各种情况。

本章将结合项目中学生成绩统计和密码验证的实现，介绍一维数组、字符数组和二维数组的概念、定义和使用方法。

学习目标

➢ 理解和掌握一维数组的概念、定义、存储与初始化
➢ 理解和掌握数组元素和数组名作函数参数时的区别与联系
➢ 理解和掌握字符数组的概念、定义、初始化及输入/输出方法
➢ 掌握常用的字符串处理函数
➢ 理解和掌握二维数组的概念、定义与存储

7.1　任务二　用一维数组实现项目中学生成绩的统计

一、任务描述

在任务一中，除显示主菜单函数 MainMenu()外，其他函数均用一条输出语句来实现。该任务要求用一维数组实现各函数，包括输入学生成绩函数 InputScore()、显示学生成绩函数 DisplayScore()、统计总分和平均分函数 SumAvgScore()、统计最高分和最低分函数 MaxMinScore()、统计各分数段人数函数 GradeScore()。

二、知识要点

该任务涉及的新知识点主要为一维数组，其具体内容将在 7.2 节进行详细介绍。

三、任务分析

要实现学生成绩的统计，首先要考虑学生成绩的存储问题。该任务用一个整型数组 stu_score[]来存储学生成绩，并在程序的开始设置了一个符号常量 MAXSTU，用于定义数组的最大长度，即最多学生人数。假设学生不超过 30 人，则 MAXSTU 代表 30。

在学生成绩统计项目中，除密码验证函数 PassWord()和主菜单显示函数 MainMenu()外，其他函数均用到数组 stu_score[]。有两种方法实现该数组的访问：一种方法是将该数组定义为全局变量，每个函数均可直接访问数组；另一种方法是将该数组定义为局部变量，利用实参和形参的数据传递，实现对学生成绩数据的访问。若采用第一种方法，函数之间的联系增大，数据的安全性很难保证。因此，该任务采用第二种方法，在主函数中将整型数组 stu_score[]定义为一个局部变量，数组元素的下标对应学生的学号；再定义一个局部变量 stu_count，存放学生的实际人数（即数组的实际长度）。在进行函数调用时，将数组 stu_score[]和数组实际长度 stu_count 作为实参，传递给其他函数的形参，从而实现对学生成绩数据的访问。

四、具体实现

各函数的定义分别如下。

（1）输入学生成绩函数

```
int InputScore(int score[])
{
    int i;
    printf("\n\t\t    请输入学生成绩(输入-1 退出)\n");
```

```
    for(i=0;i<MAXSTU;i++)
    {    printf("\t\t   第%d 个学生的成绩：",i+1);
         scanf("%d",&score[i]);
         if(score[i]==-1)
             break;
    }
    return(i);                          //返回实际学生人数
}
```

（2）显示学生成绩函数

```
void DisplayScore(int score[],int n)
{
    int i;
    printf("\n\t\t   学生成绩显示如下：");
    printf("\n\t\t   学生序号         成绩");
    for(i=0;i<n;i++)
        printf("\n\t\t       %d            %d",i+1,score[i]);
    return;
}
```

（3）统计课程总分和平均分函数

```
void SumAvgScore(int score[],int n)
{
    int i,sum=0;
    float average=0;
    for(i=0;i<n;i++)
        sum=sum+score[i];
    average=(float)sum/n;
    printf("\n\t\t   课程的总分为%d,平均分为%.2f\n",sum,average);
    return;
}
```

（4）统计课程最高分和最低分函数

```
void MaxMinScore(int score[],int n)
{
    int i,max=0,min=0;
    max=score[0];
    min=score[0];
    for(i=1;i<n;i++)
    {
        if(score[i]>max)
            max=score[i];
        if(score[i]<min)
            min=score[i];
    }
    printf("\n\t\t   课程的最高分为%d,最低分为%d\n",max,min);
    return;
}
```

（5）统计课程各分数段人数函数

```
void GradeScore(int score[],int n)
{
    int i;
    int grade90_100=0;              //等级为优的人数
    int grade80_90=0;               //等级为良的人数
    int grade70_80=0;               //等级为中的人数
    int grade60_70=0;               //等级为及格的人数
    int grade0_59=0;                //等级为不及格的人数
    for(i=0;i<n;i++)
    {
        switch(score[i]/10)
        {
            case 10:
            case 9: grade90_100++;break;
            case 8: grade80_90++;break;
            case 7: grade70_80++;break;
            case 6: grade60_70++;break;
            default:grade0_59++; break;
        }
    }
    printf("\n\t\t    等级为优的人数为：%d",grade90_100);
    printf("\n\t\t    等级为良的人数为：%d",grade80_90);
    printf("\n\t\t    等级为中的人数为：%d",grade70_80);
    printf("\n\t\t    等级为及格的人数为：%d",grade60_70);
    printf("\n\t\t    等级为不及格的人数为：%d",grade0_59);
    return;
}
```

程序说明：

（1）为了节省篇幅，在此只给出每个函数的定义，其在主函数 main()中的调用，请参见 6.1 节中的任务实现，在此不再重复。

（2）在调用每个函数时，需要将数组名 stu_score[]作为实参，数组名即数组的首地址，实参向形参传递的是一个地址，因此是一种传址调用。如果采用这种方式进行函数调用，实参数组 stu_score[]将和形参数组 score[]共用一组连续的存储单元，函数调用结束返回主函数时，形参数组 score[]的值就会保留在实参数组 stu_score[]中。关于数组名作函数参数的具体用法，将在 7.2 节进行详细介绍。

（3）考虑到知识点的完整性，项目中的密码验证函数 PassWord()将在学习字符数组时再进行完善。

（4）该任务中的每个函数还可以用指针来实现，具体内容将在第 8 章进行详细介绍。

五、要点总结

访问数组元素时，如果下标的取值超出该数组定义的长度范围，称为下标越界，属于非法访问。需要特别注意的是，C 语言把下标越界检查的任务交给程序员，而系统不做任何检查。因此，使用数组编写程序时，应避免数组下标越界。

7.2　理　论　知　识

7.2.1　一维数组

假设需要登记某班（25人）数学课程的成绩，如果利用前面学习的基本类型变量解决该问题，则需要定义25个实型变量，分别表示各个学生的成绩。例如，定义25个变量：

float a, b, …,y;

然后给各个变量分别赋值：

a = 90.5;
b = 100.0;
…
y = 84.5;

由于这些变量之间是相互独立的，程序很难统一处理这组数据。为了更好地解决这类问题，可构造一种数据类型，用于统一处理这些数据类型相同的多个数据。

数组是具有相同类型并按次序排列的数据集合。每一个数据集合都有一个名字，称为数组名，构成数组的各个数据称为数组元素。在程序中，既可对数组的各个元素进行单独处理，也可以对数组中的多个元素进行统一处理。

1.　一维数组的定义

一维数组的定义类似于基本类型变量的定义，但是定义一维数组时，需要指明其所能包含的元素个数。一维数组定义的一般形式为：

数据类型　数组名[常量表达式];

方括号中的"常量表达式"用于指定一维数组可以包含的元素的个数。一维数组包含的元素个数也称为一维数组的长度。例如：

int a[5];

定义了一个数组名为a、包含5个整型元素的一维数组。这5个数组元素通过"数组名+下标"的方式表示，分别是a[0]，a[1]，a[2]，a[3]和a[4]。

应用问题中，为了存放各个学生数学课程的成绩，通过定义一个一维数组即可解决。例如：

float maths[25];　　　　　　　　　　/*定义了一个名为maths、包含25个实型元素的数组*/

需要注意以下几点。

（1）数组的数据类型实际上是数组元素的数据类型。对于同一个数组，其所有元素的数据类型都是相同的。

（2）数组名的命名规则符合标识符的命名规则。

（3）不能通过变量来定义一维数组的长度。例如：

```
int n;
scanf( "%d", &n );
int d[n];
```

欲通过变量 n 定义一维数组的长度，这种定义数组的方式是错误的。

（4）在一定的代码范围内，数组名不能与其他变量名相同。例如：

```
int a;
int a[10];
```

编译时，系统会报错。

（5）数组的元素下标是从 0 开始标号的。例如：

```
char b[3];
```

则一维数组 b 中的 3 个元素分别为 b[0]、b[1]和 b[2]；而 b[3]并非数组 b 的元素。

类似于基本类型变量的初始化，定义一维数组的同时，也可以对数组的各个元素赋初值，即一维数组的初始化。一维数组初始化的一般形式为：

数据类型　数组名[常量表达式] = {初值表};

例如：

```
int a[5] = {435, 33, 128, 2009, 7 };
/*a[0]初始化为整数 435，a[1]初始化为整数 33，……，a[4]初始化为 7*/
char ch[10] = { 'C', ' ', 'P', 'r', 'o', 'g', 'r', 'a', 'm', '!' };
/* ch[0]初始化为字符'C'，ch[1]初始化为空格字符' '，……，ch[9]初始化为'!'*/
float b[6] = { 5.4, 3.2 };
/* b[0]初始化为实型数 5.4，b[1]初始化为实型数 3.2，其他元素被初始化为 0.0*/
```

其中，"int a[5] = {435, 33, 128, 2009, 7 };"可以写为"int a[] = {435, 33, 128, 2009, 7 };"，即对数组的全部元素进行初始化赋值时，可以省略数组长度的说明。但对数组的部分元素初始化时，数组长度的说明不能省略。

注意

①初始化时，如果花括号中的初值表中包含多个值，各个值之间应使用逗号分隔。

②部分初始化时，若需要为下标为 i 的元素指定值，则下标为 0，1，…，i-1 的元素也需要分别指定值。

③部分初始化时，没有指定值的元素，系统自动指定其为 0 值。例如，定义存放 25 个学生的数学课程成绩的数组并进行初始化，可以记为：

```
float maths[25]={0.0, 0.0, 0.0, 0.0, 0.0, 0.0, 0.0, 0.0, 0.0, 0.0, 0.0, 0.0, 0.0, 0.0, 0.0, 0.0, 0.0, 0.0, 0.0, 0.0, 0.0, 0.0, 0.0, 0.0, 0.0 };
/*全部成绩初始状态为 0.0 分*/
```

上述初始化语句也可以简写为"float maths[25]={0.0};"。

数组定义后才能使用数组的各个元素，即引用数组前需要先定义。引用一维数组的一般形式为：

数组名[下标]

需要注意以下几点。

（1）数组元素可以作为一个独立的基本类型的变量来使用。例如：

```
int a[5];                                    /*定义数组*/
a[0] = 26;                                   /*数组元素 a[0]赋值为 26*/
```

（2）引用数组时，下标可以是整常数，也可以是整型表达式，但不能是小数。例如，设有"int a[10];"，则 a[2 + 3]、a[6]都是合法的数组元素，但 a[6.3]是非法的。

（3）引用数组元素时，可以使用变量的值作为下标。例如：

```
for ( i = 0; i < 10; i = i + 1)
    printf ( "%d", a[i] );
```

该语句的功能是用 for 循环语句逐一输出数组 a 中各元素的值。如果使用基本的变量，则需要 10 个同样形式的语句才能完成。此例说明，通过数组，可以对相同类型的一组数据进行统一处理，从而使程序更加清晰。

（4）参加处理的只能是数组的单个元素，而不能对数组整体进行处理。例如：

```
for ( i = 0; i < 10; i = i + 1)
    printf ( "%d", a );
```

并不能输出数组 a 中的各元素值。

【例 7.1】按学生学号的大小顺序，记录某班（3 人）学生的数学课程成绩。

```
# include <stdio.h>
# define N 3
int main ()
{
    int i;
    float maths[N];
    printf ( "Input scores:\n" );
    for ( i = 0; i < N; i = i + 1 )
        scanf ("%f", &maths[i ] );                  /*逐一输入 N 个数据*/
    for ( i = 0; i < N; i = i + 1 )
        printf ( "\nStu no.%2d, score is %5.2f", i + 1, maths[i] );   /*输出编号及成绩*/
    return 0;
}
```

程序的运行结果为：

Input scores:
98✓
86✓
100✓

Stu no. 1, score is: 98.00
Stu no. 2, score is: 86.00
Stu no. 3, score is: 100.00

【例 7.2】用选择法对 10 个数排序（从大到小）。

分析：设 10 个数分别是 a[0]，a[1]，…，a[9]，选择法排序方式如下。

第 1 轮：在 a[0]，a[1]，…，a[9]中选择最大元素 a[j]，将 a[j]与 a[0]交换；

第 2 轮：在 a[1]，a[2]，…，a[9]中选择最大元素 a[j]，将 a[j]与 a[1]交换；

第 3 轮：在 a[2]，a[3]，…，a[9]中选择最大元素 a[j]，将 a[j]与 a[2]交换；

……

第 8 轮：在 a[7]，a[8]，a[9]中选择最大元素 a[j]，将 a[j]与 a[7]交换；

第 9 轮：在 a[8]，a[9]中选择最大元素 a[j]，将 a[j]与 a[8]交换。

结论：使用选择法对 n 个数进行排序，需要进行 n-1 轮选择。第 i 轮选择操作时，需要进行 n-i 次两两比较。可以通过两层嵌套的循环结构实现。

```
/*程序功能：使用选择法，对 10 个数从大到小排序*/
# include <stdio.h>
int main ()
{
    int a[10] = { 24, 9, 86, 4, 87, 8, 2, 14, 36, 99};
    int i, j, temp;
    int seat;                           /*记录最大数的位置*/
    for ( i = 0; i < 9; i = i + 1 )
    {
        seat = i;                       /*设第 i 轮中，初始最大数的位置为 i*/
        j = i + 1;
        while ( j < 10 )
        {
            if ( a[ seat ] < a[ j ] )
            {
                seat = j;
            }                           /*找到新的大数，更新大数的位置记录*/
            j = j + 1;
        }
        if ( seat != i )                /*如果最大数不在本轮的初始位置*/
        {
            temp = a[ i ];
            a[ i ] = a[ seat ];
            a[ seat ] = temp;           /*交换数组的两个元素的值*/
        }
    }
    printf ( "The sorted numbers:\n" );
    i = 0;
    do
    {
        printf ( "%3d", a[i] );
        i = i + 1;
    }while ( i < 10 );
```

```
        return 0;
    }
```

程序的运行结果为：

The sorted numbers:
 99 87 86 36 24 14　9　8　4　2

3. 一维数组在内存中的存储

C 语言规定，将数组装入内存时，必须为其分配一段连续的内存区域，并用数组名标识所分配存储区域的起始地址。该地址也是数组中首元素（标号为 0 的元素）的地址，因此也称为首地址。数组所占存储区域的大小等于各元素所占区域之和。一个数组所需要的存储区域大小可以通过 siziof 运算符进行查看。

总字节数 = sizeof (数组类型) * 数组长度

例如：

int a[10] = {0, 1, 2, 3, 4, 5, 6, 7, 8, 9 };

按照一个整型数占 2 个字节计算，设该数组的存储区域是从 2000 开始的。它在内存中的排列情况如图 7-1 所示。

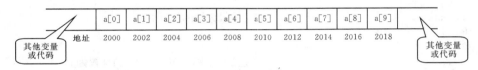

图 7-1　一维数组的存储示意图

说明：

（1）C 语言中没有提供字符串变量，字符串是作为字符数组进行处理的。例如，为了存储字符串 "C Program!" 中的各个字符，可以定义一个一维字符数组。即：

char ch[10] = { 'C', ' ', 'P', 'r', 'o', 'g', 'r', 'a', 'm', '!' };

此时，字符串的实际长度和字符数组的长度相同。有时需要计算字符串的有效长度，而不是字符数组的长度。例如，定义一维字符数组的长度是 1000，而实际有效字符只有 10 个。

为了计算字符串的实际长度，C 语言规定：字符串以 "\0" 作为结束标志。即字符串中，左数第一个字符\0'前的字符为有效字符。把一个字符串存入一维字符数组时，也需要把字符\0'存入数组。因此，定义存储字符串的一维字符数组时，数组长度至少要比字符串的有效字符个数多 1。例如，若定义：

char b[] = { 'j', 'o', 'u', 'r'};

则字符数组 b 中只存放 4 个字符（即省略的数字是 4）。若定义：

char b[] = "jour";

则字符数组 b 中存放了 5 个字符（即省略的数字是 5）。

（2）设 str 是一个字符数组的名字，则格式符"%s"可以用于字符串的输入与输出。例如：

```
printf ( "%s", str );
scanf ( "%s", str );                         /*此时字符数组名前无须加"&"符号*/
```

【例 7.3】将两个字符串首尾相接。

```
/*程序功能：使用循环逐个字符操作，将两个字符串首尾相接*/
# include <stdio.h>
int main ()
{
    char str1[80], str2[80];
    int i, length;
    printf ( "\nInput two strings:\n" );
    scanf ( "%s%s", str1, str2 );
    printf ( "old strings is:\n");
    printf ( "str1 = %s\nstr2 = %s\n", str1, str2 );
    for ( length = 0; str1[length] != '\0'; )
        length = length + 1;                  /*计算字符串 str1 的长度*/
    for ( i = 0; str2[i] != '\0'; i = i + 1 )
        str1[length + i] = str2[i];           /*将字符串 str2 接到字符串 str1 后，除'\0'外*/
    str1[length + i] = '\0';                   /*在字符串 str1 最后一位添加'\0'*/
    printf ( "\nnew strings is:\n" );
    printf ( "str1 = %s\nstr2 = %s\n", str1, str2 );
    return 0;
}
```

程序的运行结果为：

Input two strings:
C✓
Program✓
old strings is:
str1 = C_
str2 = Program
new strings is:
str1 = C_Program
str2 = Program

4．一维数组赋初值

一维数组赋初值可以在定义数组时进行，即在编译阶段进行，也可以在运行期间用赋值语句或输入语句使数组元素得到初值。

（1）在定义数组时赋初值

① 对全部数组元素赋初值。例如：

int   a[6]={1,2,3,4,5,6};

其中，数组元素的个数和花括号中初值的个数相同，并且花括号中的初值从左到右依次赋给每个数组元素，即 a[0]=1，a[1]=2，a[2]=3，a[3]=4，a[4]=5，a[5]=6。

对全部数组元素赋初值时，可以省略数组长度。例如：

```
int    a[]={10,20,30,40,50};
```

省略数组长度时，系统将根据初值的个数确定数组长度。上述花括号内共有 5 个初值，说明数组 a[]的元素个数为 5，即数组长度为 5。

② 对部分数组元素赋初值。例如：

```
int    a[10]={0,1,2,3,4};
```

此语句定义数组 a[]有 10 个元素，但花括号中只提供了 5 个初值，表示只给前 5 个数组元素 a[0]～a[4]赋初值，后面 5 个元素 a[5]～a[9] 系统自动赋 0。

对部分数组元素赋初值时，数组长度不能省略。

（2）用赋值语句或输入语句赋初值

在程序执行过程中，用赋值语句或输入语句给数组元素赋初值的方法称为动态赋值。例如：

```
int i,a[10];
for(i=0;i<10;i++)
    a[i]=i;                         //用赋值语句给数组元素赋值
```

或

```
int i,a[10];
for(i=0;i<10;i++)
    scanf("%d", &a[i]);             //用输入语句给数组元素赋值
```

C 语言除了在定义数组时可以为数组整体赋值之外，不能在其他情况下对数组整体赋值。例如，下面的用法是错误的。

```
for(i=0;i<10;i++)
    scanf("%d",a);
```

5. 一维数组的应用

一维数组的应用范围很广，在 7.1 节中已经用一维数组实现了学生成绩的统计，这里主要讨论一维数组的排序问题。

【例 7.4】用冒泡法对 10 个数按从小到大的顺序排序。

冒泡法排序的基本思路（以升序为例）为：首先比较序列中第 1 个数与第 2 个数，若为逆序，则交换两数，然后比较第 2 和第 3 个数，依次进行下去，直到对最后两个数进行比较和交换。这是第 1 趟排序过程，结果把最大数交换到最后位置，最后一个数不再参加排序。然后在剩余数组成的序列中进行第 2 趟排序，第 2 趟排序结束后，就可将次大数移至倒数第 2 的位置上，如此继续，直到排序结束。在整个排序过程中，较大的数逐渐从前向后移动，其过程类似水中气泡上浮，故称冒泡法。

对 5，2，7，9，1 进行冒泡排序的过程如图 7-2 所示。从 5 个数进行冒泡排序的过程可以推知，如果有 n 个数，则要进行 n−1 趟比较。在第 1 趟中要进行 n−1 次两两比较，在第 2 趟中要进行 n−2 次两两比较，在第 i 趟中要进行 n−i 次两两比较。

	a[0]	a[1]	a[2]	a[3]	a[4]
初始状态：	5	2	7	9	1
第1趟结束：	2	5	7	1	**9**
第2趟结束：	2	5	1	**7**	**9**
第3趟结束：	2	1	**5**	**7**	**9**
第4趟结束：	1	**2**	**5**	**7**	**9**

大数逐渐向后移动

图 7-2　冒泡法排序过程

程序如下：

```
#include <stdio.h>
main()
{
    int a[10];
    int i,j,t;
    printf("请输入 10 个整数：");
    for(i=0;i<10;i++)
        scanf("%d",&a[i]);
    for(i=1;i<10;i++)                     //外循环，控制比较趟数
      for(j=1;j<=10-i;j++)                //内循环，控制每趟比较次数
        if(a[j-1]>a[j])                   //相邻两数比较和交换
        {     t=a[j-1];
              a[j-1]=a[j];
              a[j]=t;
        }
    printf("排序后结果：");
    for(i=0;i<10;i++)
      printf("%3d",a[i]);
}
```

程序运行结果为：

```
请输入 10 个整数：2 4 10 8 3 6 13 11 5 9↙
排序后结果：2  3  4  5  6  8  9 10 11 13
```

因为 C 语言数组的下标从 0 开始，所以为了便于数组元素的下标表示，该例中灰色底纹的程序段也可写成以下形式：

```
for(i=1;i<10;i++)
     for(j=0;j<10-i;j++)
       if(a[j]>a[j+1])
       {  t=a[j];
          a[j]=a[j+1];
          a[j+1]=t; }
```

7.2.2　一维数组作函数参数

在第 6 章中已经介绍了普通变量作函数参数的情形，此外，数组也可以作函数参数。数组作函数参数有两种形式：一种是数组元素作函数参数；另一种是数组名作函数参数。在此只介绍一维数组作函数参数的情况。

1. 数组元素作函数参数

数组元素只能作函数的实参，其用法与普通变量完全相同，在进行函数调用时，把数组元素的值传送给形参，实现单向值传送。如图 7-3 和图 7-4 所示。

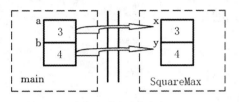
（a）普通变量作实参

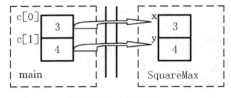
（b）数组元素作实参

图 7-3　普通变量或数组元素作实参向形参值传递过程

图 7-4　数组元素作实参向形参地址传递过程

【例 7.5】一个数组中有 3 个元素，求它们的和。

```c
#include <stdio.h>
int fun(int a,int b,int c)
{
    int t;
    t=a+b+c;
    return(t);
}
main()
{
    int a[3];
    int i,sum;
    for(i=0;i<3;i++)
        scanf("%d",&a[i]);
    sum=fun(a[0],a[1],a[2]);
    printf("sum=%d\n",sum);
}
```

程序运行结果为：

3 4 5↙
sum=12

该例中，主函数 main()在调用 fun()函数时将数组元素 a[0]，a[1]，a[2]的值分别传给 fun()函数的形参 a，b，c，并将求和结果 t 的值返回 main()函数，赋给变量 sum，然后输出。

2. 数组名作函数参数

在 C 语言程序中，经常需要把数组的全部元素传递到另一函数中处理。当数组元素较多时，如果仍采用传值方式，把数组的每个元素作为一个参数传递到另一函数中，必然要使用大量的参数。此时，若采用数组名作函数参数，可以很好地解决数组中大量数据在函数间的传递问题。

数组名作函数参数时，既可以作形参，也可以作实参，要求形参和相对应的实参都必须是类型相同的数组或指向数组的指针变量（指针的概念将在第 8 章中介绍），并且都必须有明确的数组定义。

【例 7.6】一个数组中有 10 个元素，求它们的累加和。

```
#include <stdio.h>
int fun(int b[10])
{
    int i,t=0;
    for(i=0;i<10;i++)
        t=t+b[i];
    return(t);
}
main()
{

    int a[10]={3,4,2,1,5,7,8,3,2,9};
    int i,sum;
    sum=fun(a);                        //调用 fun()函数
    printf("sum=%d\n",sum);
}
```

程序运行结果为：

sum=44

该例中，主函数 main()调用 fun()函数时，用数组名 a 作为函数实参，不是把数组 a[]的值传递给形参数组 b[]，而是把实参数组 a[]的首地址传送给形参数组 b[]，这样，a[]和 b[]两个数组就共占同一段内存单元。在 fun()函数中，表面上是对形参数组 b[]中的元素求和，实际上也是对实参数组 a[]中的元素求和。两个数组共占存储单元的示意图如图 7-5 所示。

该例中的 fun()函数还可改为以下形式：

实参数组		形参数组
a[0]	3	b[0]
a[1]	4	b[1]
a[2]	2	b[2]
a[3]	1	b[3]
a[4]	5	b[4]
a[5]	7	b[5]
a[6]	8	b[6]
a[7]	3	b[7]
a[8]	2	b[8]
a[9]	9	b[9]

图 7-5　实参数组和形参数组共用存储单元

```
#include <stdio.h>
int fun(int b[],int n)
{
    int i,t=0;
    for(i=0;i<n;i++)
        t=t+b[i];
    return(t);
}
```

即定义 fun()函数时，不限定形参数组 b[]的元素个数，有关元素个数的信息通过形参表中另一个参数 n 传递。这样做的好处是数组的长度可变，可以对任意大小的数组求和，提高了函数的通用性。如该例中，如果将函数调用语句"fun(a,10);"改为"fun(a,5);"，则只对数组 a 的前 5 个元素求和。

📝 **注意**

> 在定义函数时，即使限定了形参数组的元素个数，也没有什么意义，因为 C 编译系统对形参数组大小不做语法检查，在调用函数时，只是将实参数组的首地址传递给形参数组。

从这种传址方式可以看出，形参数组中各元素的值如果发生变化，实参数组元素的值也会同时发生变化。利用这一特点，可以实现数组的排序、更新等操作。

【例 7.7】分析以下程序的运行结果。

```
#include <stdio.h>
void fun(int b[],int n)
{
    int i,t;
    for(i=0;i<n/2;i++)
    {
        t=b[i];
        b[i]=b[n-i-1];
        b[n-i-1]=t;
    }
}
main()
{
    int a[10]={1,2,3,4,5,6,7,8,9,10};
    int i;
    for(i=0;i<10;i++)
        printf("%3d",a[i]);
    printf("\n");
    fun(a,10);
    for(i=0;i<10;i++)
        printf("%3d",a[i]);
}
```

程序运行结果为：

1 2 3 4 5 6 7 8 9 10
10 9 8 7 6 5 4 3 2 1

该例中，fun()函数的功能是逆序排列数组 b[]中的所有元素。在调用 fun()函数时，形参数组 b[]和实参数组 a[]共占同一段内存单元，当 fun()函数中数组 b[]发生改变时，实参数组 a[]也随之发生变化。

7.3　任务三　用字符数组实现项目中的密码验证

一、任务描述

用字符数组实现项目中的密码验证函数 PassWord()。该函数被调用时，应提示用户输入密码，如果密码不正确，则允许重新输入，但最多允许输入 3 次，若 3 次输入的密码均错，就立即结束程序；如果密码正确，则显示"欢迎使用学生成绩统计系统!"，并进入系统主菜单。

二、知识要点

该任务涉及的新知识点主要为字符数组，其具体内容将在 7.4 节进行详细介绍。

三、任务分析

该任务的关键是密码输入。一个良好的密码输入程序是在用户输入密码时不显示密码本身，只回显"*"；或者，在安全性要求更高的某些程序中，不显示任何内容。在 C 语言中，实现密码输入需要用到字符输入函数，前面已经介绍过 getchar()和 getch()，但 getchar()函数在输入的同时显示输入内容，并由回车符终止输入。为了不显示输入内容，可以使用 getch()函数，它包含在 conio.h 头文件中，该函数可以在输入的同时不显示输入内容，并在输入完成后而自动终止输入。另外，在屏幕上显示"*"，可以使用 putchar('*')。这样，由 getch()和 putchar()两个函数配合使用，就实现了密码输入。

四、具体实现

密码验证函数的定义为：

```
void PassWord()
{
    char pwd[21]="";                    //定义字符数组存储密码
    char ch;
    int i,j;
    system("cls");                      //清屏
```

```
        for(i=1;i<=3;i++)                              //i 控制密码输入的次数
        {
            printf("\n\t\t 请输入密码:");
            j=0;
            while(j<20 && (ch=getch())!='\r')          //'\r'表示回车符
            {
                pwd[j++]=ch;
                putchar('*');                          //在屏幕上回显"*"
            }
            pwd[j]='\0';                               //添加字符串结束标志'\0'
            if(strcmp(pwd,"123456")==0)                //密码正确的情况
            {
                system("cls");
                printf("\n\t\t 欢迎使用学生成绩统计系统!\n");
                getch();                               //屏幕暂停，按任意键继续
                break;
            }
            else                                       //密码错误的情况
                printf("\n\t\t 密码错误!\n");
        }
        if(i>3)
        {
            printf("\n\t\t 密码输入已达 3 次，您无权使用该系统，请退出!\n");
            exit(0);
        }
        return;
    }
```

程序说明：

（1）为了降低难度，在此只给出字符数组下标的越界检查，没有考虑错误输入的删除，有关错误输入删除的实现，请参见附录Ⅴ中的学生信息管理系统源程序代码。

（2）需要注意，在判断输入密码和初始密码是否相同时，不能将判断条件"strcmp (pwd,"123456")==0"写成"pwd[20]=="123456""、"pwd=="123456""或"pwd="123456""的形式。

（3）该例中密码的长度限制为 20 个字符，由于字符串要有结束标志'\0'，故数组 pwd[] 定义的长度为 21。

（4）当使用 strcmp()函数时，要在程序的开头加上预处理命令"#include <string.h>"。

五、要点总结

由于目前还没有学习文件的内容，所以只能将初始密码放在源程序中。在实际使用时，为了提高安全性，可将初始密码进行加密处理后存放在另一个文件中，通过读文件操作进行解密处理和密码验证。有关文件的内容将在第 10 章中进行详细介绍。

7.4　理论知识——字符数组

存放字符数据的数组称为字符数组。字符数组也有一维、二维和多维之分，可以使用前面介绍的方法定义和使用字符数组。但字符数组通常用于存放字符串，又有其特殊性。

1. 字符数组的定义

字符数组的定义与一般数组相同。一维字符数组定义的一般形式为：

char　数组名 [常量表达式]

二维字符数组定义的一般形式为：

char　数组名 [常量表达式 1] [常量表达式 2]

例如：

char　c[5];

定义了一个一维字符数组 c[]，共有 5 个字符元素，占用 5 个字节内存。

2. 字符数组的初始化

在定义字符数组时，可对字符数组的元素进行初始化，有以下两种方法。

1）用字符初始化

即在花括号中依次列出各个字符，字符之间用逗号分隔。例如：

char　c[5]={ 'C','h','i','n','a'};

则 c[0]='C', c[1]='h', c[2]='i', c[3]='n', c[4]='a'。

如果花括号中提供的初值个数大于数组长度，则作语法错误处理；如果初值个数小于数组长度，则只将这些字符赋给数组中前面对应的元素，其余元素自动定为空字符（即'\0'）。例如：

char　b[5]={ 'a','b','c','d'};

则 b[4]自动赋为'\0'。

当对全部元素赋初值时也可省去长度说明。例如：

char　s[ ]={ 's','t','u','d','e','n','t'};

字符数组 s[]的大小由系统根据初值的个数来确定，此处 s[]的元素个数为 7。

2）用字符串初始化

即用双引号括起来的一个字符串作为字符数组的初值。例如：

char　c[6]={ "China" };

可写成：

char   c[6]= "China";

或省去字符数组的长度，写成：

char   c[ ]= "China";

其初始化效果与第一种方法有所不同，系统会在字符串常量后自动添加一个字符串结束符'\0'。因此，对字符数组初始化时，用字符串方式比用字符方式（在字符个数相同的情况下）要多占一个字节。用字符串方式初始化时，字符数组 c[]在内存中的实际存储情况如图 7-6 所示。

C[0]	C[1]	C[2]	C[3]	C[4]	C[5]
'C'	'h'	'i'	'n'	'a'	'\0'

图 7-6   字符数组 c[]在内存中的存储

注意

不能用字符串常量对字符数组整体赋值，只能在定义字符数组并初始化时整体赋值。例如，下面的用法是错误的：

```
char c[10];
c="good";
```

用字符串初始化字符数组是最常用的方法。与字符方式初始化相比，其表达简洁，可读性强。另外，系统在字符串后面自动添加的结束符'\0'，也为字符串数据的处理设置了明确的边界。

3．字符数组的输入和输出

字符数组的输入和输出通常有两种方法：一种是逐个字符输入/输出；另一种是整个字符串输入/输出。下面分别介绍。

1）逐个字符输入/输出

用字符输入/输出函数 getchar()和 putchar()或用标准输入/输出函数 scanf()和 printf()中的格式符"%c"，结合循环，可实现逐个字符输入/输出。

【例 7.8】用"%c"格式逐个字符输入/输出。

```
#include <stdio.h>
main()
{
    char c[12];
    int i;
    printf("Input string:");
    for(i=0;i<12;i++)
        scanf("%c",&c[i]);                      //或写成：c[i]=getchar();
    for(i=0;i<12;i++)
```

```
        printf("%c",c[i]);                      //或写成：putchar(b[i]);
    }
```

程序运行结果为：

Input string:How are you!↙
How are you!

2）整个字符串输入/输出

（1）用 scanf()和 printf()中的格式符"%s"，实现整个字符串的输入/输出。

【例 7.9】使用"%s"格式输入/输出整个字符串。

```
#include <stdio.h>
main()
{
    char str[20];
    printf("Input string:");
    scanf("%s",str);
    printf("%s",str);
}
```

程序运行结果为：

Input string:Hello! ↙
Hello!

说明：

① 用"%s"格式输入字符串时，系统会在输入的有效字符后面自动附加一个'\0'作为字符串结束标志。

② 在 C 语言中，数组名代表该数组的起始地址。因此，scanf()和 printf()函数用"%s"格式整体输入/输出字符串时，输入项和输出项均用数组名，并且 scanf()函数中不需要地址运算符"&"。如例 7.9 中的"scanf("%s",str);"不能写成"scanf("%s",&str);"。

③ printf()函数用"%s"格式输出一个字符串时，要求字符数组一定以'\0'结尾。若一个字符数组中有多个'\0'，则遇到第一个时就结束。要想输出第一个'\0'之后的字符，只能用"%c"格式逐个字符输出。

④ 用 scanf()函数输入字符串时，以空格或回车作为字符串的结束标志。如运行例 7.9时，如果输入的字符串为：

How are you!

则输出结果为：

How

后面的"are you"不能输入到 str 中。

（2）用 gets()和 puts()函数实现整个字符串的输入/输出。

① gets()函数

调用形式：gets(字符数组名);

功能：从键盘输入一个字符串到字符数组中，直到遇到换行符，换行符本身不被接收，而是被转换为'\0'，并作为字符串的结束标志。用 gets()函数输入的字符串中可以含有空格。

② puts()函数

调用形式：puts(字符数组名或字符串常量);

功能：在屏幕上输出一个字符串（必须以'\0'作为结束标志）。

【例 7.10】使用 gets()和 puts()函数输入/输出整个字符串。

```
#include <stdio.h>
main()
{
    char str[20];
    printf("Input string:");
    gets(str);
    puts(str);
}
```

程序运行结果为：

Input string:How are you! ✓
How are you!

可以看出，当输入的字符串中含有空格时，仍可输出全部字符串。说明 gets()函数并不以空格作为字符串输入结束的标志，而只以回车作为输入结束的标志。这一点与 scanf()函数不同。

注意

调用 gets()函数和 puts()函数时，要在程序的开头加上预处理命令"#include <stdio.h>"。

4. 常用的字符串处理函数

C 语言提供了丰富的字符串处理函数，使用这些函数可大大减轻编程的负担。除前面介绍过的 gets()函数和 puts()函数外，下面再介绍几种常用的字符串处理函数，使用这些函数时，必须在程序的开头包含头文件 string.h。

1）字符串复制函数 strcpy()

函数调用形式：strcpy(字符数组 1,字符数组 2)

功能：将字符数组 2 中的内容复制到字符数组 1 中（包括结尾的字符'\0'）。

strcpy()函数的第一个参数一般为字符数组，该字符数组要有足够的空间，以确保复制字符串后不越界；第二个参数可以是字符数组名，也可以是一个字符串常量。例如：

```
char    str1[10],str2[]="China";
strcpy(str1,str2);
```

注意

　　不能使用赋值运算符"="复制字符串。如上例中的"strcpy(str1,str2);"若写成"str1= str2;"，则是错误的。

　　2）字符串连接函数 strcat()

　　函数调用形式：strcat(字符数组 1,字符数组 2)

　　功能：连接两个字符数组中的字符串，去掉字符数组 1 中的结束标志'\0'，把字符数组 2 接到字符数组 1 的后面，结果放在字符数组 1 中。

　　例如：

```
char    str1[30]="Hello";
char    str2[]="world";
printf("%s",strcat(str1,str2));
```

　　输出结果如下：

```
Helloworld
```

 注意

　　字符数组 1 应有足够的空间容纳两字符串合并后的内容。

　　3）字符串比较函数 strcmp()

　　函数调用形式：strcmp(字符数组 1,字符数组 2)

　　功能：将两个数组中的字符串按 ASCII 码值从左至右逐个字符进行比较，直到出现不同的字符或遇到'\0'为止。比较结果是该函数的返回值。

　　☑　当字符数组 1 等于字符数组 2 时，返回值为 0。

　　☑　当字符数组 1 大于字符数组 2 时，返回值为一个正整数。

　　☑　当字符数组 1 小于字符数组 2 时，返回值为一个负整数。

　　例如：

```
printf("%d", strcmp("Book","Boat"));
```

　　输出结果为 14。

　　关于 strcmp()函数的应用，请参见 7.3 节中的密码验证函数 PassWord()。

　　4）求字符串长度函数 strlen()

　　函数调用形式：strlen(字符数组)

　　功能：统计字符数组中字符串的长度（不含字符串结束标志'\0'），并作为函数返回值。

　　例如：

```
char    c[10]= "China";
printf("%d", strlen(c));
```

输出结果为 5。

也可以直接测试字符串常量的长度，如 strlen("China");

5）大写字母转变为小写字母函数 strlwr()

函数调用形式：strlwr(字符数组)

功能：把字符数组中的大写字母变成小写字母。

例如：

```
char str[]="HELLO";
printf("%s",strlwr(str));
```

输出结果为 hello。

6）小写字母转变为大写字母函数 strupr()

函数调用形式：strupr(字符数组)

功能：把字符数组中的小写字母变成大写字母。

例如：

```
char str[]="hello";
printf("%s",strupr(str));
```

输出结果为 HELLO。

5. 字符数组的应用

【例 7.11】编写一个程序，将两个字符串连接起来（不使用字符串连接函数）。

```
#include <stdio.h>
#include <string.h>
main()
{
  char s1[40],s2[20];
  int i,j;
  printf("Input string1:");
  gets(s1);
  printf("Input string2:");
  gets(s2);
  i=0;
  while(s1[i]!='\0')  i++;          //计算数组 s1 中字符串的长度
  j=0;
  while(s2[j]!='\0')                //将字符串 s2 接在字符串 s1 的后面
    {
      s1[i]=s2[j];
      i++;
      j++;
    }
  s1[i]='\0';
  printf("The new string is:%s",s1);
}
```

程序运行结果为：

Input string1:Hello
Input string2:World!
The new string is:HelloWorld!

该例中，灰色底纹的代码还可以写成如下更简洁的形式：

```
while(s2[j]!='\0')
    s1[i++]=s2[j++];
```

7.5　知识扩展——二维数组

前面介绍的数组只有一个下标，称为一维数组。C 语言允许构造多维数组，多维数组元素有多个下标，以标识它在数组中的位置。本节只介绍二维数组，多维数组可由二维数组类推而得。

1.　二维数组的定义

二维数组定义的一般形式如下：

类型标识符　　数组名[常量表达式 1][常量表达式 2]

二维数组的定义形式和一维数组基本相同，只不过其常量表达式有两个，第一个表示二维数组的行数，第二个表示二维数组的列数。

例如：

int　 a[3][4];

定义了一个 3 行 4 列的二维数组，数组名为 a，数组元素的类型为整型，该数组的元素共有 3×4=12 个。

可以把 a 看做是一个一维数组，它有 3 个元素：a[0]，a[1]，a[2]。每个元素又是一个包含 4 个元素的一维数组，如图 7-7 所示。

$$
a[3][4]\begin{cases} a[0]\cdots\cdots\ a[0][0]\quad a[0][1]\quad a[0][2]\quad a[0][3] \\ a[1]\cdots\cdots\ a[1][0]\quad a[1][1]\quad a[1][2]\quad a[1][3] \\ a[2]\cdots\cdots\ a[2][0]\quad a[2][1]\quad a[2][2]\quad a[2][3] \end{cases}
$$

图 7-7　一维数组扩展为二维数组示意图

二维数组的下标在两个方向上变化，其逻辑结构是二维的。但是，实际的硬件存储器却是连续编址的，也就是说，存储器单元是按一维线性排列的。在一维存储器中存放二维数组有两种方式：一种是按行存放，即先顺序存放第一行的元素，再顺序存放第二行的元素，以此类推；另一种是按列存放，即存放完第一列的元素之后再顺序存放其他列的元素。在 C 语言中，二维数组是按行存放的。数组 a[ ][ ] 在内存中的存储如图 7-8 所示。

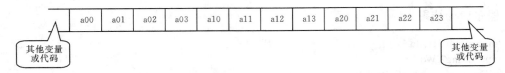

图 7-8　二维数组元素在内存中按行存放示意图

2．二维数组的引用

二维数组元素的引用形式为：

数组名[行下标表达式][列下标表达式]

其中，行下标的取值范围是 0～行下标表达式-1，列下标的取值范围是 0～列下标表达式-1。例如：

int　a[3][4];

二维数组 a[][]的行下标取值范围是 0～2，列下标取值范围是 0～3，最小下标元素是 a[0][0]，最大下标元素是 a[2][3]。a[3][2]、a[2*2-1][3]和 a[3][2+2]均属对数组 a[][]的非法引用。

3．二维数组赋初值

二维数组同样可以在定义数组时赋初值，也可以用赋值语句或输入语句赋初值。

1）在定义数组时赋初值

在定义数组时赋初值有以下 4 种形式。

（1）分行给二维数组元素赋初值。例如：

int　a[3][4]={{1,2,3,4},{5,6,7,8},{9,10,11,12}};

即把内层每个花括号内的数据分行赋给每一行的元素。

（2）全部数据写在一个花括号内，按数组元素的排列顺序对各元素赋初值。例如：

int　a[3][4]={1,2,3,4,5,6,7,8,9,10,11,12};

（3）对部分元素赋初值，其余元素自动为 0。例如：

int　a[3][4]={{1},{2},{3}};

其作用是只对各行第一列的元素赋初值，其余元素值自动为 0，故相当于：

int　a[3][4]={{1,0,0},{2,0,0},{3,0,0}};

（4）给全部元素赋初值时，第一维的长度可以省略，但第二维的长度不能省略。例如：

int　a[][4]={1,2,3,4,5,6,7,8};

系统会自行判断，并根据数据的个数分配存储空间，一共 8 个数据，每行 4 列，可以确定为 2 行。

2）用赋值语句或输入语句赋初值

二维数组一般通过两重循环改变行下标和列下标来对数组元素逐个访问。例如：

```
int i,j,a[3][4];
for(i=0;i<3;i++)
   for(j=0;j<4;j++)
     a[i][j]=i+j;                    //用赋值语句给数组元素赋值
```

或者

```
int i,j,a[3][4];
for(i=0;i<3;i++)
   for(j=0;j<4;j++)
     scanf("%d", &a[i][j]);          //用输入语句给数组元素赋值
```

4．二维数组的应用

在 7.1 节中，用一维数组实现了某一门课程成绩的统计，如果要实现多门课程成绩的统计，则需要用到二维数组。限于篇幅，在此只给出每门课程的总分和平均分的统计，读者可参照此例，完成每个学生的总分和平均分以及每门课程的最高分、最低分和各分数段人数的统计。

【例 7.12】假设有 5 个学生，每个学生有 3 门课程的考试成绩。分别计算每门课程的总分和平均分。各学生成绩如表 7-1 所示。

表 7-1　学生成绩表

	课程 1	课程 2	课程 3
学生 1	78	77	85
学生 2	67	56	81
学生 3	88	89	78
学生 4	96	96	79
学生 5	68	66	85

可设一个二维数组 score[5][3]，存放 5 个学生 3 门课程的成绩。再设两个一维数组 sum[3] 和 ave[3]分别存放 3 门课程的总分和平均分。程序如下：

```
#include <stdio.h>
main()
{
   int score[5][3];                 //存放 5 个学生的 3 门课程成绩
   int sum[3]={0,0,0};              //存放 3 门课程的总分
   float ave[3]={0,0,0};            //存放 3 门课程的平均分
   int i,j;
   for(i=0;i<5;i++)                 //输入 5 个学生的 3 门课程成绩
   {
      printf("请输入第%d 个学生的 3 门课成绩:",i+1);
      for(j=0;j<3;j++)
```

```
        scanf("%d",&score[i][j]);
    }
    for(j=0;j<3;j++)                          //j 为列数，控制课程门数
    {
        for(i=0;i<5;i++)                      //i 为行数，控制学生个数
            sum[j]=sum[j]+score[i][j];        //计算总分
        ave[j]=(float)sum[j]/5.0;             //计算平均分
    }
    for(j=0;j<3;j++)                          //输出总分和平均分
        printf("课程%d 的总分为%d,平均分为%.1f\n",j+1,sum[j],ave[j]);
}
```

程序运行结果为：

请输入第 1 个学生的 3 门课成绩：<u>78   77   85</u>↙
请输入第 2 个学生的 3 门课成绩：<u>67   56   81</u>↙
请输入第 3 个学生的 3 门课成绩：<u>88   89   78</u>↙
请输入第 4 个学生的 3 门课成绩：<u>96   96   79</u>↙
请输入第 5 个学生的 3 门课成绩：<u>68   66   85</u>↙
课程 1 的总分为 397,平均分为 79.4
课程 2 的总分为 384,平均分为 76.8
课程 3 的总分为 408,平均分为 81.6

请读者思考：如果在输入学生成绩的过程中计算每门课程的总分和平均分，应该如何修改程序？

【例 7.13】求矩阵的转置矩阵。

```
/*程序功能：转换矩阵的行和列*/
# include <stdio.h>
int main ()
{
    int a[2][3] = { { 1, 2, 3 }, { 4, 5, 6 } };
    int b[3][2];
    int i = 0, j;
    while ( i < 2 )
    {
        j = 0;
        do
        {
            b[j][i] = a[i][j];
            j = j + 1;
        }while ( j < 3 );
        i = i + 1;
    }
    printf ( "Original matrix:\n" );              /*输出原矩阵，即二维数组 a 的各个元素*/
    for ( i = 0; i < 2; i = i + 1 )
    {
        for ( j = 0; j < 3; j = j + 1 )
            printf ( "%5d", a[i][j] );
```

```
        printf ( "\n" );                         /*输出一行数据后，按 Enter 键到下一行*/
    }
printf ( "Transposed matrix:\n" );               /*输出转置矩阵，即二维数组 b 的各个元素*/
i = 0;
    while ( i < 3 )
    {
        j = 0;
        while ( j < 2 )
        {
            printf ( "%5d", b[i][j] );
            j = j + 1;
        }
        printf ( "\n" );                         /*输出一行数据后，按 Enter 键到下一行*/
        i = i + 1;
    }
    return 0;
}
```

程序的运行结果为：

```
Original matrix:
    1     2     3
    4     5     6
Transposed matrix:
    1     4
    2     5
    3     6
```

7.6 应 用 举 例

【例 7.14】使用数组表示 Fibonacii 数列的前 20 项。Fibonacii 数列 f (n)的定义为

$$\begin{cases} f(1) = 1 \\ f(2) = 1 \\ f(n) = f(n - 1) + f(n - 2) \quad (n \geqslant 3) \end{cases}$$

```
/*程序功能：输出 Fibonacii 数列的前 20 项*/
# include <stdio.h>
int main ()
{
    int i;
    int f[20] = { 1, 1 };                        /*数列赋初值：前两项为 1，其他项为 0*/
    i = 2;
    while ( i < 20 )
    {
        f[i] = f[ i -2 ] + f[ i - 1 ];           /*计算其他项：f(n) = f(n-1) + f(n-2) */
        i = i + 1;
```

```
        }
        for ( i = 0; i < 20; i = i + 1 )              /*输出数列的所有项*/
        {
            if ( i % 5 == 0 )
                    printf ( "\n" );
            printf ( "%8d", f[i] );
        }
        return 0;
    }
```

程序的运行结果为：

1	1	2	3	5
8	13	21	34	55
89	144	233	377	610
987	1597	2584	4181	6765

【例 7.15】输出杨辉三角形的前 7 行。

分析：利用杨辉三角形的特性，从第 i 行生成第 i + 1 行。设第 i 行数据保存在数组 a 中，第 i + 1 行数据保存在数组 b 中。

输出时需要考虑居中问题。输出时各行数据中每个数占 8 位，同时假设把第 0 行的 1 输出在屏幕的第 30 列处，那么第 i 行应从 30 - i * (8 / 2) 处开始显示。

```
/*程序功能：打印杨辉三角形前 7 行*/
# include <stdio.h>
# define WIDTH 8
int main ()
{
    int a[7], b[7], i, j;
    for ( i = 0; i < 7; i = i + 1 )
    {
        for ( j = 1; j < i; j = j + 1 )
            a[j] = b[j - 1] + b[j];               /*生成第 i 行*/
        a[i] = 1;
        for( j = 0; j <= i; j = j + 1 )
            b[j] = a[j];                          /*保存当前的第 i 行*/
        for ( j = 0; j <= 30 - i * (WIDTH / 2); j = j + 1 )
            printf ( "%c", ' ' );                 /*输出第 i 行前的空格*/
        for ( j = 0; j <= i; j = j + 1 )
            printf ( "%8d", a[j] );               /*输出第 i 行的数值*/
        printf ( "\n" );
    }
}
```

程序的运行结果为：

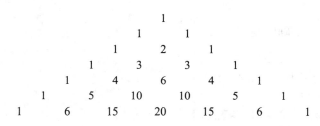

```
                    1
                1       1
            1       2       1
        1       3       3       1
    1       4       6       4       1
1       5      10      10       5       1
1       6      15      20      15       6       1
```

7.7　本章小结

数组是程序设计中最常用的数据结构。本章主要介绍了一维数组、字符数组和二维数组的定义、初始化和使用方法。

（1）数组是具有相同数据类型且按一定次序排列的数据的集合。根据下标的个数，数组可分为一维、二维和多维。数组必须先定义后使用。

（2）数组元素的位置用下标来指定。在 C 语言中，下标从 0 开始，最大下标即为数组定义中规定的长度减 1。使用数组时，要防止下标越界。

（3）数组元素在内存中是顺序存放的。一维数组的元素按下标递增的顺序连续存放；二维数组中的元素则按行存放。

（4）数组名是数组在内存中的首地址，是一个不能改变的量，又称地址常量。地址常量不能被赋值。

（5）可以在定义数组时给数组元素赋初值，也可以在运行期间用赋值语句或输入语句使数组元素得到初值。

（6）存放字符数据的数组称为字符数组。当字符数组中存放的字符数据末尾处有自动结束标志'\0'时，又称这种字符数组为字符串。字符串的操作有其特殊性，在程序中，字符串可以被当成一个整体进行引用。而数值型数组则只能对数组元素进行操作，不能对数组进行整体引用。

7.8　习　　题

一、选择题

1. 下列一维数组中定义正确的是（　　　）。

   A．int num[ ];

   B．# define N 100

      int num[N];

   C．int num[0…100];

    D．int N=100;

        int num[N];

2．下列二维数组中定义正确的是（   ）。

    A．int a[2][3];

    B．int b[ ][3] = { 0, 1, 2, 3 };

    C．int c[100][100] = { 0 };

    D．int d[3][ ] = { {1, 2}, {1, 2, 3}, {1, 2, 3, 4 } };

3．一维长度为 2 的二维数组，包括（   ）。

    A．int a[2][2] = { { 1 }, { 2 } };   B．int a[ ][2] = {1, 2, 3, 4, 5 };

    C．int a[][2] = { {1}, 2, 3};   D．int a[2][ ] = { {1, 2}, {3, 4} };

4．运行下面程序，其输出结果是（   ）。

```c
# include <stdio.h>
int main ()
{
    int i, j = 3, a[ ] = {1, 2, 3, 4, 5, 6, 7, 8, 9, 10};
    for ( i = 0; i < 5; i = i + 1)
        a[i] = i * ( i + 1);
    for ( i = 0; i < 4; i = i + 1 )
        j = j + a[i] * 3;
    printf ( "%d", j );
    return 0;
}
```

    A．33   B．48   C．123   D．63

5．运行下面程序，其输出结果是（   ）。

```c
# include <stdio.h>
int main ()
{
    int i, a[3][4] = { 1, 2, 3, 4, 5, 6, 7, 8, 9, 10, 11, 12 };
    for ( i = 0; i < 3; i = i + 1 )
        printf ( "%3d", a[i][3 - i] );
    return 0;
}
```

    A．3 6 9   B．4 7 10   C．1 6 11   D．2 7 12

6．运行下面程序，其输出结果是（   ）。

```c
# include <stdio.h>
int main ()
{
    int i, j = 3, a[ ] = { 1, 2, 3, 4, 5, 6, 7, 8, 9, 10 };
    for ( i = 0; i < 10; i = i + 1 ) a[i] = 9 - i;
    printf ( "%d%d", a[4], a[5] );
    return 0;
}
```

A. 45　　　　　　B. 54　　　　　　C. 65　　　　　　D. 56

7. 运行下面程序，其输出结果是（　　　）。

```
# include <stdio.h>
int main ()
{
    int i, a[10] = { 0, 1, 2, 3, 4, 5, 6, 7, 8, 9 };
    for ( i = 1; i < 9; i = i + 1) a[i] = a[i - 1] + a[i + 1];
    printf ( "%d%d", a[5], a[7] );
    return 0;
}
```

A. 1014　　　　　B. 812　　　　　C. 2035　　　　　D. 2744

8. 运行下面程序，其输出结果是（　　　）。

```
# include <stdio.h>
void sort ( int a[ ], int n )
{
    int i, j, t;
    for ( i = 0; i < n - 1; i = i + 2)
        for ( j = i + 2; j < n; j = j + 2)
            if ( a[i] < a[j] )
            { t = a[i]; a[i] = a[j]; a[j] = t; }
}
int main ()
{
    int i, aa[10] = { 1, 2, 3, 4, 5, 6, 7, 8, 9, 10};
    sort ( aa, 10 );
    for ( i = 0; i < 10; i = i + 1 )
        printf ( "%d ", aa[i] );
    printf ( "\n" );
    return 0;
}
```

A. 1 2 3 4 5 6 7 8 9 10　　　　　B. 1 10 3 8 5 6 7 4 9 2
C. 9 2 7 4 5 6 3 8 1 10　　　　　D. 10 9 8 7 6 5 4 3 2 1

二、填空题

1. 语句"int a[5]; a[5] = { 1, 3, 5, 7, 9 };"有错误，应改为_____。
2. float array[10]的含义是_____；char comm[10]的含义是_____。
3. 下面程序运行后的输出结果是_____。

```
# include <stdio.h>
int main ()
{
    char c[21] = { 'I', ' ', 'a', 'm', ' ', 'a', ' ', 'b', 'o', 'y', 'I', ' ', 'a', 'm', ' ', 'a', ' ', 'g', 'i', 'r', 'l' };
    int j;
```

```
        for ( j = 0; j < 10; j = j + 1 )
            printf ( "%c", c[j] );
        return 0;
    }
```

4．下面程序运行后的输出结果是_____。

```
# include <stdio.h>
int main()
{
    int i = 0, a[3][3] = { 1, 2, 3, 4, 5, 6, 7, 8, 9 };
    while ( i < 3 )
    {
        printf ( "%d", a[i][2 - i]);
        i = i + 1;
    }
    return 0;
}
```

5．下面程序运行后的输出结果是_____。

```
# include <stdio.h>
int main ()
{
    int i = 1, n[ ] = { 0, 0, 0, 0, 0 };
    do
    {
        n[i] = n[i - 1] * 2 + 1;
        printf ( "%d ", n[i] );
        i = i + 1;
    }while ( i <=4 );
    return 0;
}
```

6．下面程序运行后的输出结果是_____。

```
# include <stdio.h>
int main ()
{
    int i = 0, j, a[ ][3] = { 1, 2, 3, 4, 5, 6, 7, 8, 9 };
    while ( i < 3 )
    {
        for ( j = i + 1; j < 3; j = j + 1 )
            a[j][i] = 0;
        i = i + 1;
    }
    for ( i = 0; i < 3; i = i + 1 )
    {
        j = 0;
        while ( j < 3 )
```

```
        {
            printf ( "%d ", a[i][j] );
            j = j + 1;
        }
        printf ( "\n" );
    }
    return 0;
}
```

三、编程题

1．已知数列 a1 = 1；n > 1 时，an = a1 + a2 + … + a(n-1)，将该数列的前 20 项置入一个一维数组中。

2．输入 10 个整数，将它们置入一个数组中，并计算它们的和、平均值、最大值、最小值及最值所对应的下标。

3．将一个一维数组反序放置。例如，a=[67,89,76,98,66],反序放置后，a = [66,98,76,89,67]。

4．输出 300 以内的素数。

5．有 n 个考生，每个考生有一个考号和一个总分成绩。如果录取 m 人，确定录取分数线，并输出录取考生的考号和成绩。

6．将 n 阶方阵的对角线元素置为 1，其余元素置为 0。

7．从键盘输入一个字符串，统计其中英文字母字符、数字字符出现的次数。

8．从键盘输入 11 个数字，找出前 10 个数字中有多少个和第 11 个数字相同。

9．求一个 4×4 阶矩阵的转置矩阵。

10．求两个 3×3 矩阵 A 和 B 的和、差、积，并将结果按矩阵形式输出到屏幕上。

11．求矩阵的鞍点及鞍点所在的行列号（若元素 aij 在第 i 行最大，在第 j 列最小；或在第 i 行最小，在第 j 列最大，则称 aij 为矩阵的一个鞍点）。

12．从键盘输入一行字符，将连续出现的多个空格缩减为一个空格。

第8章
项目中指针的应用

指针是 C 语言中最重要的概念之一，也是 C 语言中最具特色的内容，它充分体现了 C
语言简洁、紧凑、高效等重要特色，极大地丰富了 C 语言的功能。正确而灵活地运用指针，
可以表示各种复杂的数据结构、高效地使用数组和字符串、动态地分配内存以及直接处理
内存地址。

本章主要介绍指针、指针变量等基本概念，包括指针的运算、指针与数组、指针与字
符串、指针变量作函数参数等内容。

指针的概念复杂、使用灵活，作为 C 语言的一种数据类型（这种类型的变量存放的内
容是有关内存地址的值），对于初学者来说比较抽象和复杂，不容易掌握，需要多学多练，
在实践中逐步掌握。

学习目标

➢ 理解和掌握指针的基本概念，指针变量的定义、初始化及引用
➢ 掌握指针与一维数组、指针与字符串的关系及使用方法
➢ 掌握指针变量作函数参数的使用方法
➢ 了解指针与二维数组的关系
➢ 了解指针数组与指向指针的指针的概念及使用方法
➢ 了解带参数的 main()函数的概念及使用方法
➢ 了解返回指针值的函数的概念及使用方法

8.1　任务四　用指针实现项目中学生成绩的统计

一、任务描述

该任务要求用指针实现 7.1 节中各函数，包括输入学生成绩函数 InputScore()、显示学生成绩函数 DisplayScore()、统计总分和平均分函数 SumAvgScore()、统计最高分和最低分函数 MaxMinScore()、统计各分数段人数函数 GradeScore()。

二、知识要点

该任务涉及的新知识点主要为指针，其具体内容将在本章后面的理论知识中详细介绍。

三、任务分析

在 7.1 节中，每个函数都有一个数组形参 score[]，函数体中对数组元素的访问采用的是下标法，即 score[i] 的方式。该任务将每个函数中的数组形参修改成指针形参，即将每个函数首部数组形参的定义"int score[]"改为"int *score"（为了和原函数保持一致，仍用 score 作为形参名）。函数体中对数组元素的访问，也相应修改为指针方式，即将"score[i]"改为"*(score+i)"的形式。这是一种间接访问数组元素的方法。

在主函数中，仍然定义一个整型数组 stu_score[]，用于存储学生成绩。在调用每个函数时，将数组名 stu_score 作为实参，传递给指针变量 score。由于数组名即数组的首地址，将该地址传递给形参指针 score 后，score 即指向实参数组 stu_score[] 所占用存储单元的首地址，这样就可以通过指针来访问数组的每个元素，从而实现对学生成绩的统计。

四、具体实现

（1）各函数的声明需要修改为以下形式。其原声明形式参见 6.1 节任务具体实现部分。

```
int   InputScore(int *score);                //录入学生成绩函数声明
void DisplayScore(int *score,int n);         //显示学生成绩函数声明
void SumAvgScore(int *score,int n);          //统计课程总分和平均分函数声明
void MaxMinScore(int *score,int n);          //统计课程最高分和最低分函数声明
void GradeScore(int *score,int n);           //统计课程各分数段人数函数声明
```

（2）各函数调用可以不修改。其原调用形式参见 6.1 节的任务具体实现部分。

（3）各函数的定义修改为以下形式。其原定义形式参见 7.1 节的任务具体实现部分。

① 输入学生成绩函数

```
int InputScore(int *score)                   //输入学生成绩，score 为指针变量
{
    int i;
```

```
        printf("\n\t\t   请输入学生成绩(输入-1 退出)\n");
        for(i=0;i<MAXSTU;i++)
        {   printf("\t\t   第%d 个学生的成绩：",i+1);
            scanf("%d",score+i);              //score+i 为元素的地址
            if(*(score+i)==-1)               //*(score+i)为元素的内容
                break;
        }
        return(i);                           //返回实际学生人数
    }
```

② 显示学生成绩函数

```
void DisplayScore(int *score,int n)
{
    int i;
    printf("\n\t\t   学生成绩显示如下：");
    printf("\n\t\t   学生序号        成绩");
    for(i=0;i<n;i++)
        printf("\n\t\t   %d           %d",i+1,*(score+i));
    return;
}
```

③ 统计课程总分和平均分函数

```
void SumAvgScore(int *score,int n)
{
    int i,sum=0;
    float average=0;
    for(i=0;i<n;i++)
        sum=sum+*(score+i);
    average=(float)sum/n;
    printf("\n\t\t   课程的总分为%d,平均分为%.2f\n",sum,average);
    return;
}
```

④ 统计课程最高分和最低分函数

```
void MaxMinScore(int *score,int n)
{
    int i,max=0,min=0;
    max=*score;                          //*score 为数组的第一个元素，相当于 score[0]
    min=*score;
    for(i=1;i<n;i++)
    {
        if(*(score+i)>max)
            max=*(score+i);
        if(*(score+i)<min)
            min=*(score+i);
    }
    printf("\n\t\t   课程的最高分为%d,最低分为%d\n",max,min);
```

```
        return;
    }
```

⑤　统计课程各分数段人数函数

```
void GradeScore(int *score,int n)
{
    int i;
    int grade90_100=0;                    //等级为"优"的人数
    int grade80_90=0;                     //等级为"良"的人数
    int grade70_80=0;                     //等级为"中"的人数
    int grade60_70=0;                     //等级为"及格"的人数
    int grade0_59=0;                      //等级为"不及格"的人数
    for(i=0;i<n;i++)
    {
        switch(*(score+i)/10)
        {
            case 10:
            case 9: grade90_100++;break;
            case 8: grade80_90++;break;
            case 7: grade70_80++;break;
            case 6: grade60_70++;break;
            default:grade0_59++; break;
        }
    }
    printf("\n\t\t    等级为优的人数为：%d",grade90_100);
    printf("\n\t\t    等级为良的人数为：%d",grade80_90);
    printf("\n\t\t    等级为中的人数为：%d",grade70_80);
    printf("\n\t\t    等级为及格的人数为：%d",grade60_70);
    printf("\n\t\t    等级为不及格的人数为：%d",grade0_59);
    return;
}
```

程序说明：

（1）为了便于理解，该任务只是把每个函数的形参改为指针变量，主函数中的实参还用数组名。在实际使用时，主函数中的实参也可以是指针变量，具体方法将在 8.2.4 节进行介绍。

（2）上述各函数中，指针形参 score 的类型要与它所指向的数组 stu_score[]的数据类型一致。

（3）指针作函数参数，在函数间传递的不再是变量中的数据，而是变量的地址。因此，在函数调用时，主函数中不能使用数组元素作实参，而应使用数组名 stu_score 作实参。

五、要点总结

使用指针变量访问数组元素，可使程序简洁，提高运行效率。但需要注意的是，C 语言不对指针越界做检查。因此，在使用指针编程时，应特别注意其有效范围，切勿使指针越界，导致程序出错或系统崩溃。

8.2　理　论　知　识

8.2.1　指针的概念

为了正确地理解和使用指针，下面先介绍几个相关的概念。

1.　变量的地址与变量的内容

计算机为了方便管理内存，为每个内存单元指定一个唯一的编号，该编号称为内存单元的地址。如果在程序中定义了一个变量，在编译时就会为该变量分配相应的内存单元。由于变量的数据类型不同，它所占用的内存字节数也有所不同。变量所占内存单元的首地址就称为变量的地址，而变量所占内存单元中存放的数据称为变量的内容，又称为变量的值。设有以下变量定义：

```
char c='a';
float x=10.5;
```

编译时，系统要为变量 c 分配 1 个字节的内存单元，为变量 x 分配 4 个字节的内存单元，如图 8-1 所示。假设为变量 c 和 x 分配的内存单元分别为 2000 和 2006～3000，则变量 c 的址址为 2000，变量 x 的地址为 2006，而 2000 单元中存放的数据'a'就是 c 的内容，2006～3000 4 个连续的单元中存放的数据 10.5 就是 x 的内容。

由于编译系统所生成的代码能够自动根据变量名与地址的对应关系完成相应的地址操作，因而，一般情况下，用户并不需要关心一个数据的具体存储地址，也不必为如何进行地址操作而操心。

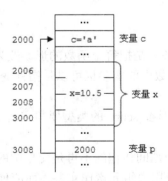

图 8-1　变量存储示意图

2.　直接访问与间接访问

变量内容的存取都是通过地址进行的，例如，printf("%c",c)的执行过程为：先找到变量 c 的地址 2000，然后从 2000 单元中取出数据'a'并将其输出。输入时如果用 scanf("%c",&c)，在执行时就把从键盘输入的内容送到地址为 2000 的单元中。这种按变量地址存取变量的方式称为直接访问方式。另外，还可以采用间接访问方式，即将变量 c 的地址 2000 存放在另一个变量（假设为 p）中，在访问变量 c 时，先到变量 p 中取出 c 的地址 2000，然后再到 2000 单元中取出变量 c 的内容'a'，如图 8-1 所示。

打个比方，变量 c 所占的内存单元好比是房间 A，变量 p 所占的内存单元好比是房间 B，房间 B 中放着房间 A 的钥匙。直接访问就好比是直接在房间 A 中存取物品，而间接访问就好比是先到房间 B 中取出房间 A 的钥匙，然后打开房间 A 并在其中存取物品。

8.2.2　指针变量的定义与引用

由于指针变量也属于变量，因此也必须先定义，然后才能使用。

1. 指针变量的定义

定义指针变量的一般形式为：

类型说明符　*变量名；

指针变量的定义包括 3 部分：

（1）指针类型说明符"*"。即定义时的"*"，表明定义的变量为一个指针变量。

（2）变量名即为定义的指针变量名。

（3）类型说明符表示该指针变量所能指向的变量的数据类型，通常称为基类型。例如：

```
int *p;
float *p2, *q2;                    /*定义两个相同基类型的指针变量*/
```

定义的 p、p2 和 q2 是 3 个指针变量。其中，p 的基类型是 int，即 p 的值只能是某个 int 型变量的地址，或者说 p 只能指向一个 int 型的变量；p2 和 q2 的基类型都是 float，即 p2 和 q2 的值也只能是某个 float 类型变量的地址，或者说 p2 和 q2 都只能指向 float 型的变量。

注意

① 一个指针变量只能指向类型与其基类型相同的变量。例如，上例中的 p2 只能指向实型变量，而不能指向整型、字符型等其他类型的变量。

② 指针变量有时简称为指针。为了方便初学者学习，本章使用全称——指针变量。

③ "*"用于定义时，是指针变量的标志。但它还可以作为运算符，表示一种指向运算，即可以表示指针变量与其普通变量之间的指向关系。例如，p 是指针变量，若 p 指向普通变量 i，那么*p 就是 p 所指向的变量，也就是变量 i。此时*p 和 i 都表示 i 的内容，如图 8-2 所示。

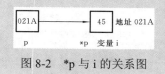

图 8-2　*p 与 i 的关系图

由图 8-2 可知，下面两个语句作用相同：

i = 45;
*p = 45;

第一个语句的含义是把 45 赋予变量 i；第二个语句的含义是将 45 赋予指针变量 p 所指向的变量，即变量 i。

 注意

第二个语句不能写为"p = 45;"。

2. 指针变量的引用

指针变量同普通变量一样，使用之前不仅需要定义，而且必须赋予具体的值。未经赋值的指针变量，系统不知道它指向哪里。因此，使用未经赋值的指针变量容易造成系统混乱，甚至死机。

为指针变量赋的值只能是地址，而不能是其他数据，否则也将引起错误。C 语言中，变量的地址由系统自动分配。

为了方便指针变量的使用，C 语言还引入了取地址运算符"&"，可以用于计算普通变量的地址。使用的一般方式为：

&变量名；

例如，"&i"表示变量 i 的地址，"&x"表示变量 x 的地址。

设有指向整型变量的指针变量 p，若要使 p 指向整型变量 x，则需要把整型变量 x 的地址赋予 p。指针变量的赋值方式有两种。

（1）对指针变量初始化
例如：

int x;
int *p = &x;

（2）赋值语句法
例如：

int x;
int *p;
p = &x;

 注意

不能写为"*p = &x;"。

【例 8.1】指针变量的定义与引用。

```
int i = 45, x;
int *p = &i;
```

以上代码定义了两个整型变量 i、x 和一个指向整型变量的指针变量 p。p 指向了变量 i。i 的存储单元中存储的是 45，而 p 的存储单元中存放的是整型变量 i 的地址。假设变量 i 的地址为 021A。p 和 i 之间的关系如图 8-3 所示。

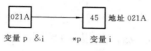

图 8-3　p 与 i 的关系图

此时，指针变量 p 和 &i 的内容相同，都表示变量 i 的地址 021A。变量 i 和*p 的内容相同，均表示变量 i 的内容 45。当然，指针变量 p 也是有地址的。

通过指针变量 p 能够间接访问变量 i。例如：

```
x = *p;
```

运算符"*"访问以 p 的值为地址的存储单元，而 p 的值是整型变量 i 的地址。因此，"*p"访问的是编号为 021A 和 021B 的两个字节（因为是整数，所以占两个字节，即 021A 开始的两个字节），也就是变量 i 所占用的存储单元。因此，下面两个语句等价：

```
x = *p;
x = i;
```

另外，指针变量和前面章节的变量一样，存放在它们之中的值是可以改变的。即指针变量可以指向不同的变量。例如，例 8.1 中的指针变量 p 还可以赋值为：

```
p = &x;
```

此时，p 就指向了变量 x，"*p"表示 x 的内容，而不再是 i 的内容。

【例 8.2】指针变量的定义与引用。

设有下列语句：

```
int x = 6, y = 8;
int *p, *q;
p = &x;
q = &y;
```

则"*p"的值是 6，"*q"的值是 8。

（1）若执行语句：

```
p = &y;
q = &x;
```

则"*p"的值是 8，"*q"的值是 6。

（2）若执行下列语句：

```
*p = *q;
```

则 q 指向的变量的值赋给 p 所指的变量。此时变量 x 和 y 的值均为 8，"*p"和"*q"的值也都为 8。但是 p 指向变量 x，q 指向变量 y。

（3）若执行下列语句：

q = p;
*p = 7;

则指针变量 p 和 q 均指向变量 x。此时，x、*p 和*q 的值均为 7，而变量 y 的值为 8。

p 的值赋给 q，而 p 的值仍是&x，所以指针变量 q 的值由&y 变为&x。即指针变量 q 指向了变量 x，如图 8-4 所示。

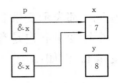

图 8-4　指针变量 p 和 q 均指向变量 x

通过指针变量间接访问它所指向的变量比直接访问变量费时。例如，例 8.2 中"*p = *q"实际上就是"x = y"。一般地，间接访问的速度比直接访问的速度要慢些。但指针变量是变量，可以通过改变其指向间接访问不同的变量。这给程序员带来方便，也使得程序代码变得更为简洁和有效。通过指针变量确定要访问哪一个变量，取决于指针变量的值（即指针变量的指向）。

注意

① 如果"int x; int *p = &x;"，则"&*p"和"*&x"的含义不同。

"*p"是变量 x，所以"&*p"就是"&x"，也就是 p；"&x"是变量 p，所以"*&x"就是"*p"，也就是 x。

② 指针变量也可出现在表达式中。已知"int x, y, *p=&x;"，则指针变量 p 指向整型变量 x。*p 可以出现在 x 能出现的任何地方。例如：

y = *p + 10;　　　/*将"*p"的内容，即 x 的值加 10 并赋给 y*/
y = y + *p;　　　/*将"*p"的内容与 y 的内容相加后赋给 y*/

【例 8.3】分析程序的运行结果。

```c
# include <stdio.h>
int main ()
{
    int a = 20, b = 10;
    int *p, *q;
    p = &a;
    q = &b;
    *p = *p + 10;
    printf ( "a = %d, b = %d\n", a, b );
```

```
    printf ( "*p = %d, *q = %d\n", *p, *q );
    printf ( "p = %x, q = %x\n", p, q );              /* %x 表示按十六进制整数格式输出 */
    printf ( "&a = %x, &b = %x\n", &a, &b );
    b = *p;
    q = p;                                            /* q 也指向变量 x */
    *q = *q + 20;
    printf ( "a = %d, b = %d\n", a, b );
    printf ( "*p = %d, *q = %d\n", *p, *q );
    printf ( "p = %x, q = %x\n", p, q );
    printf ( "&a = %x, &b = %x\n", &a, &b );
    return 0;
}
```

程序的运行结果为：

```
a = 30, b = 10
*p = 30, *q = 10
p = ffca, q=ffcc
&a = ffca, &b = ffcc
a = 50, b = 30
*p = 50，*q = 50
p = ffca，q = ffca
&a = ffca，&b = ffcc
```

注意

> 变量存储单元的地址是由程序所使用的系统自动分配的，因此，变量 a 和 b 的地址 ffca 和 ffcc（十六进制数）在不同的环境中可能是不一样的。读者可上机实验，并对照结果进行分析。

指针变量也可以作为函数的形参。这时实参的类型应该与指针变量的基类型一致，即实参应该为某段存储单元的地址。

普通变量作为函数的形参是单向传值过程，形参的改变不会影响实参的值。指针变量作为函数形参是传址的过程，形参与实参共用同一段内存单元。因此，形参所指的内存单元里的内容发生改变，等同于实参所指内存单元里内容发生了改变。

【**例 8.4**】输入 x 和 y 两个整数，交换 x 和 y 的值。x 和 y 的交换使用函数完成。

```
# include <stdio.h>
void swap ( int *p1, int *p2 )           /*函数参数 p1 和 p2 是指针类型变量*/
{
    int z;                               /*交换时用的中介变量使用非指针类型的变量 z*/
    z = *p1;
    *p1 = *p2;
    *p2 = z;
    return;
}
int main ()
{
```

```
        int *q1, *q2, num1, num2;
        scanf ( "%d %d", &num1, &num2 );
        q1 = &num1;
        q2 = &num2;
        printf ( "\n" );
        printf ( "num1 = %d, num2 = %d\n", num1, num2 );
        printf ( "*q1 = %d, *q2 = %d\n", *q1, *q2 );
        printf ( "&num1 = %x, &num2 = %x\n", &num1, &num2 );
        printf ( "q1 = %x, q2 = %x\n", q1, q2 );
        swap ( q1, q2 );
        printf ( "\n" );
        printf ( "num1 = %d, num2 = %d\n", num1, num2 );
        printf ( "*q1 = %d, *q2 = %d\n", *q1, *q2 );
        printf ( "&num1 = %x, &num2 = %x\n", &num1, &num2 );
        printf ( "q1 = %x, q2 = %x\n", q1, q2 );
        return 0;
    }
```

程序的运行结果为：

4　9↙
num1 = 4, num2 = 9
*q1 = 4, *q2 = 9
&num1 = ffc4, &num2 = ffc6
q1 = ffc4, q2 = ffc6
num1 = 9, num2 = 4
*q1 = 9, *q2 = 4
&num1 = ffc4, &num2 = ffc6
q1 = ffc4, q2 = ffc6

程序运行结果表明，通过调用函数 swap()，q1 和 q2 的指向并没有变化，但 num1 和 num2 的值发生了交换。这是由于执行 swap() 函数时，p1 和 p2 分别接受 q1 和 q2 的值，因此 p1 和 p2 也分别指向了 num1 与 num2。交换 *p1 与 *p2，相当于交换 num1 和 num2。

函数 swap() 的两处注释说明，需要特别注意。

（1）函数 swap() 的两个参数必须为指针类型的变量，才能完成交换 num1 与 num2 值的功能。如果把参数改为普通的整型变量，则主函数中的 num1 和 num2 的值不受 swap() 函数的影响。例如：

```
    void swap ( int x, int y )
    {
        int z;
        z = x;
        x = y;
        y = z;
    }
```

由于形参不是指针类型，虽然 x 和 y 进行了交换，但不能把交换的结果传给主函数中的 num1 和 num2。

 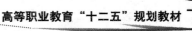

（2）交换函数 swap() 也不能写为下列形式：

```
void swap ( int *p, int *q )
{
    int *z;
    *z = *p;                        /*注意：z 是指针变量，但没有所指，所以不能直接使用  */
    *p = *q;
    *q = *z;
}
```

变量 z 是指针类型，"*z" 是 z 所指向的变量。但 z 无确定的值，对 "*z" 的赋值很可能会造成某个存储单元的内容发生变化。如果那个存储单元是空闲的，则没有关系；但如果是非常重要的地址，将出现错误，严重的还会造成系统崩溃。

编写程序时，要特别注意避免出现这种不可预料的情况。

8.2.3　变量的指针与指针变量

计算机的存储器是由若干个字节顺次组成的，每个字节对应一个编号。编号也是按自然顺序排列的，每个字节的编号称为该字节的地址。数据存放在存储器的字节中。一般地，不同数据类型的数据所占用的内存字节数是不同的。在大多数编译系统中，长整型数据占 4 个字节，基本整型数据占 2 个字节，字符型数据占 1 个字节等。

根据内存单元编号可以准确地找到相应的内存单元，内存单元的编号也称为地址，通常将该地址称为指针。

一般地，定义变量时，系统根据变量的数据类型自动为变量分配一定的存储单元（连续的若干个字节）。在这些存储单元中可以存储数据，所存放的数据是以二进制形式表示的，称为变量的内容。变量所分配内存单元的首地址称为该内存单元的指针或对应变量的指针。因此，内存单元的指针与内存单元的内容是两个不同的概念。

变量的指针（变量所占用存储空间的首地址）用十六进制的整数表示，可以被存取。C 语言允许用一种特有的变量来存放普通变量的指针，这种特有的变量称为指针变量。指针变量的值就是某个普通变量的指针或某个普通变量的首地址，此时，也称指针变量指向了该变量。普通变量 x 和指针变量 p 的关系和 8-5 所示。

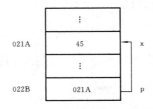

图 8-5　指针变量 p 指向普通变量 x

图 8-5 中，变量 x 为普通变量，其内容为 45，占用 021A 号内存单元（地址用十六进制数表示，由系统自动分配）。指针变量 p 也是变量，占用 022B 号内存单元，变量的内容为数据 021A，这正是变量 x 的地址。因此，p 称为指向变量 x 的指针变量，或者称指针变量 p 指向了变量 x。

注意

① 指针和指针变量是两个不同的概念。指针是一个地址，是一个内存单元的编号，因此是一个常量。而指针变量是变量，可以被赋予不同的指针值，从而指向不同的内存单元。定义指针变量的目的，正是为了通过指针变量访问其指向的内存单元的内容。

② 前面章节中使用普通变量 x 的值，一般都是直接存取的，这种方式称为直接访问方式。有了指针变量的定义，当访问一个变量 x 的值时，可以先找到指向 x 的指针变量 p，访问 p 并存取 p 的内容（即变量 x 的存储单元的地址），然后在指定的地址中存取 x 的值，这种方式称为间接访问方式。

C 语言中，每一种数据类型的数据（包括基本类型数据、数组类型数据、结构体类型数据、共用体类型数据），甚至函数，都是连续存放的，都必须占用一段连续的存储单元。每一个存储单元都有一个首地址。指针变量可用于指向存储单元的首地址。通过访问指针变量找到并使用相应的数据，从而使程序更精练、高效。

8.2.4　指针与一维数组

数组是相同类型的数据的集合，每个数组元素在内存中都有相应的存储地址。指针既然可以指向变量，当然也可以指向数组中任何一个元素。使用指针访问数组元素，生成的目标代码占用存储空间小、运行速度快。

本节只介绍指针与一维数组的关系，指针与二维数组的关系将在 8.3.1 节中介绍。

1. 指向一维数组的指针变量

指向一维数组的指针变量是指用于存放一维数组的首地址或某一数组元素地址的变量。这种指针变量的类型应当说明为数组元素的类型。例如：

int a[5]={1,2,3,4,5};
int *p;

指针变量 p 的类型和数组元素的类型相同，均为整型。如果使指针变量 p 指向数组 a[] 的第一个元素 a[0]，可用下面的赋值语句：

p=&a[0];

即把数组元素 a[0] 的地址赋给指针变量 p，如图 8-6 所示。

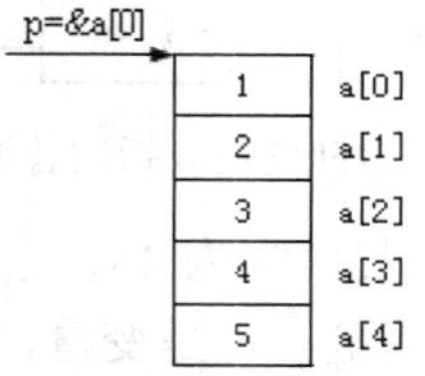

图 8-6　指向一维数组的指针

C 语言规定，数组名表示数组的首地址，即数组中第一个元素的地址。因此，下面两个赋值语句等价：

p=&a[0];
p=a;

注意

"p=a;"是将数组的首地址赋给指针变量 p，而不是把数组的所有元素都赋给 p。

2. 用指针变量引用一维数组元素

由于数组元素在内存中是连续存放的，因此，可以通过指针变量 p 及其有关运算，间接访问数组中的每一个元素。

C 语言规定，如果指针变量 p 指向数组中的某一个元素，在指针 p 不越界的情况下，p+1 指向同一数组中的下一个元素。注意，这里不是将 p 值简单地加 1，它表示 p 跳过一个数组元素所占用的内存字节数，而指向下一个元素。如在 VC++系统中，整型数组每个元素占 4 个字节，则 p+1 就是使 p 增加 4 个字节而指向下一个元素，p+1 代表的地址实际上是 p+1*4。若一个数组元素所占内存字节数为 d，则 p+n 代表的地址为 p+n*d。

同理，p-1 则使 p 指向同一数组中的上一个元素。

设 a 是数组名，p 是指向数组 a[]的指针变量，利用指针表示数组元素地址和内容的几种形式如表 8-1 所示。

表 8-1　一维数组元素地址和内容的表示形式

表 示 形 式	含　　义
a，&a[0]	数组首地址，即 a[0]的地址
&a[i]，a+i，p+i	a[i]的地址
a[i]，*(a+i)，*(p+i)，p[i]	a[i]的内容

根据表 8-1，数组元素的访问可以采用以下两种方法：

（1）下标法，如 a[i]、p[i]形式。

（2）指针法，如*(a+i)、*(p+i) 或*p 形式。

【例 8.5】用不同的方法输入/输出数组中的各元素。

方法 1：用数组名下标法引用数组元素。

```c
#include <stdio.h>
main()
{
    int a[10],i;
    for(i=0;i<10;i++)
        scanf("%d",&a[i]);
    for(i=0;i<10;i++)
        printf("%2d",a[i]);
}
```

方法 2：用指针下标法引用数组元素。

```
#include <stdio.h>
main()
{
    int a[10],i,*p;
    p=a;
    for(i=0;i<10;i++)
        scanf("%d",&p[i]);
    for(i=0;i<10;i++)
        printf("%2d",p[i]);
}
```

方法 3：用数组名法引用数组元素。

```
#include <stdio.h>
main()
{
    int a[10],i;
    for(i=0;i<10;i++)
        scanf("%d",a+i);
    for(i=0;i<10;i++)
        printf("%2d",*(a+i));
}
```

方法 4：用指针变量法引用数组元素。

```
#include <stdio.h>
main()
{
    int a[10],i,*p;
    p=a;
    for(i=0;i<10;i++)
        scanf("%d",p+i);
    for(i=0;i<10;i++)
        printf("%2d",*(p+i));
}
```

指针变量还可以通过自增或自减运算来改变指针的位置，实现指针移动。因此，方法 4 可写成下面更简洁的形式。

方法 5：通过指针变量的自增运算引用数组元素。

```
#include <stdio.h>
main()
{
    int a[10],*p;
    for(p=a;p<a+10;p++)
        scanf("%d",p);
    for(p=a;p<a+10;p++)
        printf("%2d",*p);
}
```

5 种方法的程序运行结果均为：

1 2 3 4 5 6 7 8 9 0 ✓
1 2 3 4 5 6 7 8 9 0

上述 5 种方法中，前 4 种方法的执行效率相同，都是先通过计算得到数组元素的地址，再访问数组元素的值。这几种方式的优点是比较直观，能直接通过下标 i 判断是第几个元素。方法 5 利用指针的自增运算实现指针的移动，不必每次都重新计算地址，因此，5 种方法中，方法 5 的执行效率最高，但使用此方法时，应特别注意指针变量的当前值，避免指针越界。

8.1 节中，对数组元素的访问采用的是第 4 种方法，读者也可尝试用第 5 种方法实现。

注意

　　指针变量 p 的值可以改变，但数组名的值不可以改变，因为数组名虽然是指针（地址），但它是指针常量而不是指针变量，因此，a=p、a++等表达式是错误的。

3. 指针变量的运算

指针变量可以进行某些运算，但其运算的种类是有限的，只能进行赋值运算和部分算术运算及关系运算。在前面的章节中，已经使用了赋值运算对指针变量进行初始化，在此只介绍指针变量的算术运算和关系运算。

1）指针变量的算术运算

设 p1 和 p2 是指向数组 a[]的指针变量，n 为整型变量，则指针可进行下列算术运算。

（1）p+n 或 p−n：使指针 p 向后（+n）或向前（−n）移动 n 个元素的位置。

（2）p1−p2：结果为一个带符号的整数，表示两个数组元素相隔的元素个数。

另外，当使指针向后或向前移动一个元素的位置时，常用指针变量与 "++" 和 "--" 运算符结合的形式，如 p++、++p、p--、--p。在使用 "++" 和 "--" 进行指针运算时，需要注意以下表示形式的含义。

（1）*p++：等价于*(p++)，先得到*p 的值，再做 p++。

　　p--：等价于(p--)，先得到*p 的值，再做 p--。

（2）*(++p)：p 先自增 1，再得到*p 的值。

　　*(--p)：p 先自减 1，再得到*p 的值。

（3）(*p)++：使*p 的值加 1。

　　(*p)--：使*p 的值减 1。

2）指针变量的关系运算

当两个指针指向同一数组中的元素时，它们之间还可以进行关系运算。例如：

（1）p1>p2，p1<p2：两指针比较大小，表示两指针所指数组元素之间的前后位置关系。

（2）p1==p2，p1!=p2：判断两指针是否相等，若指向同一个变量则相等，否则不等。

指针变量还可以与 0 比较。设 p 为指针变量，则 p==0 表明 p 是空指针，它不指向任何变量；p! =0 表示 p 不是空指针。

8.2.5 指针变量作函数参数

指针变量既可以作为函数的形参，也可以作为函数的实参，指针变量作实参时，与普通变量一样，也是值传递，即将指针变量的值传递给被调函数的形参。但由于指针变量的值是一个地址，实际上实现的是地址的传递。

1. 指向变量的指针作函数参数

在6.2.5节中，介绍了函数间数据传递的传值方式，并结合例子分析了传值方式在函数间传递数据的过程。例子中，程序试图用两个普通变量作函数形参，实现两个整数的交换，但因为普通变量作函数参数时，实参对形参的数据传递是一种单向的值传递，形参值的改变并不能影响实参。因此并不能实现两数的交换。下面利用指向变量的指针作函数参数，实现两个整数的交换。

【例8.6】用指向变量的指针作函数参数，实现两个整数的交换。

```c
#include  <stdio.h>
void swap(int *p1,int *p2)              //指针变量作形参
{
    int temp;
    temp=*p1;
    *p1=*p2;
    *p2=temp;
}
main()
{
    int a,b;
    scanf("%d,%d",&a,&b);
    swap(&a,&b);                        //调用 swap()函数
    printf("%d,%d\n",a,b);
}
```

程序运行结果为：

4,9↙
9,4

该例中，函数间的数据传递采用传址方式。当执行到 main()函数中的函数调用语句"swap(&a,&b);"时，给 swap()函数中的两个指针形参 p1 和 p2 分配存储空间，并将实参 a、b 的地址&a 和&b 分别传递给 p1 和 p2，即 p1 和 p2 分别指向变量 a 和 b，如图8-7（a）所示。在执行 swap()函数过程中，利用临时变量 temp 交换*p1 和*p2 的值，即交换 a、b 两个变量的值。函数调用结束返回主函数时，指针形参 p1 和 p2 所占的存储空间被释放，但 p1 和 p2 所指向的变量 a 和 b 的值已经交换。交换后的情况如图8-7（b）所示，其中虚框表示变量所占内存空间已被释放。

图 8-7　指针变量作函数参数交换数据示意图

也可将例 8.6 主函数中的实参改写成指针变量的形式。修改后的主函数如下：

```
main()
{
    int a,b;
    int *pa,*pb;                    //定义两个整型指针变量
    scanf("%d,%d",&a,&b);
    pa=&a;                         //把变量 a 的地址赋给指针变量 pa
    pb=&b;                         //把变量 b 的地址赋给指针变量 pb
    swap(pa,pb);                   //调用 swap()函数
    printf("%d,%d\n",a,b);
}
```

程序运行结果与例 8.6 相同。

但如果将例 8.6 中的 swap()函数写成以下形式，则不能实现两数的交换。

```
void swap(int *p1,int *p2)
{
    int *temp;                     //定义指针变量
    temp=p1;
    p1=p2;
    p2=temp;
}
```

如果写成上述形式，在执行 swap()函数时，不是 p1 和 p2 所指向的变量 a 和 b 在交换，而是 p1 和 p2 的指向在交换，即交换后 p1 指向了变量 b，p2 指向了变量 a。由于形参也是局部变量，函数调用结束时，指针形参 p1 和 p2 所占的存储空间被释放，其交换后的值无法传回主函数，所以主函数中 a 和 b 的值不会发生变化。交换后的情况如图 8-8 所示。

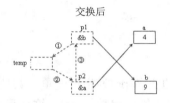

图 8-8　指针变量的指向交换示意图

2. 指向数组的指针作函数参数

指向数组的指针变量也可以作函数参数，它传递的是数组的首地址。这与数组名作函数参数相似。在此主要介绍指向一维数组的指针变量作函数参数的情况。

数组名和指向一维数组的指针变量作函数参数的组合如表 8-2 所示。

表 8-2　数组名和指针变量作函数参数的组合

序　号	实　参	形　参
1	数组名	数组名
2	数组名	指针变量
3	指针变量	数组名
4	指针变量	指针变量

表 8-2 中，第 1 和第 2 种组合分别在 7.2.2 节和 8.1 节中进行了介绍，在此主要介绍后两种组合形式。

【例 8.7】用指针变量作实参，数组名作形参，计算一维数组各元素的平均值。

```
#include <stdio.h>
float average(int p[],int n)              //数组名作形参
{
    int i,sum=0;
    float ave;
    for(i=0;i<n;i++)
        sum=sum+p[i];
    ave=(float)sum/n;
    return(ave);
}
main()
{
    int i,a[10],*pa;
    float aver;
    for(i=0;i<10;i++)
        scanf("%d",&a[i]);                //下标访问法
    pa=a;                                 //把数组首地址赋给指针变量 pa
    aver=average(pa,10);                  //指针变量作实参
    printf("average=%.2f\n",aver);
}
```

程序运行结果为：

1 2 3 4 5 6 7 8 9 10↙
average=5.50

该例中，主函数 main()中的实参 pa 为指针变量，其值为数组 a[]的首地址。在调用函数 average()时，实参 pa 的值传递给形参数组 p[]，这样形参数组 p[]和数组 a[]共占用同一段内存单元。在 average()函数中，求形参数组 p[]中元素的平均值，实际上也是求数组 a[]

中元素的平均值。函数调用结束时，由 return 语句将求得的平均值返回主函数并输出。

【例 8.8】分别用指针变量作形参和实参，计算一维数组各元素的平均值。

```c
#include <stdio.h>
float average(int *p,int n)                    //指针变量作形参
{
    int i,sum=0;
    float ave;
    for(i=0;i<n;i++,p++)
        sum=sum+*p;                            //指针访问法
    ave=(float)sum/n;
    return(ave);
}
main()
{
    int i,a[10],*pa;
    float aver;
    for(pa=a;pa<(a+10);pa++)                   //指针访问法
        scanf("%d",pa);
    pa=a;                                      //把数组首地址重新赋给数组指针
    aver=average(pa,10);                       //指针变量作实参
    printf("average=%.2f\n",aver);
}
```

程序运行结果为：

1 2 3 4 5 6 7 8 9 10↙
average=5.50

该例中，实参与形参均用指针变量，实参 pa 的值为数组的首地址。在调用函数 average()时，实参 pa 的值传递给形参指针变量 p，使得 p 也指向数组 a[]。在 average()函数中，通过 p 值的改变，可以访问数组 a[]中的任一元素。

该例中，灰色底纹的代码也可以写成以下形式：

```c
for(i=0;i<n;i++)
    sum=sum+*p++;
```

或

```c
for(i=0;i<n;i++)
    sum=sum+*(p+i);
```

注意

　　该例中，如果漏写主函数 main()中的语句 "pa=a;"，则输出结果将会是一个不可预料的值。因为当执行到语句 "for(pa=a;pa<(a+10);pa++)　scanf("%d",pa);" 时，随着循环的执行，指针 pa 的指向在不断的变化，循环结束后，指针 pa 已越界，不再指向数组 a[]，这时

如果直接用指针 pa 作为实参传递给形参指针变量 p，则 p 接收的不是数组 a[]的首地址，而是一个未知存储单元的地址，这样计算的就不是数组 a[]元素的平均值，而是一组未知存储单元中数据的平均值。如果在调用函数 average()之前，重新给指针变量 pa 赋值，使其再次指向数组 a[]的首地址，就能实现计算数组 a[]中元素的平均值。

读者可参照此例，将 6.1 节主函数 main()中的实参修改成指针变量的形式。

8.2.6　指针与字符串

在 C 语言中，字符串的处理有两种方法：一是用字符数组处理字符串；二是用字符指针处理字符串。在第 7 章已经介绍了用字符数组处理字符串的方法，在此主要介绍利用字符指针处理字符串的方法。

1. 用字符指针处理字符串

（1）字符指针变量的定义与引用

可以定义一个字符型指针变量，通过对字符指针的操作处理字符串。例如：

```
char    *s;
s="I love China!";
```

等价于：

```
char    *s="I love China!";
```

定义一个字符指针变量 s，并将字符串的首地址（即存放字符串的字符数组的首地址）赋给 s，也可以说，s 指向了字符串"I love China!"，如图 8-9 所示。

图 8-9　字符指针与字符串的关系

用字符指针指向某个字符串常量后，就可以利用字符指针来处理这个字符串。处理的方式主要有两种：一是逐个字符处理；二是将字符串作为一个整体来处理。下面分别举例说明。

【例 8.9】采用逐个字符处理的方式输出字符串。

```
#include <stdio.h>
main()
{
    char *s="I love China!";
    for(;*s!='\0';s++)
        printf("%c",*s);
}
```

程序运行结果为：

I love China!

【例 8.10】采用整体处理的方式输出字符串。

```
#include <stdio.h>
main()
{
    char *str="I love China!";
    printf("%s",str);
}
```

程序运行结果为：

I love China!

例 8.9 和例 8.10 两个程序的运行结果相同，但对于字符串输出而言，整体处理的方式比逐个字符处理的方式更简洁。

（2）字符指针变量作函数参数

可以将字符串从一个函数传送到另一个函数，传送的方法同数值型数组一样，也是地址传送，即用字符数组名或指向字符串的指针变量作函数参数。在被调函数中，可以改变字符串的内容并返回给主调函数。

【例 8.11】用字符指针作函数参数，将一个字符串的内容复制到另一个字符串中。

```
#include <stdio.h>
void copy_string(char *from,char *to)        //字符指针变量作函数形参
{
    for(;*from!='\0';from++,to++)
        *to=*from;
    *to='\0';
}
main()
{
    char a[20]="I am a student.";
    char b[20];
    char *p1=a,*p2=b;
    copy_string(p1,p2);                      //字符指针变量作函数实参
    printf("string a is:%s\nstring b is:%s\n",a,b);
}
```

程序运行结果为：

string a is: I am a student.
string b is: I am a student.

该例中，copy_string()函数定义了两个形参字符指针变量 from 和 to，from 指向源字符串，to 指向目标字符串。在主函数中，调用该函数时，将指针变量 p1 所指向字符串 a 的首地址传给 from，将指针变量 p2 所指向字符串 b 的首地址传给 to。这样，函数执行过程中，对形参指针变量 from 和 to 的操作，实际上也是对字符数组 a[]和 b[]的操作，从而实现了字

符串的复制。

该例中的 copy_string() 函数也可写成以下形式：

```
void    copy_string(char *from,char *to)
{
    for( ;*to++=*from++;);
}
```

即将指针的移动和赋值合并在一个语句中。其执顺序是：先将*from 赋给*to，再使指针 from 和 to 加 1。

2. 字符数组和字符指针处理字符串的区别

虽然用字符数组和字符指针都能处理字符串，但两者是有区别的，主要表现在以下几个方面。

（1）存储内容不同。字符数组中存储的是字符串本身（数组的每个元素存放一个字符），而字符指针变量中存储的是字符串的首地址。

（2）赋值方式不同。对于字符数组，虽然可以在定义时初始化，但不能用赋值语句整体赋值，下面的用法是非法的：

```
char str[20];
str="This is a book. ";                 //错误
```

而对于字符指针变量，可用下列方法赋值：

```
char *s;
s="This is a book. ";
```

（3）字符指针变量的值是可以改变的。例如：

```
char *a="I love China! ";
a=a+7;
printf("%s",a);
```

指针变量 a 的值可以变化，并从当前所指向的单元开始输出各个字符，直到'\0'为止，即输出"China!"。而数组名代表数组的起始地址，是一个常量，其值是不能改变的，因此，下面的程序是错误的：

```
char str[]="I love China! ";
str=str+7;                   //错误
printf("%s",str);
```

应改成：

```
char str[]="I love China! ";
printf("%s",str+7);
```

（4）字符数组定义后，系统会为其分配确定的地址，而字符指针变量在没有赋予一个地址值之前，所指向的对象是不确定的。例如，以下程序是正确的：

```
char str[10];
scanf("%s",str);
```

但若写成：

```
char *a;
scanf("%s",a);
```

虽然一般也能编译运行，但这种方法存在风险，因为 a 没有初始化，它指向一个未知的内存单元，如果 a 指向了已存放指令或数据的内存段，若将一个字符串输入到 a 的值（地址）开始的一段内存单元中，程序就会出错，甚至破坏系统。应改为：

```
char *a,str[10];
a=str;
scanf("%s",a);
```

即先使 a 有确定的值，然后输入字符串到该地址开始的若干单元中。

8.3　知识扩展

8.3.1　指针与二维数组

用指针可以指向一维数组，也可以指向二维数组。但在概念和使用上，二维数组的指针比一维数组的指针更复杂。

1. 二维数组的地址

7.5 节中讲过，二维数组可以看成是一种特殊的一维数组，每个一维数组元素本身又是一个有若干数组元素的一维数组。例如：

```
int a[3][4]={{0,1,2,3}, {4,5,6,7}, {8,9,10,11}};
```

则二维数组 a 可分解为 3 个一维数组：a[0]、a[1]、a[2]。每个一维数组各包含 4 个元素。例如，a[0]所代表的一维数组包含 a[0][0]、a[0][1]、a[0][2]、a[0][3]，如图 8-10 所示。

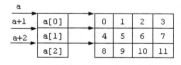

图 8-10　二维数组分解为一维数组示意图

（1）二维数组每一行的地址表示

无论是一维数组还是多维数组，数组名总是代表数组的首地址。因此，二维数组每一行的首地址可以表示为以下形式。

☑　a：二维数组名，代表二维数组的首地址，即二维数组第 0 行的首地址。

☑　a+1：第 1 行的首地址。若 a 的首地址是 2000，由于每行有 4 个整型元素，则在

VC++环境下，a+1 为 a+4*4=2016。

☑ a+2：第 2 行的首地址，a+2 为 a+4*8=2032。

二维数组分解为一维数组时，既然把 a[0]、a[1]和 a[2]看成是一维数组名，则可以认为它们分别代表所对应的一维数组的首地址，即每行的首地址。因此，二维数组每一行的首地址还可以表示为以下形式。

☑ a[0]：二维数组第 0 行的首地址，与 a 的值相同。

☑ a[1]：二维数组第 1 行的首地址，与 a+1 的值相同。

☑ a[2]：二维数组第 2 行的首地址，与 a+2 的值相同。

8.2.4 节中讲过，在一维数组中，a[i]与*(a+i)等价。二维数组同样有此性质，即 a[0]、a[1]、a[2]分别与*(a+0)、*(a+1)、*(a+2)等价。因此，二维数组第 0、1、2 行的首地址还可以分别表示为*(a+0)、*(a+1)、*(a+2)的形式。

（2）二维数组每一元素的地址表示

因为 a[0]是第 0 行的首地址，代表第 0 行中第 0 列元素的地址，即&a[0][0]；a[1]代表第 1 行中第 0 列元素的地址，即&a[1][0]。根据地址运算规则，a[0]+1 即代表第 0 行第 1 列元素的地址，即&a[0][1]；a[1]+1 代表第 1 行中第 1 列元素的地址，即&a[1][1]。

进一步分析，a[i]+j 即代表第 i 行第 j 列元素的地址，即&a[i][j]，还可以表示为*(a+i)+j 的形式。

因而，二维数组元素 a[i][j]可表示成*(a[i]+j)或*(*(a+i)+j)，它们都与 a[i][j]等价。

2．通过指针引用二维数组元素

（1）指向数组元素的指针

7.5 节中讲过，二维数组可以看成是按行连续存放的一维数组，因此，可以像一维数组一样，用指向数组元素的指针来引用。

【例 8.12】用指向数组元素的指针输出二维数组元素。

```c
#include <stdio.h>
main()
{
    int a[3][4]={{0,1,2,3},{4,5,6,7},{8,9,10,11}};
    int *p;
    for(p=a[0];p<a[0]+12;p++)
        printf("%3d",*p);
}
```

程序运行结果为：

0 1 2 3 4 5 6 7 8 9 10 11

该例中，p 是一个指向整型变量的指针变量，它可以指向一般的整型变量，也可以指向整型的数组元素。循环执行时，每次使 p 值加 1，指向下一个元素，从而顺序输出二维数组的每个元素。

注意，该例中灰色底纹的代码不能写成以下形式：

```
for(p=a;p<a+12;p++)                    //错误
      printf("%3d",*p);
```

因为 a 和 a[0]虽然都表示一维数组第 0 行的首地址，但若把 a 赋给 p，则 p+1 表示 p 跳过一行元素所占内存单元的字节数，指向下一行首地址，而把 a[0]赋给 p，p+1 则表示 p 跳过一个元素所占内存单元的字节数，指向下一个元素。此例要求顺序输出数组的每个元素，因此，p 的初值应赋为 a[0]，而不是 a。使 p 的初值为 a 来输出二维数组元素的方法请参见下面的程序：

```
/*用行指针输出二维数组元素*/
#include <stdio.h>
main()
{
    int a[3][4]={{0,1,2,3},{4,5,6,7},{8,9,10,11}};
    int (*p)[4];
    int i,j;
    p=a;
    for(i=0;i<3;i++)
      for(j=0;j<4;j++)
        printf("%3d",*(*(p+i)+j));
}
```

程序运行结果为：

0　1　2　3　4　5　6　7　8　9 10 11

该程序中，p 为行指针，它只能指向一个包含 4 个元素的一维数组，p 的值就是该一维数组的首地址。p+1 就指向下一个一维数组，这里的 1 代表一行元素的个数。

（2）指向数组某一行的行指针

例 8.12 中的指针变量 p 是指向整型变量的指针，这种指针指向整型数组的某个元素时，p+1 运算表示指针指向数组的下一个元素。可以改用另一方法，让 p 指向二维数组某一行的起始地址。如图 8-11 所示，如果 p 先指向 a[0]，则 p+1 不是指向 a[0][1]，而是指向 a[1]，p 的增值是以一行中元素的个数（即一维数组的长度）为单位的。此时指针 p 称为行指针。

图 8-11　二维数组的行指针示意图

定义二维数组行指针变量的一般形式为：

类型说明符　（*指针变量名）[长度];

其中，"类型说明符"为所指数组的数据类型；"*"表示其后的变量是指针类型；"长度"表示该指针所指向的二维数组分解为多个一维数组时一维数组的长度，也就是二维数组的列数。应注意，"（*指针变量名）"两边的圆括号不可少，否则表示为指针数组（本章后续内容将会介绍），意义完全不同。

【例8.13】用行指针输出二维数组元素。

```
#include <stdio.h>
main()
{
    int a[3][4]={{0,1,2,3},{4,5,6,7},{8,9,10,11}};
    int (*p)[4];
    int i,j;
    p=a;
    for(i=0;i<3;i++)
        for(j=0;j<4;j++)
            printf("%3d",*(*(p+i)+j));
}
```

程序运行结果为：

0　1　2　3　4　5　6　7　8　9 10 11

该例中，p为行指针，它只能指向一个包含4个元素的一维数组，p的值就是该一维数组的首地址。p+i指向下一个一维数组，这里的i代表一行元素的个数。

8.3.2　指针数组和指向指针的指针

1. 指针数组

通过前面的学习可以知道，数组和下标变量在处理大批量数据时，要比简单变量方便。对于指针变量也一样，当一个程序中需要用到多个指针变量时，采用指针数组可以给程序设计带来很多方便。

若一个数组的所有元素都是指针类型，则该数组称为指针数组。指针数组的所有元素都必须是指向相同数据类型的指针变量。

指针数组说明的一般形式为：

类型说明符　　*指针数组名[数组长度]

其中，"类型说明符"为指针所指向的变量的类型。例如：

int　　*pa[3];

表示pa是一个指针数组，它有3个元素：pa[0]、pa[1]和pa[2]，每个元素值都是一个指针，可指向整型变量。

由于运算符"[ ]"比"*"优先级高，因此先形成数组p[3]，再与前面的"*"结合，表示此数组是指针数组，每个数组元素都可以指向一个整型变量。

指针数组在处理多个字符串时非常方便，因为一个指针变量可以指向一个字符串，使用指针数组可以处理多个字符串。

例如，图书馆有 Basic、Pascal、C、Java、Visual FoxPro 等书籍，要求将这些书名按字母顺序由小到大排序。可采用以下两种方法处理。

（1）用二维字符数组处理

使用这种方法时，需要先定义一个二维字符数组存放书名。例如：

char ch[][14];

这种方法在定义二维字符数组时需要指定列数，而书名的长度不一样，上面的书名中，最长的有 13 个字符，最短的只有 1 个字符，在定义二维数组时，只能按最长的字符串来定义数组的列数，但这样会浪费许多存储空间，如图 8-12 所示。

B	a	s	i	c	\0								
P	a	s	c	a	l	\0							
C	\0												
J	a	v	a	\0									
V	i	s	u	a	l			F	o	x	P	r	o	\0

图 8-12　二维字符数组

（2）用指针数组处理

由于指针数组的每个元素都是指针，每一个指针变量可以指向一个字符串，而每个字符串在内存中占用的存储空间是字符个数加 1，这样就比用二维字符数组节省了大量的内存空间。例如定义：

char *name[5];

其占用内存的情况如图 8-13 所示。

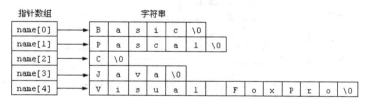

图 8-13　指针数组

字符指针数组可以在定义时进行初始化，即：

char *name[5]={"Basic","Pascal","C","Java","Visual FoxPro"};

【例 8.14】使用指针数组编写程序，将多个字符串按字母顺序由小到大排序。

```c
#include <stdio.h>
#include <string.h>
main()
{
    char *name[5]={"Basic","Pascal","C","Java","Visual FoxPro"};
    char *t;
    int i,j;
```

```
            for(i=1;i<5;i++)                          //冒泡法排序
                for(j=0;j<5-i;j++)
                    if(strcmp(name[j],name[j+1])>0)   //比较后交换字符串地址
                    {
                        t=name[j];
                        name[j]=name[j+1];
                        name[j+1]=t;
                    }
                for(i=0;i<5;i++)                      //输出排序后的结果
                    printf("%s\n",name[i]);
        }
```

程序运行结果：

Basic
C
Java
Pascal
Visual FoxPro

该例中，采用了 strcmp()库函数比较两个字符串，它允许参与比较的字符串以指针方式出现。name[j]和 name[j+1]均为指针，因此是合法的。字符串比较后需要交换时，只交换指针数组元素的值（地址），而不交换字符串本身，即不需要改变字符串在内存中的位置，只要改变指针数组各元素的指向即可。这样可以节省时间，提高运行效率。交换后指针的指向如图 8-14 所示。

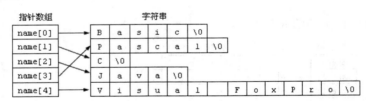

图 8-14　用指针数组对多个字符串排序

2. 指向指针的指针

如果一个指针变量存放的是另一个指针变量的地址，则称这个指针变量为指向指针的指针变量。

指向指针的指针变量定义的一般形式为：

类型说明符　**　指针变量名;

例如：

int　**p;

p 的前面有两个"*"号，"*"号运算符的结合方向从右到左，因此**p 相当于*(*p)，*p 是指针变量的定义形式，在它前面加一个"*"号，则表示 p 是指向一个整型指针变量

的指针变量。

【例8.15】指向指针的指针应用举例。

```
#include <stdio.h>
main()
{
    int   a=20,*p,**pp;
    p=&a;                          //把 a 的地址赋给 p
    pp=&p;                         //把指针变量 p 的地址赋给 pp
    printf("a=%d\n",*p);
    printf("a=%d\n",**pp);
}
```

程序运行结果为：

a=20
a=20

该例中，p 是一个指针变量，指向整型变量 a；pp 也是一个指针变量，指向指针变量 p，即 pp 是一个指向指针变量的指针变量。*p 和**p 都是变量 a 的值。如图8-15所示。

图 8-15　p、pp、a 之间的关系图

指向指针的指针与指针数组有着密切的关系。因为指针数组的每个元素都是指针，因此，可以设置一个指针变量 p，把指针数组的首地址赋给 p，这样即可通过指向指针的指针变量 p 访问指针数组所指向的变量。

【例8.16】用指向指针的指针输出字符数组的值。

```
#include <stdio.h>
#include <string.h>
main()
{
    char *name[5]={"Basic","Pascal","C","Java","Visual FoxPro"};
    char **p;                      //定义指向指针的指针变量
    int i;
    for(i=0;i<5;i++)
    {
        p=name+i;
        printf("%s\n",*p);
    }
}
```

程序运行结果为：

Basic
Pascal
C

Java

Visual FoxPro

该例中，p 是指向指针的指针变量，在 5 次循环中，p 分别取得了 name[0]、name[1]、name[2]、name[3]、name[4]的地址值，因此，*p 的值分别是 name[0]、name[1]、name[2]、name[3]、name[4]的值，即各个字符串的起始地址，通过这些地址即可输出相应的字符串。如图 8-16 所示。

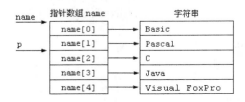

图 8-16　指向指针数组的指针

该例中，灰色底纹的代码也可以改写为下面更简洁的形式：

```
for(p=name,i=0;i<5;i++,p++)
    printf("%s\n",*p);
```

8.3.3　带参数的 main()函数

此前，程序中的 main()函数都是不带参数的，因此 main()函数的第一行是 main()。其实 main()函数也可以有参数。C 语言规定，main()函数的参数只能有两个，习惯上这两个参数写为 argc 和 argv。带参数的 main()函数首部的一般形式如下：

main(int argc，char *argv[])

其中，第一个形参 argc 必须是整型变量；第二个形参 argv 必须是指向字符串的指针数组。

由于 main()函数是主函数，不能被其他函数调用，因此不可能从其他函数得到所需的参数值。main()函数的参数值是从操作系统命令行上获得的。一个 C 程序，经过编译、连接后得到的是可执行文件，当运行该可执行文件时，在命令行中输入文件名，再输入实际参数，就可以把实参传送给 main()函数的形参。其使用的一般形式为：

C:\> 命令名　参数 1　参数 2　…　参数 n

其中，"命令名"为可执行文件名，命令名和各参数间用空格分隔。例如，有一个目标文件名为 cfile.exe，若想将两个字符串 China 和 Beijing 作为 main()函数的实参，则可以写成以下形式：

C:\> cfile　China　Beijing

main()函数中第一个形参 argc 表示命令行中参数的个数（包括命令名），其值是在输入命令行时由系统按实际参数的个数自动赋予的。上例中共有 3 个参数，因此，argc 的值为

3。第二个形参 argv 是一个指向字符串的指针数组，其各元素值为命令行中各字符串的首地址。argv[0]指向字符串 cfile，argv[1]指向字符串 China，argv[2]指向字符串 Beijing，如图 8-17 所示。

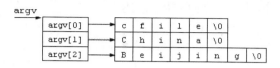

图 8-17　argv 指针数组

下面举例说明 main()函数对参数 argc 和 argv 的引用方法。

【例 8.17】编写程序，实现执行程序时回显命令行中的各参数。源程序文件名为 cfile。

```
#include <stdio.h>
main(int argc,char *argv[])
{
        while(argc>1)
        { ++argv;
          printf("%s\n",*argv);
          --argc;
        }
}
```

程序经过编译、连接后生成可执行文件 cfile.exe，运行时在操作系统状态下输入命令行：

cfile　China　Beijing↙

输出结果为：

China
Beijing

如果参数本身有空格，必须用双引号括起来。例如，输入：

cfile　China　"Bei jing"↙

输出结果为：

China
Bei jing

8.3.4　返回指针值的函数

一个函数可以返回一个整型值、字符值、实型值等，也可以返回一个指针型数据，即地址。这种返回指针值的函数称为指针型函数。

定义返回指针值函数的一般形式为：

类型说明符　*函数名(形参表)
{

```
        …                              //函数体
    }
```

其中，函数名之前的"*"号，表明这是一个指针型函数，即返回值是一个指针；"类型说明符"表示返回的指针值所指向的数据类型。例如：

```
int *fun(int x,int y)
{
    …                                  //函数体
}
```

表示 fun()是一个返回指针值的指针型函数，它返回的指针指向一个整型变量。

【例 8.18】在一个字符串中查找一个指定的字符，并输出从该字符开始的子字符串。

```
#include <string.h>
#include <stdio.h>
char    *match(char *str,char c)       //定义返回指针值的函数
{
    char *t;
    while(*str!=c && *str!='\0')
        str++;
    if(*str==c)
        t=str;
    else
        t=0;
    return(t);
}
main()
{
    char s[50],*p,ch;
    gets(s);
    ch=getchar();
    p=match(s,ch);
    if(p)                              //如果 p 不为空
        printf("%s\n",p);
    else
        printf("no find!\n");
}
```

程序运行结果为：

I love china✓
c✓
china

该例中，定义了一个返回指针值的函数 match()，其形参 str 为指针变量，形参 c 为字符型变量。在主函数 main()中，定义一个字符数组 s[50]和字符型变量 ch，分别存放输入的字符串和待查找的字符，然后将字符数组 s 和字符 ch 作为实参，分别传递给相应的形参 str 和 c。在函数 match()中，通过循环在字符串中查找待查字符，如果找到，返回待查字符首

次出现的地址；否则返回 0，并将返回结果赋值给主函数中的指针变量 p，最后通过判断指针变量 p 的值，输出相应的结果。

【例 8.19】输入一个 1～7 之间的整数，输出对应的英文星期名。用返回指针值的函数实现。

```
#include <stdio.h>
#include <string.h>
char *day_name(char *p[],int n)              //定义返回指针值函数，形参 p 是指针数组
{
    char *t;
    if(n<1||n>7)
        t=p[0];
    else
        t=p[n];
    return(t);                               //返回字符串的首地址
}
main()
{
    char *name[8]={"Illegal day","Monday","Tuesday","Wednesday",
        "Thursday","Friday", "Saturday","Sunday"};
    char *pn;
    int i;
    printf("请输入一个 1～7 之间的整数:");
    scanf("%d",&i);
    pn=day_name(name,i);                      //调用函数 day_name()，并把返回的地址赋给 pn
    printf("整数%d 所对应的英文星期名为：%s\n",i,pn);
}
```

程序运行结果为：

请输入一个 1～7 之间的整数:3↙
整数 3 所对应的英文星期名为：Wednesday

该例中，定义了一个返回指针值的函数 day_name()，其形参 p 为指针数组，形参 n 为指针数组的个数，即字符串的个数。在主函数 main()中，定义一个指针数组 name[]，并进行初始化，然后将指针数组 name[]和输入的整数 i 作为实参，传递给相应的形参。函数 day_name()调用结束时，将整数 i 所对应的英文星期名的首地址返回主函数，并赋给指针变量 pn。

8.4 应用举例

本节将通过一些实例，进一步帮助读者熟悉指针变量的使用方法。

【例 8.20】输入两个实型数，按升序输出数值。

```
# include <stdio.h>
```

```
int main ()
{
    float *pa, *pb, *p, x, y;
    scanf ( "%f %f", &x, &y );
    pa = &x;
    pb = &y;
    printf ( "\n" );
    printf ( "x = %f, y = %f\n", x, y );
    printf ( "*pa = %f, *pb = %f\n", *pa, *pb );
    printf ( "\n" );
    if ( *pa > *pb )
    {
        p = pa;
        pa = pb;
        pb = p;
    } /* 交换的是指针 pa 和 pb 的值，而不是 x 和 y 的值 */
    printf ( "x = %f, y = %f\n", x, y );
    printf ( "*pa = %f, *pb = %f\n", *pa, *pb );
    return 0;
}
```

程序的运行结果为：

9.3 7.9↙
x = 9.300000, y = 7.900000
*pa = 9.300000, *pb = 7.900000
x = 9.300000, y = 7.900000
*pa = 7.900000, *pb = 9.300000

程序运行结果表明，x 和 y 的值并没有交换，但 pa 和 pb 的指向却发生了变化。输出 *pa 和*pb 的值，实际上是输出 x 和 y 的值。如图 8-18 所示为变换前后的情况。

（a）变换前 　　　　　　　　　　　（b）变换后

图 8-18　指针变量 pa 和 pb 的指向变化

【例 8.21】输入一个非 0 实数，通过函数调用，计算它的平方值、立方值及倒数。

分析：要通过一次函数调用得到多个计算结果，可以使用指针变量作为函数参数。

```
# include <stdio.h>
void power ( float num, float *pSquare, float *pCube, float *pReciprocal )
{
    *pSquare = num * num;
    *pCube = num * num * num;
    *pReciprocal = 1.0 / num;
```

```
        return;
    }
    int main ()
    {
        float num, square, cube, reciprocal;
        printf ( "Input a number: " );
        scanf ( "%f", &num );
        power ( num, &square, &cube, &reciprocal );
        printf ( "%f ^ 2 = %f\n", num, square );
        printf ( "%f ^ 3 = %f\n", num, cube );
        printf ( "%f ^ -1 = %f\n", num, reciprocal );
        return 0;
    }
```

程序的运行结果为：

```
Input a number: 3↙
3.000000 ^ 2 = 9.000000
3.000000 ^ 3 = 27.000000
3.000000 ^ -1 = 0.333333
```

程序运行结果表明，指针变量作为函数的形参，相当于在主调函数和被调用函数之间建立起了联系的通道。通过这个联系通道，可以改变主调函数中多个变量的值。

8.5　本章小结

指针是 C 语言中一个重要的组成部分，也是全书的重点和难点所在。能否正确理解和使用指针是是否掌握 C 语言的一个重要标志。本章主要介绍了指针的基本概念，指针变量的定义、初始化和引用，指针与数组、指针与字符串等内容。

1. 指针的概念

指针即地址，变量在内存中的起始地址称为变量的指针。指针变量是指专门用于存储其他变量地址的变量。

2. 指针的运算

（1）取地址运算符"&"：求变量的地址。
取内容运算符"*"：求指针所指向的变量的内容，即变量的值。
（2）算术运算：指向数组、字符串的指针变量可以进行加减运算，如 p+n，p-n，p++，p--等。指向同一数组的两个指针变量还可以相减，表示两指针之间的数据个数。
（3）关系运算：指向同一数组的两个指针变量之间可以进行大于、小于、等于关系运算，表示两个指针之间位置的前后关系。指针可与 0 比较，p==0 表示 p 为空指针。

3. 指针的定义

有关指针的各种定义及其含义如下。

- ☑ int *p：p 为指向整型数据的指针变量。
- ☑ int (*p)[n]：p 为指向含有 n 个元素的一维数组的指针变量。
- ☑ int *p[n]：p 为指针数组，由 n 个指向整型数据的指针元素组成。
- ☑ int *p()：p 为返回指针值的函数，该指针指向整型数据。
- ☑ int **p：p 为指向一个整型指针变量的指针变量。

使用指针编程，便于表示各种数据结构，实现函数之间的数据共享和动态的存储分配，提高程序的编译效率和执行速度。但同时也应该看到，由于指针使用非常灵活，对熟练的编程人员来说，可以利用它编写出颇具特色、质量优良的程序，实现许多其他高级语言难以实现的功能，但是使用指针也特别容易出错，而且这种错误往往难以发现。如果使用不当，会成为一个极其隐蔽、难以发现和排除的故障。因此，使用指针编程要十分小心，应多上机练习，在实践中逐步掌握。

8.6 习 题

一、选择题

1．已知定义"int x = 1, *p"，则值为 1 的表达式是（　　　）。

    A．pb = &x   B．p = x   C．*p = &x   D．*p = *x

2．下面程序运行后的输出结果是（　　　）。

```
# include <stdio.h>
int main ()
{
    int x, y, z = 36;
    int *px = &x, *py = &y, *p;
    x = 3;
    y = 6;
    *( p = &z ) = ( *px ) * ( *py );
    printf ( "%d", z );
    return 0;
}
```

    A．3   B．6   C．18   D．36

3．下面程序运行后的输出结果是（　　　）。

```
# include <stdio.h>
int main ()
{
    int *var, num;
    num = 30;
    var = &num;
    num = *var + 20;
    printf ( "%d", num );
```

```
    return 0;
}
```

    A．50   B．30   C．20   D．10

4．下面程序运行后的输出结果是（   ）。

```
# include <stdio.h>
void fun ( int * a, int * b )
{
    float c;
    *a = *a + *a;
    c = *a;
    *a = *b;
    *b = c;
    return;
}
int main ()
{
    int x = 5, y = 4;
    fun ( &x, &y );
    printf ( "%d, %d", x, y );
    return 0;
}
```

    A．4, 10   B．5, 4   C．10, 4   D．4, 5

5．下面程序运行后的输出结果是（   ）。

```
# include <stdio.h>
void fun ( int a, int *b, int *c )
{
    *b = *b + a;
    *c = *c + 2;
    return;
}
int main ()
{
    int x = 5, y = 4;
    fun ( 10, &x, &y );
    printf ( "%d, %d", x, y );
    return 0;
}
```

    A．5, 4   B．15, 6   C．14, 5   D．10, 9

二、填空题

1．下列程序运行后的输出结果是＿＿＿＿＿＿＿＿＿。

```
# include <stdio.h>
```

```
int main ()
{
    int x = 10;
    int * p = &x;
    printf ( "%d", * p + x );
    return 0;
}
```

2．下列程序运行后的输出结果是_____。

```
# include <stdio.h>
void sub ( int x, int y, int * z )
{
    * z = y - x;
    return;
}
int main ()
{
    int a, b, c;
    sub ( 5, 10, &a );
    sub ( 2, a, &b );
    sub ( a, b, &c );
    printf ( "%4d%4d%4d", a, b, c );
    return 0;
}
```

3．已知定义"char ch;"，则

使得指针变量 p 指向变量 ch 的定义是_____。

使得指针变量 p 指向 ch 的赋值语句是_____。

通过指针变量 p 给变量 ch 赋值为'a'语句是_____。

通过指针变量为 ch 读入字符的 scanf()函数调用语句是_____。

通过指针变量输出 ch 值的 printf()函数调用语句是_____。

三、编程题

1．使用两个指针变量，对输入的 3 个数进行从小到大的排序，然后输出。

2．编写形参为指针类型的函数 sort()，通过调用 sort()函数，对 3 个实型数按降序排序后，输出排序的结果。

3．调用函数，完成两个实参值的互换。

4．编写一个被调用函数，求 3 个数中的最大数和最小数，并在主调函数中输出最大数和最小数。

5．编写一个被调用函数，分别求两个整数的和、差、积、商，并在主调函数中输出这些计算结果。

高等职业教育"十二五"规划教材

第 3 篇　应用篇

本篇以学生信息管理系统为背景，学习结构体和文件的内容。该项目分解为两个子任务，分别在第 9 章和第 10 章进行分析和实现。

通过本篇的学习，读者应掌握小型系统程序设计的基本方法、程序设计基本框架的搭建和模块化程序设计的基本思想，能够使用结构体变量、结构体数组和函数编写小型应用程序，具备利用 C 语言进行软件设计的能力。

学生信息管理系统项目概述

一、任务描述

通过结构体和函数的综合应用来实现一个具体的应用项目，使读者掌握小型系统程序设计的基本方法、程序设计基本框架的搭建和模块化程序设计的基本思想，能够使用工具进行程序系统调试，培养读者利用 C 语言进行软件设计的能力。

二、知识要点

项目涉及的知识点主要包括函数、数组、结构体、文件操作等内容。其中函数、数组等内容在第 2 篇已进行了介绍，在此不再重复。结构体、文件操作的知识将分别在第 9 章和第 10 章中详细介绍。

三、任务分析

本项目主要实现对批量学生信息的管理，通过学生信息管理系统，能够进行学生信息的增加、浏览、查询、删除、统计等功能，实现学生信息管理工作的系统化和自动化。系统功能模块结构如图 0-1 所示。

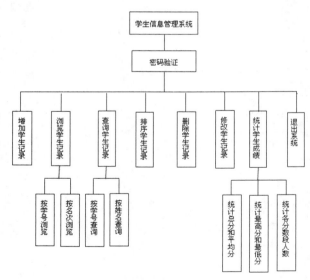

0-1 系统功能模块结构图

系统各模块的功能说明如下。

（1）密码验证模块，主要实现登录密码的验证工作。系统初始密码为 123456。

（2）增加学生记录模块，主要实现学生学号、姓名、性别、3 门课（语文、数学、英语）成绩等相关信息的输入和添加。

（3）浏览学生记录模块，可按照学生学号或总分名次进行学生信息的浏览。

（4）查询学生记录模块，可按照学生学号或姓名进行学生信息的查询，并将查询到的学生信息显示出来。

（5）排序学生记录模块，可按照学生学号升序排列学生的信息。

（6）删除学生记录模块，可按照学号删除某一学生的信息。

（7）修改学生记录模块，可按照学生基本信息（学号、姓名、性别）和成绩信息（语文、数学、英语成绩）进行学生记录的修改。

（8）统计学生成绩模块，可统计每门课程的总分和平均分、最低分和最高分、各分数段学生人数，并显示相应的统计结果。

（9）退出系统模块，实现系统的正常退出。

四、界面设计

1．密码验证界面

在用户登录系统时，输入密码进行验证，如图 0-2 所示。

图 0-2　密码验证界面

2．主界面

如果密码正确，则进入主界面，如图 0-3 所示。用户可选择 0～7 之间的数字，调用相应功能进行操作。当输入 0 时，退出系统。

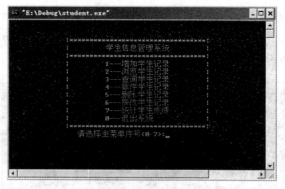

图 0-3　主界面

3．增加学生记录界面

当用户在主界面中输入 1 并按 Enter 键后，进入增加学生记录界面，可按照系统提示的学号、姓名、性别和 3 门课程成绩进行学生信息的添加，如图 0-4 所示。

图 0-4　增加学生记录界面

4.　浏览学生记录界面

当用户在主界面中输入 2 并按 Enter 键后，进入浏览学生记录界面，可按照学生学号或名次进行学生信息的浏览，如图 0-5 所示。

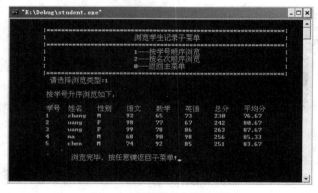

图 0-5　浏览学生记录界面

5.　查询学生记录界面

当用户在主界面中输入 3 并按 Enter 键后，进入查询学生记录界面，可按照学生学号或姓名进行学生信息的查询，如图 0-6 所示。

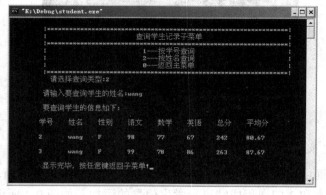

图 0-6　查询学生记录界面

6. 排序学生记录界面

当用户在主界面中输入 4 并按 Enter 键后，进入排序学生记录界面，可按照学生学号升序排列学生的信息，如图 0-7 所示。

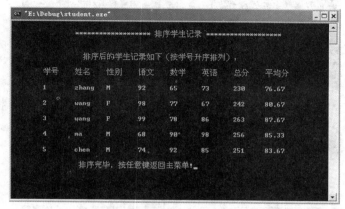

图 0-7　排序学生记录界面

7. 删除学生记录界面

当用户在主界面中输入 5 并按 Enter 键后，进入删除学生记录界面，可按照学号删除某一学生的信息，如图 0-8 所示。

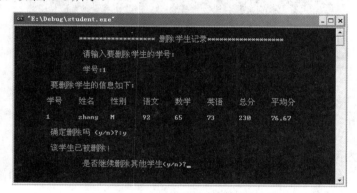

图 0-8　删除学生记录界面

8. 修改学生记录界面

当用户在主界面中输入 6 并按 Enter 键后，进入修改学生记录界面，可按照学生基本信息和成绩信息进行学生记录的修改，如图 0-9 所示。

9. 统计学生成绩界面

当用户在主界面中输入 7 并按 Enter 键后，进入统计学生成绩界面，可统计每门课程的总分和平均分、最低分和最高分及分数段学生人数，如图 0-10 所示。

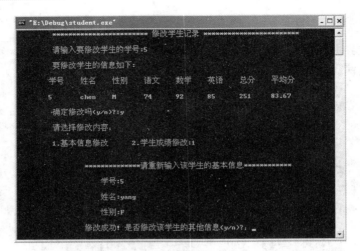

图 0-9　修改学生记录界面

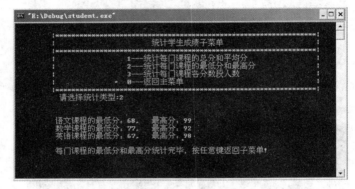

图 0-10　统计学生成绩界面

五、任务分解

该项目分解为两个子任务，每个子任务及其对应的章节如下。

☑　第 9 章：任务一　用结构体实现项目中学生信息的增加、浏览和修改

☑　第 10 章：任务二　项目中数据的存储

第 9 章
项目中结构体的应用

在前面的章节中，已经学习了 C 语言的基本数据类型（整型、实型、字符型）和一个简单的构造数据类型（数组）。对于单个的数据，可以通过定义独立变量进行存储和处理，而对于数目固定、数据类型相同的一组数据，可以通过数组来描述和处理。但在实际问题中，一组数据往往具有不同的数据类型，用单一的基本数据类型和数组都难以表示。例如，一个班有 50 名学生，要求进行学生信息的管理，每一名学生的信息包括学号、姓名、性别和 3 门课（语文、数学、英语）的成绩。对于这样的数据，显然无法用单一数据类型来表示。这就需要更为复杂的数据类型，C 语言中的结构体、共用体数据类型能够实现这一功能。

结构体和共用体都属于构造数据类型。与数组相似，它们用于表示一个数据集合的内在结构形式，但结构体、共用体的组成形式与数组的组成形式存在差别，而结构体与共用体的存储方式也互不相同。

本章将结合学生信息管理系统项目中学生信息的增加、浏览和修改，介绍结构体类型的定义、结构体变量的定义与引用、结构体与数组的综合运用、共用体类型和变量的定义、共用体变量的引用等内容。

学习目标

➤ 理解和掌握结构体类型的说明、结构体变量的定义和引用
➤ 理解和掌握结构体数组的定义和引用，并能够引用结构体数组进行批量数据的处理和分析
➤ 理解结构体类型指针变量的定义和引用
➤ 理解共用体和枚举类型的构造、定义和引用

9.1 任务一 用结构体实现项目中学生信息的增加、浏览和修改

一、任务描述

该项目采用模块化程序设计，实现学生信息的增加、删除、浏览、修改和统计等功能。由主函数 main()、输入函数 InputStu()、浏览函数 BrowseStu()和修改函数 ModifyStu()等功能模块组成。由于学生信息管理系统模块较多，本节只选取增加、浏览和修改 3 个典型模块进行介绍，其他的模块可通过实验实训课程进行系统掌握。

二、知识要点

本任务涉及的知识点主要有结构体数据类型的定义、引用及结构体数组在函数间的传递等相关知识，其具体内容将在 9.2 节进行详细介绍。

三、任务分析

1. 结构体的构造

要实现学生信息的管理，首先要解决学生信息的数据结构构造问题。在该项目中，通过定义一个结构体数组 struct student stu[N]来实现对学生信息的描述,其中的符号常量 N（如 N=50）为最大学生人数。在调用函数时，将结构体数组名作函数参数，但班级实际学生人数可能在 0～N 之间，其值随着学生信息的增加、删除而不断变化。因此，对学生实际人数的描述和使用，第一种方法是定义一个全局整型变量来记录学生的人数，但由于全局变量增加了函数之间的关联性，一般不采用此方法；第二种方法是定义一个整型指针变量来记录学生人数，在函数调用过程中通过指针变量作参数来进行传递。

2. 函数功能

增加学生记录函数 InputStu()实现学生数据的输入；浏览学生记录函数 BrowseStu()可按学号和名次顺序进行浏览。在浏览之前，采用冒泡法用结构体数组 temp_stu[]对学生信息进行排序；修改学生记录函数 ModifyStu()可按照学生的学号进行查找，若查找到，则根据提示修改学生信息。相关的代码详见附录 V。

3. 数据保存

对学生信息的管理，数据保存是一个重要的环节。在程序运行后，对学生信息进行的增加、修改、删除等一系列操作，都使数据发生了变化，但随着程序运行的结束，所有的数据都会从内存中清除。再次执行程序时，又需要重新输入、修改学生信息数据，这显然不可取。因此，可以将学生信息数据保存到文件中，数据以磁盘文件的形式长久保存，需

要时从文件中读取即可。

　　由于本章的重点是结构体的使用及综合实现，在此将系统简化，假设学生人数固定（如 N=10），且暂不涉及文件的读取和保存操作，关于文件操作的相关内容详见第 10 章。

四、具体实现

1．结构体类型定义

```
#define N 10                              //学生总人数 10 人
struct student
{
    int   no;                            //学号
    char name[20];                       //姓名
    char sex;                            //性别
    int   score[3];                      //语文、数学、英语 3 门课的成绩
    int   sum;                           //总分
    float average;                       //平均分
};
```

2．主函数设计

```
main()
{
    struct student stu[N];
    int choose,flag=1;                   //flag 为标志变量
    PassWord();                          //密码验证
    while(flag)
    {
        printf("\t\t 请选择主菜单序号(0-7):");
        scanf("%d",&choose);
        switch(choose)
        {
            case 1:InputStu(stu,N);break;      //增加学生记录
            case 2:BrowseStu(stu,N);break;     //浏览学生记录
            case 3:SearchStr(stu,N);break;     //查询学生记录
            case 4:SortStu(stu,N);break;       //排序学生记录
            case 5:DeleteStu(stu,N);break;     //删除学生记录
            case 6:ModifyStu(stu,N);break;     //修改学生记录
            case 7:CountScore(stu,N);break;    //统计学生成绩
            case 0:return;
        }
    }
}
```

3．增加学生记录函数

```
void InputStu(struct student stu[],int n)
{
    int i;
    system("cls");
```

```
for(i=0;i<n;i++)
{
    printf("增加学生记录\n");
    printf("\n 请输入学生信息\n");
    printf("\n 学号：");          scanf("%d",&stu[i].no);
    printf("\n 姓名：");          scanf("%s",&stu[i].name);
    printf("\n 性别：");          scanf("\n%c",&stu[i].sex);
    printf("\n 语文成绩：");       scanf("%3d",&stu[i].score[0]);
    printf("\n 数学成绩：");       scanf("%3d",&stu[i].score[1]);
    printf("\n 英语成绩：");       scanf("%3d",&stu[i].score[2]);
    stu[i].sum=stu[i].score[0]+stu[i].score[1]+stu[i].score[2];
      stu[i].average=stu[i].sum/3.0;
}
return;
}
```

4. 浏览学生记录函数

```
void BrowseStu(struct student stu[],int n)
{
    printf("\n\t 按学号升序浏览如下：\n");
    printf("\n\t 学号\t 姓名\t 性别\t 语文\t 数学\t 英语\t 总分\t 平均分\n");
    for(i=0;i<n;i++)
    {
        printf("\t%d\t%s\t%c\t%d\t%d\t%d\t%d\t%.2f\n",stu[i].no,stu[i].name,stu[i].sex,stu[i].score[0],
stu[i].score[1], stu[i].score[2],stu[i].sum,stu[i].average);
    }
    printf("\n\t\t 浏览完毕，按任意键返回子菜单!");
    getch();
    return:
}
```

5. 修改学生记录函数

```
void ModifyStu(struct student stu[],int n)
{
    int xh,i;
    printf("\n\t 请输入要修改学生的学号：");
    scanf("%d",&xh);
    for(i=0;i<n;i++)
        if(stu[i].no==xh) break;
    printf("\n\n\t\t 请重新输入该学生的基本信息\n");
    printf("\n\t\t 学号：");        scanf("%d",&stu[i].no);
    printf("\n\t\t 姓名：");        scanf("%s",stu[i].name);
    printf("\n\t\t 性别：");        scanf("\n%c",&stu[i].sex
    printf("\n\t\t 语文成绩："); scanf("%d",&stu[i].score[0]);
    printf("\n\t\t 数学成绩："); scanf("%d",&stu[i].score[1]);
    printf("\n\t\t 英语成绩："); scanf("%d",&stu[i].score[2]);
    stu[i].sum=stu[i].score[0]+stu[i].score[1]+stu[i].score[2];
    stu[i].average=stu[i].sum/3.0;
    return;
}
```

程序说明：

（1）为了节省篇幅，相应的函数只给出主要部分，删除函数 DeleteStu()、排序函数 SortStu()、查询函数 SearchStr()、统计函数 CountScore()详见附录 V，在此不再赘述。

（2）在调用每个函数时，需要将结构体数组名 stu 作为实参，因为数组名就是该数组的首地址，所以实参向形参传递的是一个地址，这是一种传址调用。

（3）上述的函数只给出了最基本的功能，如浏览学生记录函数 BrowseStu()，只是按学号顺序进行浏览。在学生信息管理系统中，还可按照学生总分名次进行信息的浏览，详细实现可参考附录 V。

五、要点总结

本项目实现了学生信息的输入、浏览、排序、查找、统计等功能。项目中使用的结构体数组可以与数据库的相关知识结合。在 C 语言中，一个结构体变量即相当于一条记录。结构体数组与一般数组存储的数据结构明显不同，但在函数的调用形式、数据的访问方法上基本相同。

9.2　理论知识

9.2.1　结构体类型的定义

现实生活的许多领域中，存在着大量需要作为一个整体来处理的不同类型的数据，这些数据的结构比较复杂，可能由几个不同数据类型的分量组成，而这些不同类型的数据之间，还存在某种联系需要统一处理。例如，每个学生的学籍信息数据，可能包括姓名（字符数组）、学号（长整型）、性别（字符型）、年龄（整型）、数学成绩（实型）、英语成绩（实型）等多个属性，而这些属性之间还有一些关联。比如，单独的一个姓名或者性别可能都不足以表明是哪一个学生的完整信息。又因为同一学生信息的有些属性的数据类型并不相同，因此也不能使用数组来统一处理这些属性。为了描述这些不同属性的集合的结构，又不破坏集合的各属性之间的关系，需要构造新的数据类型。

结构体是一种可以把相互关联的属性组合成一个整体的数据类型。它由一个或若干个成员组成，每个成员可以是一个基本数据类型，也可以是一个构造数据类型。因此，可以根据实际问题，定义各种各样的结构体类型。

定义结构体类型的一般形式为：

```
struct 结构体类型名
{
    数据类型　成员名;
    数据类型　成员名;
    …
};
```

其中，struct 是定义结构体类型所必须使用的关键字，不能省略；结构体类型名又称为结构体标记标志着定义了哪一个具体的结构体类型，其命名必须遵循标识符的命名规则，花括号中的内容称为结构体的成员，每个成员实质上是一个变量，也称为成员变量。定义结构体类型的主要工作即是定义各成员变量的类型、名字及先后次序。

结构体类型常用于表示记录类、表格类数据的数据类型。结构体常和数组结合使用，用以解决更为复杂的问题。结构体类型具有以下特点。

（1）结构体类型由若干个数据项组成，每一个数据项都必须属于一种已定义的类型，且各个数据项的类型可以不同。每一个数据项称为一个结构体的成员，也称为域。如在 9.1 节结构体类型定义中，no，name，sex 等不是变量名而是结构体类型 struct student 的成员名。在一个函数中，可以另外定义与结构体成员同名的变量名，它们代表不同的对象。

例如，下面的定义是允许的。

```
struct    student
{
    int    age;          } 成员名
    char   sex;
};
int    age;              } 变量名
char   sex;
```

（2）当一个结构体类型的成员项又是另一个结构体类型的变量时，就形成了结构体的嵌套。例如，下面的语句声明了一名员工的相关信息。

```
struct    date
{
    int   month;
    int   day;
    int   year;
};
struct    person
{
    char    name[20];
    char    sex;
    struct   date   birthday;
    char    address[20];
};
```

其中，结构体 person 中包含 birthday 成员项，该成员项又是结构体类型 date 的一个变量。

 注意

> 定义一个结构体类型并不意味着系统将分配一段内存单元来存放各数据项成员。因为这只是定义类型而不是定义变量，只有在定义变量以后，才分配实际存储单元。

【**例 9.1**】定义学生的学籍信息。

每个学生的学籍信息实际上是由不同的属性构成的整体，每个属性相当于结构体的一个成员。因此，学籍信息的类型可定义为一个结构体。

```
struct student
{
    char name[50];
    long no;
    char sex;
    int age;
    float maths;
    float english;
};
```

定义中的 student，是结构体标记。由定义可知，student 结构体共包含 6 个成员变量。

【**例 9.2**】某部门工作人员的员工信息也是由若干不同属性的数据项组成的一个整体。每个工作人员的基本信息可以由这样一些数据项组成：工号（num）、姓名（name）、住址（address）、部门（department）、工资（salary）等，如表 9-1 所示。将该部门的员工信息定义为结构体类型。

表 9-1　部门员工信息表

num	name	address	department	salary
1001	zhang	Da Xue Road 75	accout	2130.0
1002	wang	Da Xue Road 75	market	1550.0
……	……	……	……	……

```
struct employee
{
    int num;
    char name[8];
    char address[200];
    char department[20];
    float salary;
};
```

定义中的 employee 是结构体标记。由定义可知，employee 结构体共包含 5 个成员变量。

定义结构体的同时，也可以在其内定义另一个结构体，称为结构体的嵌套定义。

【**例 9.3**】某人的通讯录形式如表 9-2 所示。将此通讯录定义为嵌套的结构体类型。

表 9-2　个人通讯录

姓名	电话	通信地址	E-mail	出生日期		
				年	月	日

```
struct comm
{
    char name[20];
    long tel;
    char addr[80];
    char email[50];
    struct birthday
    {
        int year;
        int month;
        int day;
    }bd;
};
```

定义中的 comm 是结构体标记。由定义可知，comm 结构体共包含 5 个成员变量，在定义其第 5 个成员时，又嵌套地定义了一个新的结构体。

注意

① 在例 9.3 中，相对于结构体 struct comm，结构体 struct birthday 称为内结构体。

② 定义结构体类型时，若相邻的成员变量的数据类型相同，则这些相邻的成员变量可共用一个数据类型说明符。例如，例 9.1 中定义的结构体类型，等价于：

```
struct student
{
    char name[50];
    long no;
    char sex;
    int age;
    float maths, english;
};
```

9.2.2　结构体变量的定义

结构体类型属于构造性的数据类型，类似于 int，char，float 等，可以用来定义变量。程序只能对变量而不能对数据类型进行存取、赋值、运算等操作，结构体类型的变量简称为结构体变量，有以下 3 种定义形式。

（1）先定义结构体类型，再定义结构体变量。结构体变量定义的一般形式为：

struct　结构体类型名　变量名 1, 变量名 2, ..., 变量名 n;

其中，"结构体类型名"是已经定义过的结构体标记。

例 9.2 中，已经定义了结构体类型 struct employee。因此，可以利用已有的结构体类型定义该种结构体类型的变量。例如：

struct employee emp1, emp2;

```
struct employee emp3;
```

定义的 3 个结构体变量 emp1，emp2 和 emp3 都属于 struct employee 类型的变量。

（2）定义结构体类型的同时，定义结构体变量。定义的一般形式为：

```
struct 结构体类型名
{
    数据类型    成员名;
    数据类型    成员名;
    …
}变量名 1, 变量名 2, …, 变量名 n;
```

例如：

```
struct employee
{
    int num;
    char name[8];
    char address[200];
    char department[20];
    float salary;
} emp1, emp2, emp3;
```

这种定义形式相当于既定义了结构体类型，又定义了结构体变量。当然，有了结构体类型，还可以采用第 1 种形式定义其他的结构体变量。例如：

```
struct employee emp4, emp5;
```

（3）直接定义结构体变量。定义的一般形式为：

```
struct
{
    数据类型    成员名;
    数据类型    成员名;
    …
}变量名 1, 变量名 2, …, 变量名 n;
```

例如：

```
struct
{
    int num;
    char name[8];
    char address[200];
    char department[20];
    float salary;
} emp1, emp2, emp3;
```

这种形式的定义也定义了结构体类型，并直接定义了结构体变量。但由于定义的结构体类型没有标识符，因此，在其他地方不能再定义该种结构体类型的变量。例如"struct emp4;"是错误的。

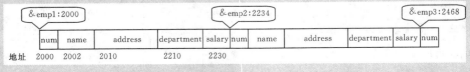

✐ **注意**

① 定义结构体数据类型，需要定义各成员变量。结构体的各个成员刻画了相应结构体变量的内在组成形式，即每一结构体变量都具有这种结构体类型的结构。

② 结构体变量在内存中存放时，也占用连续的一段存储空间。结构体变量的各个成员变量按照结构体类型定义的次序依次存放。如图 9-1 所示为按第 1 种形式定义的 3 个结构体变量 emp1，emp2，emp3 在存储单元中的存储示意图。

图 9-1　结构体变量在内存中的存储示意图

对于结构体类型，有以下几点需要说明。

（1）类型与变量是不同的概念，不要混同。对结构体变量来说，在定义时一般先定义一个结构体类型，然后定义该类型的变量。只能对变量赋值、存取或运算，而不能对一个类型赋值、存取或运算。在编译时只对变量分配存储空间，对类型不分配空间。

（2）对于某个具体的结构体类型，成员的数量必须固定。

（3）对结构体中的成员可以单独使用，其作用与地位相当于普通变量。

（4）结构体类型的成员也可以是一个结构体变量，相应地，它们在内存中的存储空间长度是所有项所占存储空间长度之和。例如：

```
struct    date
{   int    month;
    int    day;
    int    year;
};
struct    person
{   char       name[20];
    char       sex;
    struct   date   birthday;
    char       address[20];
} person1;
```

其数据结构如表 9-3 所示。

表 9-3　结构体变量 person1 的数据结构

name[20]	sex	birthday			address[20]
		month	day	year	

从表 9-3 中可以看出，变量 person1 为 struct　person 类型，在基于 16 位的编译系统（如 Turbo C 2.0）中，其所占存储单元为 20+1+2+2+2+20=47 个字节。

9.2.3　结构体变量的引用

结构体类型的定义是数据类型的定义。有了结构体数据类型的定义，才可以定义结构体变量。有了结构体变量，才可以进行引用。结构体变量的引用，主要是结构体变量的成员变量。

1. 结构体成员变量的引用

引用结构体成员变量的一般方法为：

结构体变量名.成员变量名

例如：

stu1.name
emp1.salary

其中，“.”是一种运算符，称为成员运算符。它是 C 语言中优先级最高的运算符之一。因此，可以把 stu1.name 看成一个整体。访问结构体变量的成员与访问相应类型的变量一样，对结构体成员变量进行的操作，完全取决于成员变量本身的数据类型。

一个函数的返回值类型也可以是结构体类型，结构体变量也可以直接作为函数参数。结构体变量作为函数参数，和基本变量一样，都属于单向传值。

【例 9.4】设计表示复数的结构体类型，并求两个复数的和与积。

```
/*程序功能：复数的加法与乘法*/
# include <stdio.h>
struct complex
{
    float    RealPart, ImaginaryPart;
};
struct complex product ( struct complex a, struct complex b )    /*复数的乘法*/
{
    struct complex result;
    result.RealPart = a.RealPart * b.RealPart
                          - a.ImaginaryPart * b. ImaginaryPart;
    result.ImaginaryPart = a.RealPart * b.ImaginaryPart
                          + a.ImaginaryPart *b. RealPart;
    return result;
}
int main ()
{
    struct complex first, second, sum, prod;
    printf ("Input first complex num:\n");
    scanf ( "%f%f", &first.RealPart, &first.ImaginaryPart );
    printf ( "Input second complex num:\n" );
```

```
        scanf ( "%f%f", &second.RealPart, &second.ImaginaryPart);
        sum.RealPart = first.RealPart+second.RealPart;
        sum.ImaginaryPart = first.ImaginaryPart+second.ImaginaryPart;
        prod = product ( first, second );
        printf ( "Sum is:\n" );
        printf ( "%7.2f+%7.2fi\n", sum.RealPart, sum.ImaginaryPart );
        printf ( "Product is:\n" );
        printf ( "%7.2f+%7.2fi\n", prod.RealPart, prod.ImaginaryPart );
        return 0;
    }
```

程序的运行结果为：

```
Input first complex num:
1.2 3.4✓
Input second complex num:
5.6 7.8✓
Sum is:
6.80+11.20i
Product is:
-19.80+28.40i
```

对于嵌套的结构体，若引用内层结构体的成员变量，则需要多次使用"．"运算。引用的一般方法为：

结构体变量名.成员结构体变量名.成员变量名

例如，已知 struct comm c1，则可以有引用：

c1. birthday. Day

2．结构体变量的初始化

结构体变量初始化的一般形式为：

struct 结构体类型名 结构体变量名 = {初值表};

例如：

```
struct employee emp1 = { 1234, "LiSi", "No. 100 of Science Road", "account", 4000.00 };
struct comm c1 = {"Liu C", 12345678, "Henan China", "em@em.com", {1985, 8, 8}};
```

 注意

> 结构体变量的值，可以直接赋值给相同的结构体类型的结构体变量。

【例 9.5】输出结构体 struct employee 类型的变量 emp1 的初始化值。

```
# include <stdio.h>
struct employee        /*结构体类型定义*/
    {
```

```
        int num;
        char name[8];
        char address[200];
        char department[20];
        float salary;
    };
    int main ()
    {
        struct employee emp1 = { 1234, "LiSi", "No. 100 of Science Road", "account", 4000.00 };
        struct employee emp2;
        emp2 = emp1;
            printf ( "emp1's info:\n" );
        printf ( "num = %d\nname = %s\naddress = %s\ndepartment = %s\nsalary = %f\n",
            emp1.num, emp1.name, emp1.address, emp1.department, emp1.salary );
        printf ( "\nemp2's info:\n" );
        printf ( "num = %d\nname = %s\naddress = %s\ndepartment = %s\nsalary = %f\n",
            emp2.num, emp2.name, emp2.address, emp2.department, emp2.salary );
        return 0;
    }
```

程序运行结果为：

```
emp1's info:
num = 1234
name = LiSi
address = No. 100 of Science Road
department = account
salary = 4000.000000
emp2's info:
num = 1234
name = LiSi
address = No. 100 of Science Road
department = account
salary = 4000.000000
```

9.2.4　结构体数组

结构体数组是指数组的每一个元素都是具有相同结构的结构体变量，如一个单位所有员工的信息、一个班级学生的信息等，都要用结构体数组来描述。

1. 结构体数组的定义

定义结构体数组的方法与定义结构体变量的方法相似，只需多加一个方括号来表示其为数组。

（1）先定义结构体类型，再定义结构体数组。例如：

```
struct student
{
    int     no;
    char    name[20];
```

```
    char    sex;
    int     score[3];
    int     sum;
    float   average;
};
struct   student stu[10];
```

以上定义了一个结构体数组 stu[]，它有 10 个元素，每个元素都为 struct   student 类型。该数组各元素在内存中连续存放，占用一段连续的存储单元。

（2）在定义结构体类型的同时定义结构体数组。例如：

```
struct student
{
    int     no;
    char    name[20];
    char    sex;
    int     score[3];
    int     sum;
    float   average;
}stu [10];
```

（3）直接定义结构体数组。例如：

```
struct
{
    int     no;
    char    name[20];
    char    sex;
    int     score[3];
    int     sum;
    float   average;
}stu [10];
```

这 3 种方法定义的效果相同。

2．结构体数组的初始化

与普通数组一样，也可以在定义结构体数组时直接进行初始化。其一般形式为在定义数组的后面加上"={ 初值表列 }"。注意，要将每个元素的数据分别用花括号括起来。例如：

```
struct    student
{
    int     no;
    char    name[20];
    char    sex;
    int     score[3];
    int     sum;
    float   average;
}
stu[3]={{1001,"Liyang",'M',67,89,65},{1002,"Wangming",'F',56,72,63},{1003,"Zhaoli",'M',65,78,83}};
```

由于学生总分 sum 和平均分 average 是通过计算得到的，所以在初始化中不给出。

3．结构体数组的引用

一个结构体数组的元素相当于一个结构体变量，所以前述的关于结构体变量的引用方法对结构体数组元素也适用。

【例 9.6】输入学生的信息，计算总分与平均分后输出。

```c
#include <stdio.h>
struct    student
{
    int      no;
    char     name[20];
    char     sex;
    int      score[3];
    int      sum;
    float    average;
};
main()
{
    struct student stu[2];
    int i;
    for(i=0;i<2;i++)
    {
        printf("学号：");        scanf("%d",&stu[i].no);
        printf("姓名：");        scanf("%s",stu[i].name);
        printf("性别：");        scanf("\n%c",&stu[i].sex);
        printf("语文成绩：");    scanf("%3d",&stu[i].score[0]);
        printf("数学成绩：");    scanf("%3d",&stu[i].score[1]);
        printf("英语成绩：");    scanf("%3d",&stu[i].score[2]);
        stu[i].sum=stu[i].score[0]+stu[i].score[1]+stu[i].score[2];
        stu[i].average=stu[i].sum/3.0;
    }
    printf("\n\t 学号\t 姓名\t 性别\t 语文\t 数学\t 英语\t 总分\t 平均分\n");
    for(i=0;i<2;i++)
        printf("\t%d\t%s\t%c\t%d\t%d\t%d\t%d\t%.2f\n",stu[i].no,stu[i].name,stu[i].sex,stu[i].score[0],stu[i].score[1],
stu[i].score[2],stu[i].sum,stu[i].average);
}
```

程序运行结果如图 9-2 所示。

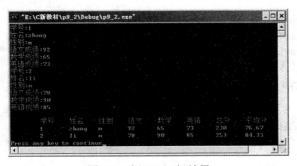

图 9-2　例 9.6 运行结果

【例 9.7】输入 10 名学生的信息，编写程序从中查找并输出总分成绩最高的学生信息。

```c
#include <stdio.h>
#include <string.h>
#define   N    10
struct    student
{
    int      no;
    char     name[20];
    char     sex;
    int      score[3];
    int      sum;
    float    average;
};
main()
{
    struct student stu[N];
    int i,j,maxsum,maxp;                //maxsum 为最高的总分,maxp 为最高分学生的下标
    for(i=0;i<N;i++)
    {
        stu[i].sum=0;
        scanf("%d",&stu[i].no);
        scanf("%s",stu[i].name);
        scanf("\n%c",&stu[i].sex);
        for(j=0;j<3;j++)
        {
            scanf("%d",&stu[i].score[j]);
            stu[i].sum=stu[i].sum+stu[i].score[j];
        }
        stu[i].average=stu[i].sum/3.0;
    }
    maxsum=stu[0].sum;
    maxp=0;
    for(i=0;i<N;i++)
        if(maxsum<stu[i].sum)
        {
            maxsum=stu[i].sum;
            maxp=i;
        }
    printf("\nmax sum information is:\n");
    printf("no is %d,name is %s,sex is %c\n",stu[maxp].no,
    stu[maxp].name,stu[maxp].sex);
    printf("sum is %d,average is %.2f\n",stu[maxp].sum,
    stu[maxp].average);
}
```

9.2.5 结构体指针

1. 指向结构体变量的指针

　　所谓结构体变量的指针就是指该结构体变量所占内存单元的起始地址。可以定义一个指针变量来指向一个结构体变量。定义一个指向结构体变量的指针变量的一般形式为：

```
struct   结构体类型名   *指针变量名;
```

例如：

```
struct   student
{
    int      no;
    char     name[20];
    char     sex;
    int      score[3];
    int      sum;
    float    average;
};
struct   student   stu1,*p;
p=&stu1;                                    //使指针 p 指向结构体变量 stu1
```

这样，可用 3 种形式来引用结构体变量的成员：

　　（1）结构体变量名.成员名 ，例如：

```
stu1.no
```

　　（2）(*指针变量名).成员名，例如：

```
(*p).no
```

　　（3）指针变量名->成员名，例如：

```
p->no
```

　　第 1 种形式我们已经很熟悉了。在第 2 种形式中,(*p)表示 p 指向的结构体变量,(*p).no 是 p 指向的结构体变量中的成员 no。要注意，*p 两侧的括号不能省略，这是因为成员运算符 " . " 的优先级要高于指针运算符 " * "。第 3 种形式比第 2 种形式更方便和直观，它更形象地表示了 p 所指向的变量中的成员。由一个减号和一个大于号组成的运算符 "->" 称为指向运算符，其优先级最高。

　　【例9.8】用 3 种不同的方式对结构体成员进行访问。

```
#include<stdio.h>
struct student
{
    int      no;
    char     name[20];
    char     sex;
    int      score[3];
    int      sum;
    float    average;
};
```

```
main()
{
    struct    student    stu1={1001,"Liyang",'M', 67,89,65};
    struct    student    *p;
    p=&stu1;
    stu1.sum=stu1.score[0]+stu1.score[1]+stu1.score[2];
    stu1.average=stu1.sum/3.0;
    printf("%d,%s,%c,%d,%d,%d,%d,%.2f\n",stu1.no,stu1.name,
    stu1.sex,stu1.score[0],stu1.score[1],stu1.score[2],
    stu1.sum,stu1.average);
    printf("%d,%s,%c,%d,%d,%d,%d,%.2f\n",(*p).no,(*p).name,
      (*p).sex,(*p).score[0],(*p).score[1],(*p).score[2],
      (*p).sum,(*p).average); printf("%d,%s,%c,%d,%d,%d,%d,%.2f\n",p->no,p->name, p->sex,
    p->score[0], p->score[1], p->score[2], p->sum, p->average);
}
```

程序运行结果为：

```
1001,Liyang,M,67,89,65,221,73.67
1001,Liyang,M,67,89,65,221,73.67
1001,Liyang,M,67,89,65,221,73.67
```

2. 指向结构体数组的指针

一个指针变量可以指向普通数组，也可以指向结构体数组，即将该数组的起始地址赋值给该指针变量。

【例 9.9】利用结构体数组的指针实现结构体成员的输出。

```
#include <stdio.h>
struct    student
{
    int    no;
    char    name[20];
    char    sex;
    int    score[3];
    int    sum;
    float    average;
};
main()
{
    struct student stu[3]={{1001,"Liyang",'M',67,89,65},
    {1002,"Wangmi",'F',56,72,63},{1003,"Zhaoli",'M',65,78,83}};
    struct    student *p;
    int i;
    for(i=0;i<3;i++)
    {
        stu[i].sum=stu[i].score[0]+stu[i].score[1]+stu[i].score[2];
        stu[i].average=stu[i].sum/3.0;
    }
    printf("\n\t 学号\t 姓名\t 性别\t 语文\t 数学\t 英语\t 总分\t 平均分\n");
```

```
for(p=stu;p<stu+3;p++)    printf("\t%d\t%s\t%c\t%d\t%d\t%d\t%d\t%.2f\n",p->no,
    p->name,p->sex,p->score[0],p->score[1],p->score[2],
    p->sum,p->average);
}
```

程序运行结果为：

学号	姓名	性别	语文	数学	英语	总分	平均分
1001	Liyang	M	67	89	65	221	73.67
1002	Wangmi	F	56	72	63	191	63.67
1003	Zhaoli	M	65	78	83	226	75.33

9.2.6 结构体类型的数据在函数间的传递

要将一个结构体变量的值传递给另一个函数，有以下列 3 种方法。

（1）用结构体变量的成员作参数，将实参值传给形参。这种用法和用普通变量作实参一样，属于传值方式。

（2）用结构体变量作参数，其前提是函数的形参和调用函数的实参必须是同类型的结构体变量。这也是一种传值方式，将实参结构体变量所占内存单元的内容全部顺序地传给形参。

（3）用指向结构体变量（或数组）的指针作实参，将结构体变量（或数组）的地址传给形参，属于传址方式。

1. 结构体变量作函数的参数

结构体变量可以作为一个实参整体传递给形参，实参与形参的数据传递采用的是传值方式，即将实参中结构体变量所占内存单元的内容全部顺序地传递给形参。

【例 9.10】定义结构体变量 student，包括学生学号、姓名、性别和 3 门课的成绩。现要求在 main()函数中赋值，而在另一函数 PrintStu()中将它们打印输出。

```
#include <stdio.h>
#include <string.h>
struct    student
{
    int      no;
    char     name[20];
    char     sex;
    int      score[3];
    int      sum;
    float    average;
};
main()
{
    void    PrintStu(struct student stu);        //函数声明
    struct    student    stud;
    stud.no=10001;
```

```
        strcpy(stud.name,"Liming");              //strcpy()是字符串复制函数
        stud.sex='m';
        stud.score[0]=90;
        stud.score[1]=79;
        stud.score[2]=67;
        stud.sum=stud.score[0]+stud.score[1]+stud.score[2];
        stud.average=stud.sum/3.0;
        PrintStu(stud);
    }
    void  PrintStu( struct  student  stu)        //函数定义，结构体变量为形参
    {
        printf("%d\t%s\t%c\t%d\t%d\t%d\t%d\t.2f\n",stu.no,stu.name, stu.sex,stu.score[0], stu.score[1],
    stu.score[2],stu.sum,stu.average);
    }
```

程序运行结果为：

```
1001    Liming    m    90    79    67    236    78.67
```

2. 结构体类型的指针作函数参数

结构体类型的指针是指向结构体变量或结构体数组的指针变量，如果使用指向结构体变量或数组的指针变量作为函数的实参，则形参也应定义成同类型的结构体指针。在结构体类型的指针作函数参数的情况下，采用的是传址方式。

【例 9.11】用结构体指针作函数的参数，编程实现学生信息的输出。

```
#define N 3
#include <stdio.h>
struct student
{
    int   no;
    char name[20];
    char sex;
};
main()
{
    void PrintStu(struct student stu[],int n);   //函数声明
    struct student stud[N]={{10034,"zhang shan",'F'},
                {10021,"wang lin",'M'},{10028,"zhao hong",'M'}};
    struct student *p;
    p=stud;
    PrintStu(p,N);                           //结构体指针变量作实参
}
void PrintStu(struct student stu[],int n)     //结构体指针数组作函数形参
{
    int i;
    for(i=0;i<n;i++)
    printf("\t%d\t%s\t%c\n",stu[i].no,stu[i].name,stu[i].sex);
}
```

程序运行结果为：

```
10034      zhang shan    F
10021      wang  lin     M
10028      zhao hong     M
```

为了处理方便,本程序将 struct student 结构体进行了简化,省略了 score[],sum 和 average 3 个结构体成员。

从例 9.11 可以看出，主函数调用 PrintStu(p,N)，实参为指向结构体的指针，形参为结构体数组，它们采用的是传址方式，其工作原理与第 8 章中一般数组的指针作函数参数一致，此处不再详细介绍。例 9.11 中的 main()函数和 PrintStu()函数也可改为如下形式：

```
main()
{
    void PrintStu(struct student *stu,int n);          //函数声明
    struct student stud[N]={{10034,"zhang shan",'F'},
                {10021,"wang lin",'M'},{10028,"zhao hong",'M'}};
    struct student *p;
    p=stud;
    PrintStu(p,N);                         //结构体指针变量作实参
}
void PrintStu(struct student *stu,int n)              //结构体指针变量作函数形参
{
    int i;
    for(i=0;i<n;i++)    printf("\t%d\t%s\t%c\n",stu[i].no,stu[i].name,stu[i].sex);
}
```

程序运行结果和例 9.11 相同。

9.3　知识扩展——共用体

现实生活中，经常需要填写一些表格。例如，教师和学生填写访谈表时，"职业"一栏可分别填写"教师"或"学生"，但填写"单位"时，学生一般需要填写班级编号（经常用整数表示），教师则要填写单位名称（一般为字符数组）。若要求把两个或更多个不同类型的数据记录到一个变量中，则需要使用共用体变量。

9.3.1　共用体类型和共用体变量的定义

类似于结构体类型与结构体变量的关系，定义共用体变量之前，也必须先定义共用体类型。定义共用体类型的一般形式为：

```
union  共用体类型名
{
    数据类型    成员名;
    数据类型    成员名;
```

```
    …
};
```

例如：

```
union data
{
    int i;
    char ch;
    double f;
};
```

类似于结构体变量的定义，共用体变量的定义形式也分为 3 种。其中常用的一种方式是先定义共用体类型，然后定义共用体变量。定义的一般形式为：

union 共用体类型名 共用体变量名 1, 共用体变量名 2, …, 共用体变量名 n;

例如：

```
union data a1, a2;
```

其中，**union data** 是共用体类型的名字，a1 和 a2 才是共用体变量的名字。

另外，也可以在定义共用体的同时定义共用体变量。

注意

① 定义共用体数据类型，也需要定义各成员。共用体的各个成员刻画了相应共用体变量的内在组成形式，即每一共用体变量都具有这种共用体类型的结构。

② 共用体变量在内存中存放时，结构体变量的各个成员变量共用一段内存单元。因此，该内存单元中，在同一时刻只能存放其中一个成员变量的值。

9.3.2　共用体变量的引用

共用体变量的引用，引用的是共用体变量的成员。例如：

```
union data d;
d.i;
d.ch;
d.f;
```

注意

① 存储单元中，共用体变量的值是最后一次装入成员变量的值。例如，

```
d.i = 5;
d.ch = getchar ();
d.f = 3.14;
```

执行完上面的 3 个赋值语句，共用体变量的值是 3.14，而 d.i 和 d.ch 的值已经不存在，因为这些成员变量的存储空间已经被 d.f 所占用。

② 共用体变量只能为第一个变量初始化，即初值表中只能有一个值。例如，"union data d = { 1, 'a' };"是错误的。

【例 9.12】设有若干个师生的数据。学生数据包括姓名、学号、职业、班级；教师数据包括姓名、工号、性别、职业、职务。要求输入数据并输出。

分析：学生数据中的班级和教师数据中的职务类型不同，其他数据类型相同，因此可以通过共用体实现。

```c
/*程序功能：师生信息的输入与输出*/
# include <stdio.h>
struct
{
    int num;
    char name[10];
    char job;
    union
    {
        int class;
        char position[10];
    }category;
}person[2];

int main ()
{
    int i = 0;
    while ( i <= 1 )
    {
        printf ( "Input No. %d info.\n", i + 1 );
        scanf ( "%d %s %c", &person[i].num, &person[i].name, &person[i].job );
        if ( person[i].job == 'S' )
            scanf ( "%d", &person[i].category.class );
        else if ( person[i].job == 'T' )
            scanf ( "%s", &person[i].category.position );
        i = i +1;
    }
    printf ( "\n" );
    printf ( "No.    name              job    class/position\n" );
    i = 0;
    do
    {
        if ( person[i].job == 'T' )
            printf ( "%-6d%-15s%-5c%-6s\n", person[i].num, person[i].name,
                    person[i].job, person[i].category.position );
        else
```

```
        printf ( "%-6d%-15s%-5c%-6d\n", person[i].num, person[i].name,
                person[i].job, person[i].category.class );
        i = i + 1;
    }while ( i <= 1 );
    return 0;
}
```

程序运行结果为：

Input No. 1 info.
<u>101 Luhx T Prof.</u>✓
Input No.2 info.
<u>202 Wangrm S 2010</u>✓

No.	name	job	class/position
101	Luhx	T	Prof.
202	Wangrm	S	2010

共用体和结构体既有相似的地方（即都是由一些成员变量组成），又有本质区别：结构体的各个成员有独立的存储空间，并且是连续存放的。一个结构体变量所占空间的总长度等于各个成员所占存储单元的长度之和。而共用体的各个成员共享同一段存储单元，共用体变量的长度等于各个成员中最大存储单元的长度。

共用体、结构体和数组三者可以结合使用。例如，共用体的成员可为结构体，也可为数组；结构体的成员可为数组，也可为共用体；数组的元素可为结构体，也可为共用体。具体如何结合，由实际问题而定。

注意

一个共用体变量不能同时存放多个成员的值，而是只能存放其中的一个值，即最后赋予它的值。例如，以下赋值语句：

t1.x=6;t1.y='M';t1.z=3.4;

执行后，共用体变量 t1 中存放的有效值为 3.4。此时不能通过输出语句来输出 t1.x 的值 6 和 t1.y 的值'M'，只能输出 t1.z 的值 3.4。使用共用体成员参加运算时，一定要注意当前存放在共用体变量中的是哪个成员。

【例 9.13】分析以下程序的运行结果。

```
#include <stdio.h>
main()
{
    union
    {
        long    i;
        short   k;
        char    ch;
    }mix;
```

```
    mix.i=0x12345678;
    printf("mix.i = %lx\n",mix.i);
    printf("mix.k = %x\n",mix.k);
    printf("mix.ch = %x\n",mix.ch);
}
```

程序运行结果为：

mix.i = 12345678
mix.k = 5678
mix.ch = 78

共用体变量 mix 在内存中占 4 个字节，其中变量 i 为长整型，在内存中占 4 个字节，变量 k 占 2 个字节（低地址两个字节），变量 ch 占 1 个字节（低地址一个字节）。

9.4 知识扩展——枚举类型和自定义类型

9.4.1 枚举类型

所谓枚举，是指将变量的值一一列举出来，变量的值只能取其中之一。因此，如果一个变量只能有几种可能的值，则可以将其定义为枚举类型。

定义枚举类型的一般形式为：

enum 枚举名 { 枚举元素表 };

其中，enum 是表示枚举类型的关键字。

例如：

enum weekday{sun, mon, tue, wed, thu, fri, sat};

在这里，weekday 是枚举名，其后的集合中的各个枚举元素分别用一星期中 7 天的英文缩写表示。

可以用已定义的枚举类型来定义枚举变量。例如：

enum weekday workday1, workday2;

这时，workday1, workday2 被定义为枚举变量，其值只能取 sun～sat 之一。例如：

workday1=sun; workday2=wed;

都是合法的，而：

workday1=sunday; workday2=wed;

都是不合法的。

说明：

（1）在定义枚举类型时，枚举元素的名字是程序设计者指定的，如 sun, mon 等，命名规则与标识符相同。这些名字并无固定的含义，只是一个符号。在 C 编译中，对这些枚举元素按常量处理，也称枚举常量。它们不是变量，所以不能通过赋值来改变它们。例如，"sun=1;"是错误的。

（2）枚举常量的值是一些整数，C 语言编译按定义时的顺序使它们的值为 0，1，2，…。例如，在上面的定义中，sun 的值为 0，而 mon 的值为 1，以此类推。但在定义枚举类型时不能写成：

enum   weekday   { 0, 1 ,2, 3, 4, 5, 6 };

而必须用标识符。

可以在定义类型时改变枚举元素的值，例如：

enum weekday {sun=7, mon=1 ,tues, wednes, thurs, fri, satur};

定义 sun 值为 7，mon 值为 1，以后顺序加 1，satur 值为 6。

（3）枚举常量的值可以赋给枚举变量，但不能将一个整数直接赋给枚举变量，例如：

workday2=wed;

则 workday2 变量的值为 3，且该值可以输出。例如：

printf("%d\n",workday2);

其输出结果为 3。但"workday2=3;"是错误的，因为它们属于不同的类型。

（4）枚举常量的值可以进行判断比较。例如：

if(workday1==sun)   printf("Sunday!\n");
if(workday2!=sun)   printf("it is not Sunday!\n");

它们是按所代表的整数值进行比较的。

【例 9.14】在下列程序段中，枚举变量 c1 和 c2 的值分别是（　　　）和（　　　）。

```
main()
{
    enum color {red,yellow,blue=4,green,white} c1, c2;
    c1=yellow;
    c2=white;
    printf("%d,%d\n", c1, c2);
}
```

A. 1　　　　　　　　B. 3　　　　　　　　C. 5　　　　　　　　D. 6

分析：可以在定义类型时改变枚举元素的值，根据指定的值，以后的值顺序加 1。在本例题中，按顺序 red 取值 0，yellow 取值 1，blue 取指定的值 4，green 则顺序加 1 取值 5，white 取值 6。

因此，本题的正确答案为：c1 的值为 1；c2 的值为 6。

9.4.2　自定义类型

在以前使用的类型名中，除结构体类型、共用体类型和枚举类型名是由用户自己指定以外，其他类型名都是由系统定义好的标准名字，如 int, char 等。在 C 语言中，还可以在程序中通过 typedef 来定义新的类型名来代替已有的类型名。

定义新类型名的一般形式为：

typedef　类型名　标识符;

其中，"类型名"必须是已经定义的类型标识符；而"标识符"是由用户自己定义的新类型名。typedef 语句仅仅是用"标识符"来代表已存在的"类型名"，并未产生新的数据类型，且原有的类型名依然有效。

例如：

typedef　int　INTEGER;

将原来的标准类型 int 定义为新的类型名 INTEGER，在此定义之后，即可以用新的类型名 INTEGER 来定义整型变量。例如：

INTEGER　m, n;

等价于：

int　m, n;

在结构体、共用体和枚举的变量定义中，必须加上 struct, union, enum 关键字，例如：

```
struct date
{   int month;
    int day;
    int year;
};
```

用 typedef 语句可以简化结构体类型名的使用。例如：

```
type struct date
{   int month;
    int day;
    int year;
} DATE;
```

产生新类型名 DATE，可用它定义变量：

DATE　birthday;

由此可知，定义一个新的类型名的基本步骤为：

（1）按通常定义变量的方法写出定义体。例如：

int　m;

（2）将变量名替换成新的类型名。例如：

int　INTEGER;

（3）在最前面加上关键字 typedef。例如：

typedef　int　INTEGER;

（4）用新的类型名定义变量。例如：

INTEGER　m, n;

习惯上常把用 typedef 定义的类型名用大写字母表示，以便与系统的标准类型名相区别。
说明：

（1）用 typedef 可以定义各种新的类型名，但不能用来定义变量。例如，用 typedef 定义出数组类型、字符串类型、指针类型等，可使这些类型的使用更加方便。例如：

char　a[10] , b[10], c[10], d[10];

定义了 4 个字符串，长度都相同，如果先将此字符串类型定义为一个名字，如：

typedef　char　STR[10];

则可将原先的字符串定义改写为：

STR　a, b, c, d;

（2）当不同源文件中用到同一类型数据（尤其是像数组、指针、结构体、共用体等类型数据）时，常用 typedef 定义一些数据类型，把它们单独放在一个文件中，然后在需要时用#include 命令包含进来。

（3）使用 typedef 有利于程序的通用和移植。

【例 9.15】下列说明正确的是（　　）。

A．typedef　int　INTEG;　INTEG　n, m;

B．typedef　int　char;　char　n, m;

C．typedef　m[4]　ARRAY;　ARRAY　n, m;

D．以上都是错误的

很显然，本题的正确答案为 A。

【例 9.16】以下程序的输出结果为（　　）。

```
typedef   union
{
    long    x[2];
    int     y[4];
    char    z[8];
} TRY;
TRY   try;
main()
{   printf("%d\n", sizeof(try));   }
```

A．32　　　　　B．16　　　　　C．8　　　　　D．4

分析：此题中定义的为一共用体类型变量 try，其在内存中的存储长度等于其成员中所占存储长度最长的那一个。因此，本题的正确答案为 C。

9.5　本章小结

结构体类型、共用体类型和枚举类型都属于 C 语言中的构造类型，它们在定义时分别用到关键字 struct，union 和 enum。它们是编写复杂程序时常用的数据类型，也是学习 C 语言的重点和难点之一。

（1）结构体和共用体都定义了若干个可以具有不同类型的成员，但其表示的含义及存储方式是完全不同的。

（2）结构体类型说明定义了结构体的结构，不分配存储空间；而结构体变量定义要分配内存空间，其空间的大小由成员共同决定。

（3）共用体可以看做是一种特殊形式的结构体，其变量所占内存空间的大小取决于其成员中占用内存空间最大的那个成员；在任何时候只能有一个共用体成员占据共用体变量空间，即在给共用体变量的成员赋值时，某一时间内只能给一个成员赋值。

（4）枚举类型是 C 语言提供的一种数据类型，其类型说明和变量定义类似于结构体。差别是枚举常量间用逗号分隔，枚举常量的值一般依说明的顺序从 0 开始递增，若某个枚举常量有初始化赋值，则其后的值依次递增。

（5）在 ANSI C 标准中，允许用结构体变量作函数参数进行整体传递，但是这种传递要将结构体变量的全部成员逐个传递，特别是当某成员为数组时将会使传递的时间和空间开销很大。因此最好的办法是使用指针，即用指针变量作函数参数进行传递，由于只传递结构体变量的地址，从而有效减少了时间和空间的开销。

9.6　习　　题

一、单项选择题

1．若有以下定义：

```
struct    stru
{
    int    a, b;
    char    c[6];
}test;
```

在基于 16 位的编译系统（如 Turbo C 2.0）中，sizeof(struct　test)的值是（　　　）。

A．2　　　　　B．8　　　　　C．5　　　　　D．10

2．下列说法正确的是（　　　）。

  A．结构体的每个成员的数据类型必须是基本数据类型

  B．结构体的每个成员的数据类型都相同，这一点与数组一样

  C．结构体定义时，其成员的数据类型不能是结构体本身

  D．以上说法均不正确

3．若有以下结构体定义，则（　　　）是正确的引用或定义。

```
struct   exam
{
    int   x;
    int   y;
}va1;
```

  A．exam.x=10   B．exam va2;va2.x=10;

  C．struct va2; va2.x=10;   D．struct exam va2={10};

4．若有以下说明：

```
struct   person
{
    char   name[10];
    int    age;
    char   sex;
} x={"lining",20, 'm'},*p=&x;
```

则对字符串"lining"的引用方式不可以是（　　　）。

  A．(*p).name   B．p.name   C．x.name   D．p->name

5．设有如下定义：

```
struct   stru
{
    int   x;
    int   y;
};
struct   st
{
    int   x;
    float   y;
    struct   stru   *p;
} st1,*p1;
```

若有 p1=&st1,则以下引用正确的是（　　　）。

  A．(*p1).p.x   B．(*p1)->p.a   C．p1->p->x   D．p1.p->a

6．已知下列共用体定义：

```
union   un
{
    int    i;
```

```
        char    ch;
}temp;
```

执行"temp.i=266;"后，temp.ch 的值为（　　）。

    A．266　　　　　　B．256　　　　　　C．10　　　　　　　　D．1

7．如果已定义了如下的共用体类型变量 x，在基于 16 位的编译系统（如 Turbo C 2.0）中，其所占用的内存字节数为（　　）。

```
union   data
{  int   a;
   char   b;
   double   c
} x;
```

    A．7　　　　　　　B．11　　　　　　　C．8　　　　　　D．10

二、编程题

1．创建一个学籍管理结构体，包含学号、姓名、性别、住址、电话等信息，从键盘输入 5 个学生的学籍并输出。

2．编写程序，从键盘输入 10 本书的名称和定价，保存在结构体数组中，从中查找出定价最高和最低的书的名称和定价，并打印出来。

3．定义一个结构体变量，包含年、月、日信息，判断今天是本年中的第几天。

4．定义一个平面上点的结构体，再定义一个求解平面上两点间距离的函数。通过调用该函数，计算任意两点之间的距离。

5．已知 3 个学生的学号、姓名、性别及年龄，要求通过直接赋值的方式将数据赋给某结构体变量，然后输出该结构体变量的值。

第10章
项目中文件的应用

在前面的章节中，我们学习了结构体这种构造数据类型，它主要是为了存储复杂的数据。在第9章中，通过学生信息管理系统来实现对批量数据的处理，但这些批量数据只能在程序执行时占据内存，程序结束后即从内存消失。那么添加学生信息等操作每次都要重新执行。如何将数据永久保存起来，即将输入/输出的数据以磁盘文件的形式存储起来，这是本章需要解决的问题。

本章将结合学生信息管理系统项目中学生信息的存储和重载，学习文件的概念、分类、文件指针和文件操作等相关知识。

学习目标

➢ 理解和掌握文件的概念、文件的打开、文件的关闭
➢ 理解和掌握文件的读写操作

10.1　任务二　项目中数据的存储

一、任务描述

在主函数中，通过 InputStu()函数添加学生信息，添加完成后，应将学生信息保存在磁盘文件中。在浏览、删除等操作中，首先将数据读入到结构体数组中，对结构体数组进行操作后，再将其中的数据保存到文件中。该任务将用 SaveStu()函数将结构体数组存入到 list.dat 文件中，用 LoadStu()函数实现将 list.dat 文件中的数据导入到结构体数组中。

二、知识要点

本任务涉及的新知识点主要有文件的打开、读写、关闭等操作。

三、任务分析

在实现学生信息的处理和保存过程中，可以分别用 LoadStu()和 SaveStu()函数实现读取和存储。该项目中虽然定义了能够处理的最大学生数 N，但是由于从文件中读取或者通过函数 InputStu()输入的学生数量是不定的，所以在 LoadStu()、InputStu()函数中均要统计读取或输入的学生数量。在调用 SaveStu()函数进行数据保存时，也要将数组元素的个数作为实参传入，以确定要保存的数组元素个数。考虑到数据分多次输入的情况，SaveStu()可采用追加和覆盖两种方式写入文件。

由于要对学生信息数组 stu[]和学生实际人数同时进行传递，因此在函数的参数定义中采用结构体数组和指针，如 void　LoadStu(struct student stu[],int *stu_number);，这样可以使学生信息结构体数组 stu[]和学生人数 stu_number 在各个函数之间进行传递。

四、具体实现

各函数的定义分别如下。

1. 学生信息的读取函数

```c
void   LoadStu(struct student stu[],int *stu_number)
{

    FILE *fp;
    int i=0;
    if((fp=fopen("list.dat","rb"))==NULL)
    {
        printf("不能打开文件\n");
        return ;
    }
```

```
        while(fread(&stu[i],sizeof(struct student),1,fp)==1 && i<N)
            i++;
        *stu_number=i;                          //重置学生记录个数
        if (feof(fp))
         fclose(fp);
        else
        {
            printf("文件读错误");
            fclose(fp);
        }
        return ;
    }
```

2. 学生信息的保存函数

```
void SaveStu(struct student stu[],int count,int flag)
{
    FILE *fp;
    int   i;
    if((fp=flag?fopen("list.dat","ab"):fopen("list.dat","wb"))==NULL)
    {
        printf("不能打开文件\n");
        return;
    }
    for(i=0;i<count;i++)
        if(fwrite(&stu[i],sizeof(struct student),1,fp)!=1)
            printf("文件写错误\n");
    fclose(fp);
}
```

3. 增加学生记录函数

```
void InputStu(struct student stu[],int *stu_number)
{
    char ch='y';
    int count=0;
    while((ch=='y')||(ch=='Y'))
    {
        system("cls");
        printf("\n\t\t 增加学生记录 \n");
        printf("\n\n\t\t 请输入学生信息\n");
        printf("\n 学号：");        scanf("%d",&stu[count].no);
        printf("\n 姓名：");        scanf("%s",&stu[count].name);
        printf("\n 性别：");        scanf("\n%c",&stu[count].sex);
        printf("\n 语文成绩：") scanf("%3d",&stu[count].score[0]);
        printf("\n 数学成绩：");scanf("%3d",&stu[count].score[1]);
        printf("\n 英语成绩："); scanf("%3d",&stu[count].score[2]);
        stu[count].sum=stu[count].score[0]+stu[count].score[1]+stu[count].score[2];
        stu[count].average=stu[count].sum/3.0;
        printf("\n\n\t\t 是否输入下一个学生信息?(y/n)");
        scanf("\n%c",&ch);
        count++;
```

```
        }
        *stu_number=*stu_number+count;
        SaveStu(stu,count,1);            //参数 1 表示以追加方式写入文件
        return;
    }
```

程序说明：

（1）在程序第一次执行时，应首先进行学生信息的添加，即调用 InputStu()函数添加学生记录，并将输入的学生信息数据和统计的学生人数通过调用 SaveStu()函数保存到 list.dat 文件中。浏览、删除等函数执行时均调用 LoadStu()函数读取学生信息数据，处理完后，若学生信息发生了改变，则重新写入文件。为区分是添加信息还是重新保存，在 SaveStu()函数的形参中，构造了一个 flag 标志变量，若 flag=1，则添加信息并追加到数据文件中；若 flag=0，则将学生的信息重新以覆盖方式保存到数据文件中。学完本章后，应该将 SaveStu()函数的内容补充到相应的函数中去。相关的内容见附录 V 的完整程序。

（2）在 LoadStu()函数中，要将学生信息读入到结构体数组中，学生人数在 InputStu()和 DeleteStu()函数中会有变化。为了使数据更安全，在程序中没有使用全局变量来定义学生的人数，而是通过指针变量 stu_number 来存储学生的人数，使用指针变量是按地址传递数据，其目的是使形参（学生的人数）的变化影响实参（学生的人数）。

五、要点总结

在学生信息管理系统中，使用文件的目的是将数据保存到磁盘中。在整个项目中，何时导入数据、何时保存数据，需要全面考虑，函数中参数的作用及传递各不相同，这些内容要结合结构体及指针的相关知识来理解。

10.2　理论知识

10.2.1　文件的基本概念

1. 文件的概念

文件是指存储在外部介质上的数据的集合。数据是以文件的形式存放在外部介质上的，并通过文件名来识别。操作系统以文件为基本单位对数据进行管理，每个文件都有一个唯一的名称，操作系统通过不同的文件名来区分不同的数据集合。程序也可以通过文件操作存取数据，因此文件的输入/输出是文件最基本的操作。

C 语言把文件看做是一个字符（字节）的序列，即文件由一个个字符（字节）的数据顺序组成。按照不同的角度，文件可分为不同的类别。从用户角度看，文件分为普通文件和设备文件；从文件内部的编码方式看，文件分为 ASCII 文件和二进制文件。

（1）文件名

文件名是文件的唯一标识。文件名的一般结构为：

主文件名.扩展名

其中，扩展名一般用于判断文件的类型，有时可以省略。

文件名还可以附加磁盘目录的路径信息。例如：

c:\program\turboc2\test.c

（2）普通文件和设备文件

普通文件是指存储在磁盘等外部介质上的、有序的数据集合。普通文件可以是源程序文件、目标文件、可执行文件，也可以是一组待输入处理的原始数据或一组处理后输出的数据。

设备文件是指与主机相连的各种外部设备，如显示器、鼠标、打印机、键盘等。在操作系统中，把外部设备也作为文件来处理，把它们的输入与输出等同于磁盘文件的读和写。一般地，显示器定义为标准的输出文件，键盘则定义为标准的输入文件。

（3）ASCII 文件和二进制文件

ASCII 文件也称为文本文件，其扩展名一般为.txt。这种文件的每个字符都对应一个字节，用于存放相应字符的 ASCII 码，即存放字符的存储形式的编码。例如，整数 12345 在 ASCII 文件中的存储形式为：

00110001	00110010	00110011	00110100	00110101

共占用 5 个字节。

ASCII 文件可以在屏幕上按字符形式显示。C 程序的源文件就是 ASCII 文件。

二进制文件也称为二进制码文件。它把数据按二进制编码方式存放在文件中。例如，整数 12345 在二进制文件中表示为：

00110000	00111001

只占用 2 个字节。

二进制文件不易于阅读。

（4）流文件

C 程序对文件操作时，并不区分文件的类别。无论是普通文件还是设备文件，抑或是 ASCII 码文件和二进制文件，C 程序一律将其看成字节流，以字节（每个字节可能是一个字符，也可能是一个二进制代码）为单位进行处理。处理字节流时，输入/输出的开始和结束都由程序控制，不受物理符号（如回车符）的影响。

按这种方式操作的文件称为流文件。这种方式有别于其他高级语言（如 PASCAL）程序的操作方式。

（5）文件指针

处理文件时，系统按照 FILE 结构体类型为每个文件分配一个存储区域，用于存放文件的有关数据信息，如文件名、文件的状态、文件的当前位置等。结构体 FILE 的类型是由系统定义的，该数据类型的定义位于头文件 stdio.h 中。

C 程序中，定义 FILE 结构体类型的指针变量（简称为文件指针）来指向具体的文件。

例如：

FILE * fp;

则 fp 可以用来指向具体的文件。

（6）几个常量

ANSI C 中，引进几个常量来标识文件的处理状态，常用的有 EOF 和 NULL。它们也在 stdio.h 中进行了说明。

　　☑　EOF，值为-1，一般表示文件结束或处理文件时出错。

　　☑　NULL，值为 0，一般表示打开文件失败。

2．文件操作过程

在 C 语言中，对文件的操作有以下 3 个步骤：

（1）建立或打开文件。

（2）从文件中读取数据或向文件中写入数据。

（3）关闭文件。

打开文件是将指定文件与程序联系起来，为文件的读写操作做好准备。从文件中读取数据，就是从指定文件中取数据，存入程序在内存的数据区域（如变量或数组）中。向文件中写数据，就是将程序的输出结果存入指定的文件中，即文件名所对应的外存储器上的存储区中。关闭文件是取消程序与指定文件之间的联系，表示文件操作结束。

3．文件指针

在 C 语言中，对文件的访问是通过文件指针来实现的。

在 C 语言中用一个指针变量指向一个文件，该指针称为文件指针。通过文件指针可以对它所指向的文件进行各种操作。

定义文件指针的一般形式为：

FILE *指针变量标识符;

其中，FILE 应为大写，它实际上是由系统定义的一个结构，该结构中包含文件名、文件状态和文件当前位置等信息。用户不必关心 FILE 结构的细节。例如：

FILE　*fp;

表示 fp 是指向 FILE 结构的指针变量，通过 fp 即可找到存放某个文件信息的结构变量，然后按结构变量提供的信息找到该文件，实现对文件的操作。习惯上把 fp 称为指向一个文件的指针。

10.2.2　文件的打开和关闭

文件处理就是对文件进行读写操作，在对文件读写之前，必须先打开该文件，读写后，一定要关闭该文件。

1．文件的打开（fopen()函数）

ANSI C 使用 fopen()函数来打开一个文件。其调用的一般形式为：

FILE *文件指针名;
文件指针名 = fopen (文件名，文件使用方式);

其中，"文件指针名"必须是被说明为 FILE 类型的指针变量；"文件名"是将被操作文件的文件名，可以用字符串常量或字符串数组表示；"文件使用方式"是指对文件操作的类型。

例如：

FILE *fp;
fp = fopen ("test.c", "r");

表示在当前路径下打开文件 test.c，只允许进行读操作，并使 fp 指向该文件。

文件的使用方式共有 12 种，如表 10-1 所示。

表 10-1　文件的使用方式

文件使用方式	作　　用	含　　义
"rt"	只读	打开一个文本文件，只允许读数据
"wt"	只写	打开或建立一个文本文件，只允许写数据
"at"	添加	打开一个文本文件，并在文件末尾写数据
"rb"	只读	打开一个二进制文件，只允许读数据
"wb"	只写	打开或建立一个二进制文件，只允许写数据
"ab"	添加	打开一个二进制文件，并在文件末尾写数据
"rt+"	读写	打开一个文本文件，允许读和写
"wt+"	读写	打开或建立一个文本文件，允许读和写
"at+"	读写	打开一个文本文件，允许读或在文件末尾添加数据
"rb+"	读写	打开一个二进制文件，允许读和写
"wb+"	读写	打开或建立一个二进制文件，允许读和写
"ab+"	读写	打开一个二进制文件，允许读或在文件末尾添加数据

（1）文件使用方式由 r，w，a，t，b，+等 6 个字符组成。各字符的含义如下：

☑　r（read）：读。
☑　w（write）：写。
☑　a（append）：添加。
☑　t（text）：文本文件，可省略不写。
☑　b（banary）：二进制文件。
☑　+：读和写。

（2）用"r"方式打开一个文件时，该文件必须是已经存在的。使用时，只能从该文件读出数据。

（3）用"w"方式打开文件时，若打开的文件不存在，则以指定的文件名创建一个文件；

若打开的文件已经存在，则将该文件删除，重建一个新文件。打开文件后，只能向其写入。

（4）若要向一个已存在的文件附加新的信息，只能用"a"方式打开文件。该文件也必须是事先存在的，否则将会出错。

（5）在打开一个文件时，如果出错，fopen()将返回一个 NULL 值。在程序中，可以根据这一信息来判别是否完成了打开文件的工作，并做相应的处理。因此，常用以下程序段打开文件。

```
if ( ( fp = fopen ( "c:\\tc\\file.txt","r" ) ) == NULL )
{
    printf ( "\nerror on open this file!" );
    exit ( 0 );
}
```

这段程序的意义是，如果 fopen()返回的值为 NULL，表示不能打开 c:\\tc 路径下的文件 file.txt。此时，给出提示信息 "error on open this file!"。exit (0)的作用是关闭所有文件，退出程序。

（6）如果文件名（路径）中出现反斜线，则需要用两个反斜线 "\\" 表示。其中，第一个反斜线表示转义字符，第二个表示路径结构。

（7）表示文件使用方式的 6 个字符，结合使用时不区分前后次序。例如，"rb"等价于"br"。

【例 10.1】编写一个程序，打开文件 list.dat 用于读操作。

```
#include <stdio.h>
#include <stdlib.h>
main()
{
    FILE    *fp;
    if((fp=fopen("list.dat","rb"))==NULL)
    {
        printf("Can not open this file\n");
        exit(0);                        //退出
    }
}
```

该程序中只包括一个 if 语句，这是在程序中常用的打开文件的方法。即执行 fopen()函数时，如果顺利打开，就使 fp 指向该文件；如果打开失败，则 fp 的值为 NULL，此时输出信息 "不能打开此文件"，然后执行 exit(0)退出。

2. 文件的关闭（fclose()函数）

文件使用完毕后，应当及时使用文件关闭函数把该文件关闭，从而避免文件的数据丢失等。ANSI C 中使用 fclose()函数来关闭文件，其调用的一般形式为：

fclose (文件指针);

例如：

fclose (fp);

若打开文件时，把指针值赋给了 fp，现在通过 fclose()函数关闭了该文件，则执行该命令后，fp 将不再指向该文件。

其中 fp 是已定义过的文件指针变量。该函数关闭此指针指向的文件，并在关闭前清除与该文件有关的所有缓冲区，这样，原来的指针变量不再指向该文件，此后不能再通过该指针对其相连的文件进行读写操作。除非再次打开，使该指针变量重新指向该文件。fclose()函数执行成功，即顺利完成关闭时，返回值为 0；否则，返回一个非 0 值。其返回值可以用 ferror()函数来测试。

应该在程序终止之前关闭所有使用的文件，否则可能使数据丢失。

10.2.3　文件的顺序读写

文件的读写有两种方式：顺序读写和随机读写。文件中有一个读写位置指针，它指向当前读或写的位置。顺序读写是指从文件开头逐个数据读写，每读或写完一个数据后，该位置指针就自动移到它后面一个位置，所以每次读写一个字符（字节）后，接着读写其后续的字符（字节）。而随机读写是指读写上一个字符（字节）后，并不一定要读写其后续的字符（字节），而可以读写文件中任意所需的字符（字节）。

本节首先介绍常用的读写函数，其中所用实例均采用顺序读写方式。文件的随机读写将在 10.2.4 节介绍。

在 C 语言中，提供了多种文件读写函数，介绍如下。

☑　字符读写函数：fgetc()和 fputc()。

☑　字符串读写函数：fgets()和 fputs()。

☑　格式化读写函数：fscanf()和 fprintf()。

☑　读写数据块函数：fread()和 fwrite()。

以上函数均采用顺序读写方式。

1．字符读写函数 fgetc()和 fputc()

（1）写字符函数 fputc()

fputc()函数的功能是把一个字符写到磁盘文件上。其一般形式如下：

fputc(ch,fp);

其中，fp 是在文件打开时已定义的文件指针变量，ch 是要写的字符。该函数的作用是将字符 ch 输出到 fp 所指向的文件中去。函数执行成功时返回被输出的字符；否则返回 EOF（EOF 是在 stdio.h 头文件中定义的符号常量，其值为-1）。

【例 10.2】从键盘输入一行字符，把它们逐个送到磁盘文件 data.txt 中，直到遇到"#"为止。

```
#include <stdio.h>
#include <stdlib.h>
main()
```

```
{
    FILE *fp;
    char ch;
    if((fp=fopen("data.txt","w"))==NULL)
    {
        printf("can not open file\n");
        exit(0);
    }
    while((ch=getchar())!='#')
        fputc(ch,fp);
    fclose(fp);
}
```

程序运行情况如下：

<u>Good morning</u>↙
<u>ok#</u>↙

这些字符将被写到文件 file1.txt 中。

为了验证字符是否真的写到了文件 file1.txt 中，可使用 Windows 的记事本打开，或用 TYPE 命令：

C:\>TYPE　<u>file1.txt</u>↙
Good morning
ok

（2）读字符函数 fgetc()

fgetc()函数的功能是从磁盘文件读取一个字符。其一般形式如下：

ch=fgetc(fp);

其中，fp 是已定义的文件指针变量。该函数从 fp 指向的文件中读取一个字符并将它保存在变量 ch 中。如果读到文件末尾或出错时，该函数返回文件结束标志 EOF。

【例 10.3】把由例 10.2 创建的文件内容顺序读入内存，并显示在屏幕上。

```
#include <stdio.h>
#include <stdlib.h>
main()
{
    FILE *fp;
    char ch;
    if((fp=fopen("data.txt","r"))==NULL)
    {
        printf("can not open file\n");
        exit(0);
    }
    ch=fgetc(fp);
    while(ch!=EOF)                          //是否读到文件尾
    {
```

```
        putchar(ch);
        ch=fgetc(fp);
    }
    fclose(fp);
}
```

程序运行结果为：

Good morning
Ok

应该指出，EOF 仅能作为文本文件的结束标志。因为在文本文件中，数据都以它们的 ASCII 码值存放，而 ASCII 码都是正值，不可能出现-1，所以 EOF 定义为-1 是合适的。但对于二进制文件，其数据的存储形式与其在内存中的存储形式相同，某一个字节中的数据值有可能是-1。如果再用 EOF 作为判别文件是否到文件尾的标志，则会把有用数据处理为"文件结束"。为了解决该问题，常用 feof(fp)函数来测试 fp 所指向文件的当前状态是否为文件结束。如果是，该函数返回值为 1；否则为 0。feof()函数既适用于二进制文件，也适用于文本文件。

2. 字符串读写函数 fgets()和 fputs()

对一个字符串可以整体处理。用 fgets()函数从文件中读取一个字符串，用 fputs()函数向文件写入字符串。

（1）写字符串函数 fputs()

fputs()函数的一般形式为：

fputs(str,fp);

其中，str 可以是一个字符数组的名字、字符指针变量或字符串常量；fp 是已定义过的指针变量。该函数表示把 str 表示的字符串写入到由 fp 指向的文件中（不写字符串结束符 '\0'）。函数执行成功时返回 0，失败时返回非 0 值。

【例 10.4】从键盘输入若干行字符，把它们写到磁盘文件上保存。

```
#include <stdio.h>
#include <stdlib.h>
#include <string.h>
main()
{
    FILE *fp;
    char string[81];
    if((fp=fopen("test.txt","w"))==NULL)
    {
        printf("can not open file\n");
        exit(0);
    }
    while(strlen(gets(string))>0)
    {
```

```
        fputs(string,fp);
        fputs("\n",fp);
    }
    fclose(fp);
}
```

程序运行情况如下：

<u>Good morning</u>↙
<u>How are you</u>↙
<u>OK</u>↙
↙　　　　　　　（此行只输入一个回车符）

运行时，每输入一行字符后按 Enter 键。输入的字符串先送到 string 字符数组，再用 fputs() 函数把此字符串送到 file2.txt 文件中。由于 fputs() 函数不会自动在输出一个字符串后换行，所以必须单独用一个 fputs() 函数输出一个'\n'，以便以后从文件中读取数据时能区分开各个字符串。输入完所有字符串后，在最后一行的开头输入一个回车符，此时字符串长度为 0，结束循环。

（2）读字符串函数 fgets()

fgets() 函数的一般形式为：

fgets(str,n,fp);

其中，fp 是已定义过的文件指针变量。该函数表示从 fp 指向的文件中读取 n-1 个字符，并将其保存在 str 指定的内存单元中。函数执行成功时返回 0，失败时返回非 0 值。

【例 10.5】从磁盘文件 test.txt（例 10.4 建立）中读取字符串，并在屏幕上显示出来。

```
#include <stdio.h>
#include <stdlib.h>
#include <string.h>
main()
{
    FILE *fp;
    char string[81];
    if((fp=fopen("test.txt","r"))==NULL)
    {
        printf("can not open file\n");
        exit(0);
    }
    while(fgets(string,81,fp)!=NULL)
        printf("%s",string);
    fclose(fp);
}
```

程序运行结果为：

Good morning
How are you
OK

注意

① 使用 fgets()函数时，在读取 n-1 个字符之前，如果遇到了换行符或 EOF，则将终止读取过程。

② fgets()函数也有返回值。当成功读取字符时，其返回值是字符数组的首地址；若读取失败，其返回值为 NULL。

③ 在屏幕输出从文件读取的字符串时，printf()函数的格式转换符为"%s"，其后面没有"\n"。原因是 fgets()函数读入的字符串中已包含换行符"\n"。

3. 格式化读写函数 fscanf()和 fprintf()

fscanf()、fprintf()函数与 scanf()、printf()函数作用相似，都是格式化读写函数，只是读写对象不同，前者是对磁盘文件的读写，后者则是对终端设备的读写。

（1）格式化写函数 fprintf()

fprintf()函数的一般形式为：

fprintf(文件指针，格式字符串，输出表列);

其功能是把格式化的数据写入由文件指针指向的文件中。格式化参数的用法与 printf()函数相同。

【例 10.6】编写一个程序，将学生的姓名和成绩存储在二进制文件 stu 中。

```
#include <stdio.h>
#include <stdlib.h>
main()
{
    FILE *fp;
    char name[5][20]={ "zhang","zhao","ma","sun","wang"};
    int score[5]={78,80,67,93,88};
    int i;
    if((fp=fopen("stu","wb"))==NULL)
    {
        printf("Can not open this file!");
        exit(0);
    }
    for(i=0;i<5;i++)
        fprintf(fp,"%8s%3d ",name[i],score[i]);
    fclose(fp);
}
```

（2）格式化读函数 fscanf()

fscanf()函数的一般格式为：

fscanf(文件指针，格式字符串，输入表列);

其功能是从文件指针指向的文件中读取格式化的数据。格式化参数的用法与 scanf()函数相同。

【例 10.7】编写一个程序，读取例 10.6 所建立的 stu 文件。

```
#include <stdio.h>
#include <stdlib.h>
main()
{
    FILE *fp;
    char name[10];
    int score,i;
    if((fp=fopen("stu","rb"))==NULL)
    {
        printf("Can not open this file!");
        exit(0);
    }
    printf("name         score\n");
    printf("----------------------\n");
    for(i=0;i<5;i++)
    {
        fscanf(fp,"%s%d",name,&score);
        printf("%8s    %5d\n",name,score);
    }
    fclose(fp);
}
```

程序运行结果为：

```
name         score
---------------------------
zhang        78
zhao         80
ma           67
sun          93
wang         88
```

4. 读写数据块函数 fread()和 fwrite()

C 语言允许按数据块（即按记录）来读写文件，这种方式能方便地对程序中的数组、结构体数据进行整体处理。C 语言用 fread()和 fwrite()函数按数据块读写文件。

（1）写数据块函数 fwrite()

fwrite()函数的一般形式为：

fwrite(buffer,size,count,fp);

其中，buffer 是一指针量，表示写数据在内存中存放的起始地址；size 表示要写数据的字节数据；count 表示写多少个 size 字节的数据项；fp 表示已定义的指针变量。

如果 fwrite()调用成功，则函数返回值为 count 的值，即读写完整数据项的个数；否则返回值为-1。

【例 10.8】将 3 个学生的信息写入到 list.dat 文件中。

```
#define N    3
#include <stdio.h>
#include <stdlib.h>
main()
{
    FILE *fp;
    int i;
    struct    student
    {
        int    no;
        char    name[20];
        char    sex;
        int score[3];
    }stu[N]={{1,"wang",'M',67,89,65},{2,"zhao",'F',84,72,89},{3,"zhang",'M',65,88,89}};
    if((fp=fopen("list.dat","wb"))==NULL)
    {
        printf("Can not open this file!");
        exit(0);
    }
    for(i=0;i<N;i++)
        fwrite(&stu[i],sizeof(struct student),3,fp);
    fclose(fp);
}
```

（2）读数据块函数 fread()

fread()函数的一般格式为：

fread(buffer,size,count,fp);

其中，buffer 是一指针量，表示读数据在内存中存放的起始地址；size 表示要读数据的字节数据；count 表示写多少个 size 字节的数据项；fp 表示已定义的指针变量。

如果 fread()或 fwrite()函数调用成功，则函数返回值为 count 的值，即读写完整数据项的个数；否则返回值为-1。

例如：

fread(arr,4,2,fp);

其中，arr 是一个实型数组名。该函数表示从 fp 指向的文件中读取 2 次（每次 4 个字节，即一个实数）数据，存储到数组 arr[]中。

【例 10.9】将例 10.8 建立的 list.dat 文件中的数据读入到 3 个学生的信息中并显示。

```
#define N    3
#include <stdio.h>
#include <stdlib.h>
main()
{
FILE *fp;
struct    student
```

```
    {
        int    no;
        char    name[20];
        char    sex;
        int score[3];
    }stu[N];
int i;
if((fp=fopen("list.dat","rb"))==NULL)
{
    printf("Can not open this file!");
    exit(0);
}
for(i=0;i<N;i++)
    fread(&stu[i],sizeof(struct student),1,fp);
for(i=0;i<N;i++)
    printf("%d,%s,%c,%d,%d,%d\n",stu[i].no,stu[i].name,stu[i]
.sex,stu[i].score[0],stu[i].score[1],stu[i].score[2]);
fclose(fp);
}
```

程序运行结果为：

1,wang,M,67,89,65
2,zhao,F,84,72,89
3,zhang,M,65,88,89

10.2.4　文件的定位及随机读写

前面介绍的对文件的读写都是顺序读写，即从文件的开头逐个数据读或写。有时会希望能直接读到某一数据项，而不是按物理顺序逐个读下来。这种可任意指定读写位置的操作称为随机读写。可以设想，只要强制移动位置指针指向所需地方，就能实现随机读写。

1. 文件的定位

（1）rewind()函数

rewind()函数的作用是使位置指针重新返回到文件的开头处。rewind()函数的一般形式如下：

rewind(fp);

其中，fp 是已定义过的文件指针变量。此函数没有返回值。当对某个文件进行多次处理时，由于每次处理都会使位置指针离开文件开头，所以在进行下次处理之前，常常用rewind()函数使其位置指针重新指向文件开头。

（2）ftell()函数

ftell()函数的作用是获取位置指针的当前位置，用相对于文件开头的位移量来表示。ftell()函数的一般形式如下：

ftell(fp);

其中，fp 是已定义过的文件指针变量。由于文件中的位置指针经常移动，用户往往不容易辨清当前位置，用 ftell()函数即可以得到位置指针的当前位置。操作出错时返回-1L。例如：

```
i=ftell(fp);
if(i==-1L)
    printf("error\n");
```

用变量 i 保存位置指针的当前位置，调用函数出错（如文件不存在）时，则输出 error。

（3）fseek()函数

fseek()函数的作用是使位置指针移动到所需的位置。fseek()函数的一般形式如下：

fseek(文件类型指针，位移量，起始点);

其中，"起始点"表示进行移动的基准，必须是以下值之一：

☑   0（或 SEEK_SET）：代表文件开头
☑   1（或 SEEK_CUR）：代表位置指针的当前位置
☑   2（或 SEEK_END）：代表文件末尾

"位移量"是指以"起始点"为基点移动的字节数。如果其值为正，表示向前移，即从文件开头向文件末尾移动；如果为负，表示向后移，即由文件末尾向文件开头移动。位移量应为 long 型数据，这样当文件长度很长时（如大于 64KB）不致出错。例如：

```
fseek(fp,15L,0);                        //将位置指针从文件开头前移 15 个字节
fseek(fp,-20L,1);                       //将位置指针从当前位置向后移 20 个字节
fseek(fp,60L,2);                        //将位置指针从文件末尾前移 60 个字节
```

fseek()函数执行成功返回值为 0，否则返回一个非 0 值。fseek()函数一般用于二进制文件。因为文本要发生字符转换，计算位置时往往会发生混乱。

2．文件的随机读写

利用 fseek()函数，可以实现文件的随机读写。fseek()函数可以按偏移量来移动文件的内部位置指针。函数调用的一般形式为：

fseek (文件指针，位移量，起始点);

其中，"文件指针"指向被移动的文件；"位移量"表示移动的字节数，是 long 型数据，以便在文件长度大于 64KB 时不会出错。当用常量表示位移量时，要求加后缀"L"；"起始点"表示从何处开始计算位移量，规定的起始点有 3 种：文件首、当前位置和文件尾。文件位置的详细表示方法如表 10-2 所示。

表 10-2　文件位置的表示方法

起　始　点	表　示　符　号	用数字表示
文件开始位置	SEEK_SET	0
文件当前位置	SEEK_CUR	1
文件末尾位置	SEEK_END	2

fseek()函数一般用于二进制文件。在文本文件中由于要进行转换，计算的位置可能会出现错误。

移动位置指针后，即可用前面介绍的任一种读写函数进行读写。由于一般是读写一个数据块，因此常用 fread()和 fwrite()函数来操作。

【例 10.10】编写程序，显示例 10.8 建立的 list.dat 文件中第 1,3 个学生的信息。

```
#define N    3
#include <stdio.h>
#include <stdlib.h>
main()
{
FILE *fp;
struct    student
{
    int    no;
    char    name[20];
    char    sex;
    int    score[3];
}stu[N];
int i;
if((fp=fopen("list.dat","rb"))==NULL)
{
    printf("Can not open this file!");
    exit(0);
}
for(i=0;i<N;i+=2)
{
    fseek(fp,i*sizeof(struct student),0);
    fread(&stu[i],sizeof(struct student),1,fp);
    printf("%d,%s,%c,%d,%d,%d\n",stu[i].no,stu[i].name,
    stu[i].sex,stu[i].score[0],stu[i].score[1],stu[i].
    score[2]);
}
fclose(fp);
}
```

程序运行结果为：

1,wang,M,67,89,65
3,zhang,M,65,88,89

10.2.5　文件的出错检测

文件读写函数在调用过程中出错时，其返回值有一定的反映，但这一反映有时不太明确。例如，如果调用 fputc()函数返回 EOF，可能表示文件结束，也可能表示调用失败。为了明确地检查是否出错，C 语言标准提供了专门检测文件读写错误的函数。

1. ferror()函数

ferror()函数的功能是检测文件读写函数是否调用出错。调用 ferror()函数的一般形式如下：

ferror(fp);

其中，fp 是已定义过的文件指针。如果该函数的返回值为 0，表示未出错；返回值为非 0 值，则表示出错。

在执行 fopen()函数时，ferror()函数的初始值自动为 0。每调用一次读写函数后，都有一个 ferror()函数值与之对应。如果想检查调用某个读写函数是否出错，应在调用该函数后立即用 ferror()函数进行测试，否则该值会丢失（在调用另一个读写函数后，ferror()函数反映的是最后一个函数调用出错状态）。

2. clearerr()函数

clearerr()函数的功能是使文件错误标志和文件结束标志置为 0。调用 clearerr()函数的一般形式如下：

clearerr(fp);

其中，fp 是已定义过的文件指针。

调用读写函数出错时，ferror()函数值为非 0 值，调用 clearerr(fp)后，ferror(fp)的值变为 0。另外，只要出现错误标志，就一直保留，直到对同一文件调用 clearerr()、rewind()，或任何其他一个读写函数。

10.3　本　章　小　结

本章主要介绍了文件的概念、分类及常用的 C 文件处理函数。

（1）文件是存储在外部介质的数据集合。从组织形式上，C 文件可分为文本文件和二进制文件。对文件的处理主要是指对文件进行读写操作。文件的读写方式有顺序读写和随机读写。

（2）在 C 语言中，对文件进行操作一般分为 3 个步骤：打开文件、读写文件和关闭文件。打开文件的方式主要有 4 种：只读、只写、读写和追加。文件的读写操作可以以字节、数据块或字符串为基本单位，还可以按指定的格式进行读写。打开文件用于建立指针与文件的关系，而关闭文件则用于撤销指针和文件的关系。

10.4　习　　题

一、选择题

1. 按照文件内部编码方式的不同，文件可以分为（　　　）。

A．普通文件和二进制文件　　　　　B．设备文件和 ASCII 文件

C．ASCII 文件和二进制文件　　　　D．普通文件和设备文件

2．整数 5678 在 ASCII 文件中占用的字节数是（　　）。

A．1 个　　　　　B．2 个　　　　　C．3 个　　　　　D．4 个

3．整数 5678 在二进制文件中占用的字节数是（　　）。

A．1 个　　　　　B．2 个　　　　　C．3 个　　　　　D．4 个

4．下述说法正确的是（　　）。

A．EOF 的值为-1，一般表示文件的结束或文件操作出错

B．EOF 的值为 0，一般表示文件的结束或文件操作出错

C．NULL 的值为-1，一般表示打开文件失败

D．NULL 的值为 0，一般表示打开文件失败

5．若要打开一个二进制文件，只允许读数据，则打开方式应该是（　　）。

A．"rb"　　　　　B．"br"　　　　　C．"br+"　　　　　D．"+rb"

6．在 TC V2.0 环境中，定义 "struct student{ int a; char b[5]; float c;};"，则 sizeof (struct student)的值为（　　）。

A．2　　　　　B．3　　　　　C．8　　　　　D．13

二、填空题

1．文件操作的顺序是_____。

2．标准库函数 fopen()的功能是_____。

3．查阅参考手册，标准库函数 fputc()的原型说明是_____。

4．调用 fseek()函数的一般形式为_____。

5．标准库函数中，使得位置指针重新返回文件首位置的函数是_____函数。

三、编程题

1．从键盘输入一串字符，以"#"作为结束。删除其中的非英文字母字符后，写入一文件中。

2．从键盘输入一串字符，以"#"作为结束。将字符串中的小写英文字母改为大写英文字母后，将新的字符串写入一个文件中。

3．学生信息包括学号、姓名、数学成绩、语文成绩、英语成绩。编写程序，输入 10 个学生的信息，存入文件 students.txt 中。

4．将第 3 题建立的文件 students.txt 中的数据，按总分高低排序后存入文件 sort.txt 中。

5．将第 4 题建立的文件 sort.txt 中总分排在第 1、5、8 位的学生信息，分别输出到显示器上。

6．编写程序，实现删除 C 语言源程序中注释部分的功能。

第4篇 高级篇

本篇是在前 3 篇的基础上，为进一步提高读者的 C 语言水平特意编写的。可供更高层次读者学习使用，或供开发人员参考。

第 11 章
运算符、表达式与位运算

　　C 语言提供了 44 种运算符。不同的运算符可能具有不同的优先级和结合方向。不同的运算符与运算对象（包括常量、变量、函数等）组合起来，按照 C 语言的规则，可以构成不同类型的表达式。

　　本章首先介绍运算符与表达式的总体概念，然后分别介绍赋值运算符、条件运算符、逗号运算符、自增自减运算符的优先级、结合方向以及各种类型的表达式。

11.1　运算符与表达式

运算是对数据进行加工的过程。用于表示运算类型的符号称为运算符。C 语言中运算符的类型比较多。除了控制语句和输入、输出函数外，所有的基本操作都需要通过运算符来连接。参加运算的数据称为运算对象或操作数，常见的运算对象包括常量、变量和函数等。

按照运算符所能连接的运算对象的个数，可将运算符分为 3 类。只连接一个运算对象的运算符称为一元运算符或单目运算符；连接两个运算对象的运算符称为二元运算符或双目运算符；连接三个运算对象的运算符称为三元运算符或三目运算符。

单独的一个运算对象称为原子表达式。例如，一个常量、一个变量、一个函数都是原子表达式。

用运算符将运算对象连接起来，形成的符合 C 语言规则的式子称为复合表达式。例如，算术表达式、关系表达式等都是复合表达式。

表达式必定有值，值的类型也是确定的。表达式的值的类型也称为表达式的类型。

原子表达式中，变量与函数的数据类型是由其定义决定的。

复合表达式的数据类型是由运算对象和运算符共同决定的。例如，表达式"3.0/2"的数据类型是实型，但"3/2"的数据类型是整型。一般地，"3 + 2"的数据类型为整型，值为 5。但在"if (3 + 2)…"中，表达式"3 + 2"的值为逻辑型，值为真（非 0）。

一个表达式中可能包含多个运算符。求解时，需要确定不同运算符的求解次序。不同运算符的求解次序由运算符的优先级及结合方向决定。

C 语言把 44 个运算符分成 15 个优先级。求解表达式时，优先级较高的运算符先执行。如果一个表达式中包含多个优先级相同的运算符，则执行顺序由运算符的结合方向决定。大多数运算符的结合方向是自左向右，只有单目运算符、条件运算符和赋值运算符的结合方向是自右向左的。表 11-1 给出了 C 语言中的 44 个运算符的优先级和结合方向。

注意

① 只有使用同优先级的运算符时，才考虑运算符的结合方向。
② 使用圆括号运算符，可以改变表达式的求解次序。

表 11-1　运算符的优先级和结合方向

运　算　符	含　　义	参加运算的对象个数	优　先　级	结　合　方　向
() [] -> .	圆括号 下标 指针型结构成员 结构体成员		1	自左向右

续表

运　算　符	含　　义	参加运算的对象个数	优　先　级	结　合　方　向
! ～ ++ -- - (类型) * & sizeof	逻辑非 按位取反 自增 自减 负号 类型转换 指针所指内容 变量地址 求字节数	一元	2	自右向左
* / %	乘法 除法 求模	二元	3	自左向右
+ -	加法 减法	二元	4	自左向右
<< >>	位左移 位右移	二元	5	自左向右
< <= > >=	小于 小于或等于 大于 大于或等于	二元	6	自左向右
== !=	等于 不等于	二元	7	自左向右
&	按位与	二元	8	自左向右
∧	按位异或	二元	9	自左向右
|	按位或	二元	10	自左向右
&&	逻辑与	二元	11	自左向右
||	逻辑或	二元	12	自左向右
? :	条件运算	三元	13	自右向左
=　+=　-= *=　/=　%= >>=　<<= &=　∧=　!=	赋值	二元	14	自右向左
,	逗号	二元	15	自左向右

11.2　赋值运算符与赋值表达式

　　赋值运算的作用是为单独的一个变量指定一个特定的值。赋值运算是通过赋值运算符"="进行的。在 C 语言中，主要是整型变量、实型变量、字符型变量和结构体变量的赋值运算。枚举类型变量和指针类型变量的赋值则有一定的限制。

1．赋值运算符

赋值运算符"="是双目运算符。赋值运算的作用是将一个表达式的值赋给一个变量，需注意以下两点。

（1）被赋值的变量必须是单个变量，不能是表达式、常量或者函数。例如：

```
int x, y;
3 = 8;
x + y = 82;
```

都不是合法的赋值运算。

（2）被赋值的变量必须在赋值运算符的左边。例如：

```
char ch;
int num;
ch = 'a';                        /*将字符'a'赋值给变量 ch*/
num = (int) (12 + 2.3 );         /*将表达式 (int) (12 + 2.3 ) 的值赋值给变量 num*/
```

都是正确的赋值。而

```
8 = num;
```

则是错误的赋值。

2．复合赋值运算符

在赋值运算符"="的左边，可以加上一些算术运算符或位运算符，构成复合赋值运算符。C 语言中，共有 10 种复合赋值运算符，即+=，−=，*=，/=，%=，<<=，>>=，&=，∧=和|=。例如：

```
float num = 1.2;
int a = 1;
num += 3.6;
a /= 4;
```

复合赋值运算符都为二元运算符。其中，后 5 种复合赋值运算符与位运算有关。位运算符将在 11.6 节介绍。

复合赋值运算符的作用是将运算符左边的变量与右边的表达式进行算术运算或位运算，然后赋值给左边的变量。例如：

```
num1 += 12;
```

等价于

```
num1 = num1 + 12;
```

而

num2 *= 9 + num1;

等价于

num2 = num2 * (9 + num1);

 注意

① 组成复合赋值运算符 "+=" 的两个符号之间没有空格。组成其他复合赋值运算符的两个符号之间也没有空格。

② 复合赋值运算符的最后一次运算是赋值，运算的要求类似于赋值运算符，即复合赋值运算符也只能为单独的一个变量赋值。

3. 赋值表达式

由赋值运算符或复合赋值运算符将一个变量和一个表达式连接起来的式子称为赋值表达式。赋值表达式的一般形式为：

变量 赋值运算符 表达式

例如：

num = 3 * 7
num += 9

与其他表达式相似，赋值表达式也具有确定的数据类型与确定的值。赋值运算符左边变量的数据类型即为整个赋值表达式的类型；赋值运算符左边变量的值即为整个赋值表达式的值。

C 语言允许赋值运算符两侧的数据类型不一致。赋值运算符两侧的数据类型不一致时，C 编译系统需要对赋值运算符右侧的表达式的数据类型进行转换，转换成与被赋值变量相同的数据类型。这种转换可以分为两类：一类是右侧表达式的存储单元较小，被赋值变量的存储单元较大；另一类是右侧表达式的存储单元较大，而被赋值变量的存储单元较小。两类转换的规则分别如表 11-2 和表 11-3 所示。

表 11-2   被赋值变量的存储单元较大

表达式类型	被赋值变量类型	转 换 规 则
char	unsigned char	无须转换
char	int	将 char 的 8 位存入 int 的低 8 位中，高 8 位按符号扩展
unsigned char	int	将 char 的 8 位存入 int 的低 8 位中，高 8 位补 0
int	unsigned int	无须转换
int	long	int 的 16 位存入 long 的低 16 位中，高 16 位按符号扩展
unsigned int	long	unsigned 的 16 位存入 long 的低 16 位，高 16 位补 0
int	float	将 int 型用实型表示
float	double	将 float 的小数位和指数位分别存入 double 的小数位和指数位

表 11-3　被赋值变量的存储单元较小

表达式类型	被赋值变量类型	转 换 规 则
unsigned char	char	无须转换
int	char	截去 int 的高 8 位
int	unsigned char	截去 int 的高 8 位，低 8 位按无符号数据处理
unsigned int	int	无须转换
long	int 或 char	截去 long 的高位
long	unsigned int	截去 long 的高位
float	int	截去 float 的小数部分
double	float	将 double 多余的小数位四舍五入

4. 赋值运算符的优先级和结合方向

赋值运算符的优先级较低，在 44 个运算符中排在倒数第二级。赋值表达式中，赋值运算符右侧的表达式也可以为一个赋值表达式。所有的赋值运算符的优先级相同，赋值运算符是按照自右至左的结合方向进行求解的。例如，"num1 = num2 = 4"是一个赋值表达式，相当于"num2 = 4"和"num1 = num2"。即将整数 4 赋值给变量 num2，num2 具有值 4，再将 num2 的值赋值给变量 num1。最终，变量 num1 和 num2 都具有值 4，整个赋值表达式的值也为 4。所以，"num1 = num2 = 4"和"num1 = (num2 = 4)"是等价的。

赋值表达式中，也可以包含复合赋值运算符。例如，num1 += 3 * (num2 *= 2)，该表达式相当于"num2 = num2 * 2"和"num1 = num1 + 3 * num2"。

赋值表达式后加分号";"即成为赋值语句。将赋值表达式作为表达式的一种，使得赋值运算不仅可以出现在赋值语句中，而且能够以表达式的形式出现在其他语句或函数中。例如：

```
int num = 7;
printf ( "%d", num += 3 );
```

输出 num 的值为 10。这样既完成了对变量的赋值，又实现了数据的输出。

11.3　逗号运算符与逗号表达式

C 语言允许使用一个表达式进行计算。但有些情况比较复杂，若只写一个表达式并不能完成计算任务。逗号运算符是 C 语言提供的一种比较特殊的运算符，其作用是将两个表达式链接起来，合为一个表达式。逗号表达式的一般形式为：

表达式 1, 表达式 2

1. 逗号表达式的求解顺序

求解逗号表达式时，先求解表达式 1 的值，再求解表达式 2 的值，最后求解表达式的值和数据类型，即为整个逗号表达式的值和数据类型，所以逗号运算符也称为顺序求值运算符。例如：

```
int num;
num = 4, num * 5
```

求解该逗号表达式时，先求解第一个表达式"num = 4"的值，得到整型值4，此时变量 num 的值也为整型值 4。然后求解第二个表达式"num * 5"的值，得到整型值20。整个逗号表达式的值为 20，数据类型为整型。

2. 逗号运算符的优先级

在 C 语言的 44 个运算符中，逗号运算符的优先级最低。例如：

```
num = 4, num * 5
```

等价于

```
( num = 4 ) , ( num * 5 )
```

而不等价于

```
num = ( 4, num * 5 )
```

3. 逗号运算符的扩展形式

一个逗号表达式可以与另一个表达式组成新的逗号表达式，即逗号表达式的一般形式可以扩展为：

表达式 1, 表达式 2, …, 表达式 n

逗号表达式的本质是把若干个表达式连接起来。使用逗号表达式不但可以得到整个逗号表达式的值，还可以得到各个表达式的值。逗号表达式经常用于 for 循环语句中，也可以作为实际参数。例如：

```
printf ( "num1 = %d, num2 = %d", ( num1 * 2, num1 + 3 ), num2 );
```

> **注意**
>
> ① 函数的实际参数之间的逗号只起分隔作用，而不是逗号运算符。例如：
>
> ```
> printf ( "num1= %d, num2=%d", num1, num2 );
> ```
>
> 这里的 printf()函数包括 3 个参数，参数间的逗号（后两个逗号）只用来分隔参数，并不是逗号运算符。另外，第一个参数中也包含一个逗号，该逗号只是一个在屏幕上显示的普通字符，也不是逗号运算符。
>
> ② 对于由非逗号运算符的逗号隔开的各个表达式，在不同的编译系统下，它们的求解顺序可能不同。例如：
>
> ```
> int i = 10;,
> printf ( "%d, %d", i, i = i + 1 );
> ```

如果按先左后右的顺序求解，输出结果为"10,11"；如果按先右后左的顺序求解，则输出结果为"11,11"。

GCC 和 Turbo C 都是按从右至左的顺序求解这些表达式的。

11.4 条件运算符与条件表达式

条件运算符是 C 语言中唯一的三元运算符，所组成的条件表达式的一般形式为：

表达式 1? 表达式 2: 表达式 3

条件表达式包括 3 个表达式、符号 "?" 和 ":"，这 5 项缺一不可。

1. 条件运算符的求解顺序

求解条件表达式时，先求解表达式 1，若表达式 1 的值非 0，则不求解表达式 3，只求解表达式 2，并将表达式 2 的值和类型作为整个条件表达式的值和类型；若表达式 1 的值为 0，则不求解表达式 2，只求解表达式 3，并将表达式 3 的值和类型作为整个条件表达式的值和类型。

【例 11.1】条件运算符的求解顺序。

```c
# include <stdio.h>
int main ()
{
    int num1, num2;
    while ( 1 )
    {
        printf ( "Input two numbers: \n" );
        scanf ( "%d%d", &num1, &num2 );
        getchar ();
        printf ( "%d\n", num1 > num2 ? ( num1 = -1 ) : ( num2 = -2 ) );
        printf ( "num1 = %d, num2 = %d\n", num1, num2 );
        printf ( "Press any key to continue; 'q' to quit!\n");
        if ( getchar () == 'q' )
            break;
    }
    return 0;
}
```

程序的运行结果为：

Input two numbers:
3 5✓
-2
num1 = 3, num2 =-2
Press any key to continue; 'q' to quit!
a✓

Input two numbers:
<u>88   66</u>✓
-1
num1 = -1, num2 = 66
Press any key to continue; 'q' to quit!
q✓

程序的运行结果表明，当关系表达式"num1 > num2"的值为 0 时，并没有进行表达式"num1 = -1"的求解，而只进行了表达式"num2 = -2"的求解；当关系表达式"num1 > num2"的值为非 0 值时，只进行了表达式"num1 = -1"的求解，而没有进行表达式"num2 = -2"的求解。

2. 条件运算符的优先级

条件运算符的优先级高于赋值运算符。例如：

max = ((num1 > num2) ? num1 : num2)

等价于

max = (num1 > num2) ? num1 : num2

这两个表达式为赋值表达式。其求解过程为：先比较两个变量 num1 和 num2 的大小，然后把较大的值赋给变量 max。

条件运算符的优先级低于关系运算符和算术运算符。例如：

num1 > num2 ? num1 + 5 : num2 * num2

等价于

(num1 > num2) ? (num1 + 5) : (num2 * num2)

3. 条件运算符的结合方向

条件运算符的结合方向是自右至左。例如：

(x > 0) ? 1 : (x < 0) ? -1 : 0

等价于

(x > 0) ? 1 : ((x < 0) ? -1 : 0)

4. 条件表达式的其他形式

条件表达式中的表达式 1 的类型，可以与表达式 2 和表达式 3 的类型不同。例如：

int num;
(num > 0) ? 'a' : 'b'

如果 num 的值是正数，则该条件表达式的值为'a'；否则表达式的值为'b'。

条件表达式中的表达式 2 和表达式 3，不仅可以为数值表达式，也可以是其他表达式或函数表达式。例如：

```
( num1 > 0 ) ? printf ( "%d > 0", num1 ) : printf ( "%d <= 0", num1 );
( num2 > 0 ) ? num2 : -num2;
```

【例 11.2】条件运算符的其他形式。

```
# include <stdio.h>
int main ()
{
    int num1, num2;
    printf ( "Input two numbers: \n" );
    scanf ( "%d%d", &num1, &num2 );
    num1 > num2 ? printf ( "num1 = %d\n", num1 ) : printf ( "num2 = %d\n", num2 );
    return 0;
}
```

程序的运行结果为：

```
Input two numbers：
4 5✓
num2 = 5
```

11.5　自增/自减运算符

自增运算符（++）的作用是使得变量的值增加 1，自减运算符（--）的作用是使变量的值减少 1。自增、自减运算符各有两种不同的用法。

1. 前置运算

前置运算是将自增/自减运算符置于变量的前面（左面），这使得变量的值先增加/减少 1，然后以变化后的值参与其他运算。前置的自增、自减运算符的一般表示形式分别为：

```
++变量
--变量
```

例如：

```
++ i
--j
```

【例 11.3】前置自增/自减运算符的使用。

```
# include <stdio.h>
int main ()
{
    int i = 5, j = 5;
    printf ( "First: i = %d\n", i );
    ++ i;
    printf ( "Second: i = %d\n", i );
    printf ( "Third: i = %d\n", ++ i );
```

```
    printf ( "Forth: i = %d\n", i );
    printf ( "First: j = %d\n", j );
    -- j;
    printf ( "Second: j = %d\n", j );
    printf ( "Third: j = %d\n", --j );
    printf ( "Forth: j = %d\n", j );
    return 0;
}
```

程序的运行结果为：

```
First: i = 5
Second: i = 6
Third: i = 7
Forth: i = 7
First: j = 5
Second: j = 4
Third: j = 3
Forth: j = 3
```

2. 后置运算

后置运算是将自增/自减运算符放在变量的后面（右边），这得变量以变化前的值参加其他运算，然后变量的值增加/减少 1。后置的自增和自减运算符的一般表示形式分别为：

```
变量++
变量--
```

例如：

```
i ++
j --
```

【例 11.4】后置自增/减运算符的使用。

```
# include <stdio.h>
int main()
{
    int i = 5, j = 5;
    printf ( "First: i = %d\n", i );
    i ++;
    printf ( "Second: i = %d\n", i );
    printf ( "Third: i = %d\n", i ++ );
    printf ( "Forth: i = %d\n", i );
    printf ( "First: j = %d\n", j );
    j--;
    printf ( "Second: j = %d\n", j );
    printf ( "Third: j = %d\n", j-- );
    printf ( "Forth: j = %d\n", j );
    return 0;
}
```

程序的运行结果为：

First: i = 5
Second: i = 6
Third: i = 6
Forth: i = 7
First: j = 5
Second: j = 4
Third: j = 4
Forth: j = 3

例 11.3 和例 11.4 的运行结果表明，自增/自减运算符的前置运算和后置运算的作用是不同的。

注意

① 自增运算符和自减运算符都只能用于变量，而不能用于常量或者表达式。例如：

++ (a * b)

6 ++

-- (5 + b)

(-i) --

都是非法的。

② 自增运算符的两个 "+" 之间不能有空格。同样，自减运算符的两个 "-" 之间也不能有空格。

3.　自增/自减运算符的优先级与结合方向

自增运算符和自减运算符的结合方向都是自右向左。它们的优先级与负号运算符的优先级相同。例如：

- i ++

等价于

- (i ++)

设 i 的初始值为 4，则表达式 - (i ++) 的值为-4。但表达式求解完毕时，i 的值变为 5。这是因为后置运算符是先取 i 的值进行计算，求得表达式的值后，i 的值自加 1 变为 5。

同一个表达式中，允许一个变量连续进行自增和自减运算。但在不同的编译系统下，可能得到不同的结果。例如，已知 "int i = 0;"，求解表达式 "(i ++) + (i ++)" 的值时，有的系统按照自左向右的顺序，分别求解圆括号里面的表达式。首先计算第一个圆括号内的值为 0，i 的值变为 1，然后计算第二个括号内的值为 1，i 的值变为 2。故整个表达式的值为 1。求解完毕时，i 的值为 2。

　　而 Turbo C，GCC 等系统把 i 的初值 0 作为表达式中所有 i 的值，因此两个 i 相加，得到表达式的值为 0，然后再对表达式中两个括号中的自加运算分别处理。求解完毕时，i 的值也为 2。

11.6 位 运 算

　　C 语言之所以功能强大、用途广泛，是因为它既具有高级语言的特点，又具有低级语言的功能。C 语言具备处理机器语言的一些功能，即处理 0 和 1 组成的机器指令，这是 C 语言区别于其他高级语言的特色之一，也是 C 语言几乎能够取代汇编语言的原因之一。

11.6.1 位运算概述

1. 概述

　　计算机真正执行的是由 0 和 1 组成的机器指令，任何数据在计算机内部也都是以二进制码形式存储和表示的。例如，一个 unsigned char 类型的字符'A'的存储形式如下：

0	1	0	0	0	0	0	1
7	6	5	4	3	2	1	0

其中，每个方格表示一个二进制位，方格内的 0 或 1 是该位的数字，方格下方的编号从右至左为 0～7，分别表示 2^0 数位、2^1 数位，依次类推，最高位为编号 7，表示 2^7 数位。整个 8 位的二进制码为 01000001，即十进制的 65。65 是 ASCII 字符 A 的字符码，即字符在机内的值为其字符码。因此，最终要实现计算机的操作就是要对这些值为 0 或 1 的位进行操作。

　　所谓位运算是指进行二进制位的运算。例如，将一个存储单元中的各二进制位左移或右移若干位、两个数按位相与等。C 语言提供的位运算符如表 11-4 所示。

表 11-4　C 语言的位运算符

位 运 算 符	含 义	例 如
～	按位取反	～a，对变量 a 中全部位取反
<<	左移	a<<3，a 中各位全部左移 3 位
>>	右移	a>>3，a 中各位全部右移 3 位
&	按位与	a&b，a 和 b 中各位按位进行"与"运算
|	按位或	a|b，a 和 b 中各位按位进行"或"运算
^	按位异或	a^b，a 和 b 中各位按位进行"异或"运算

　　说明：位运算符的优先级按"～" → "<<"、">>" → "&" → "|" → "^"的顺序由高到低排列。

C 语言的所有位运算符的操作数必须为整型或字符型数据。两个操作数的类型可以不同，运算之前将遵循一般算术转换规则自动转换成相同的类型，结果的类型是转换后操作数的类型。结果的值分为有符号和无符号两种，一个有符号数在机内存储时，最高二进制位表示符号位，0 代表正，1 代表负，其余各位表示数值；一个无符号数在机内存储时，所有二进制位全部表示数值。正数在机内以原码表示，负数在机内以补码表示。

2. 位运算

1）按位取反运算

"～"是一个单目运算符，如～a，作用是将一个二进制数按位取反，即把 0 变成 1，把 1 变成 0。运算结果的类型与操作数类型相同。

例如，已知"unsigned　a=0xd3f5,　b=0;　int k=0;"，将 a，b，k 分别按位取反。

（1）将 a 表示成二进制码：a=1101001111110101

将 a 各位取反：～a=0010110000001010

将～a 表示成十六进制数：～a=0x2c0a

（2）将 b 表示成二进制码：b=0000000000000000

将 b 各位取反：～b=1111111111111111

将～b 表示成十进制数：～b =65535（因为 b 是无符号整数，所以 16 位全 1 表示是 2 字节的最大无符号整数）

（3）将 k 表示成二进制码：k=0000000000000000

将 k 各位取反：～k=1111111111111111

将～k 表示成十进制数：～k =−1（因为 k 是有符号整数，所以 16 位全 1 是−1 的补码表示）

2）按位与运算

"&"是一个二目运算符，如 a&b，其作用是将 a 和 b 中各个位对应进行"与"运算。

按位与运算的规则是：如果两个运算数相应的位都为 1，则该位的结果值为 1；否则为 0。即：

0&0=0　　　0&1=0　　　1&0=0　　　1&1=1

例如：0xad&0x88

```
            1 0 1 0 1 1 0 1（0xad）
  （&）      1 0 0 0 1 0 0 0（0x88）
  结果  =   1 0 0 0 1 0 0 0（0x88）
```

分析以上运行结果可知，按位与运算具有如下特征：任何位只要和 0 "&"，该位即被屏蔽（清 0）；和 1 "&"，该位保留原值不变。按位与运算的这一特征使其具有以下一些特殊的用途。

（1）清 0

如果想将一个数清 0，即使其全部二进制位均为 0，只要构造一个新数，使其各位的值符合以下条件：原数中为 1 的位，新数中相应位为 0，然后让两数进行"&"运算即可。

例如，原数为 00101011（0x2b），要使其为 0，可构造一个新数，如 01000100（0x44），该数符合上述条件。将两数进行 "&" 运算，可知结果变为 00000000（0x00）。当然也可以直接与 00000000 进行 "&" 运算达到清 0 的目的。

（2）取一个数的指定位

如果想将一个数的某些位保留下来（即屏蔽其他位），只要构造一个新数，使其在原数想保留的那些位取值 1，其他位取值 0，然后将两数进行 "&" 运算即可。

例如，原数为 00111001（0x39，数字 9 的 ASCII 码），想取其低 4 位（还原成数字 9），则可使其与数 00001111（0xff）进行 "&" 运算，结果为 00001001（0x09，十进制数 9）。

这种取一个数中某几位的方法也称为屏蔽法，即用 0 屏蔽掉不需要的位，而用 1 保留需要的位，为此，构造的新数也称为屏蔽字。

（3）测试一个数中任一位是否为 1

如果想测试一个数的某一位是否为 1，只要构造一个新数，使其在原数想测试的那一位上取值 1，其他位均取值 0，然后将两数进行 "&" 运算即可。如果结果不为 0（即结果的相应测试位值为 1），则表明原数中要测试的位值是 1；否则表明原数中要测试的位值是 0。

例如，原数为 00111001（0x39），要测试其左边第 5 位是否为 1，可将其与数 00001000（0x08）进行 "&" 运算，运算结果为 00001000（0x08），由此可知测试位为 1。

实际上，可由此推广到测试一个数中若干位是否为 1，如测试一个数的低 4 位是否为 1、测试一个数中奇数位或偶数位是否为 1 等。请读者自己进一步思考。

3）按位或运算

"|" 是一个二目运算符，如 a|b，其作用是将 a 和 b 中各个位都分别对应进行 "或" 运算。

按位或运算的规则是：如果两个运算数相应的位中有一者为 1，该位的运算结果为 1，只有当两个相应位的值都为 0 时，该位的运算结果才为 0。即：

0|0=0　　　0|1=1　　　1|0=1　　　1|1=1

例如：0xad|0x88

　　　　　1 0 1 0 1 1 0 1（0xad）

（|）　　　1 0 0 0 1 0 0 0（0x88）

　结果 = 1 0 1 0 1 1 0 1（0xad）

利用按位或运算的操作特点，可对一个数据中的某些位定值为 1，其余位不变。即将希望置 1 的位与 1 进行 "或" 运算；保持不变的位与 0 进行 "或" 运算。

例如，如果想使变量 a 中的高 4 位不变，低 4 位置 1，可采用表达式 a=a|0x0f。

4）按位异或运算

"^" 是一个二目运算符，如 a^b，其作用是将 a 和 b 中各个位都分别对应进行 "异或" 运算。

按位异或运算的规则是：如果两个运算数中相应的二进制位上的值相同，则该位的结果为 0；值不同（相异），则该位的结果为 1。即：

0^0=0　　0^1=1　　1^0=1　　1^1=0

例如：0x33^0xc3

```
        0 0 1 1 0 0 1 1（0x33）
（^）    1 1 0 0 0 0 1 1（0xc3）
结果=   1 1 1 1 0 0 0 0（0xf0）
```

分析以上运算结果可知，数为 1 的位和 1 异或的结果为 0；数为 0 的位和 1 异或的结果为 1；而和 0 异或的位，其值均保持不变。利用这一特性，异或运算有以下特殊用途。

（1）使指定位翻转，其他位保持不变

如果想使一个数中某些指定位翻转，只要构造一个新数，使其在原数需要翻转的位上取值 1，在原数需要保持不变的位上取值 0，然后将两数进行"^"运算即可。

例如，设有"char a=0x6a;"，若想使 a 的高 4 位不变，低 4 位取反，只需将其与数 00001111（0x0f）进行异或运算即可。

```
        0 1 1 0 1 0 1 0（0x6a）
（^）    0 0 0 0 1 1 1 1（0x0f）
结果=   0 1 1 0 0 1 0 1（0x65）
```

由此可见，利用异或运算的这一用途，比前面的求反运算更具随意性（求反运算每一位都必须无条件翻转）。

（2）交换两个值，不用临时变量

例如，变量 a=5，b=4。现要将变量 a 和 b 的值互相交换，可以用以下赋值语句来实现：

```
a=a^b;
b=b^a;
a=a^b;
```

运算结果请读者自己检验。

5）左移运算

"<<"是一个二目运算符，运算符左边是移位对象，右边是整型表达式（表达式的结果只能为正整数），代表左移的位数。

左移运算的规则是：将左操作数向左移动由右操作数指定的位数。左移时，左端的高位移出的部分舍弃，右端空出的低位用 0 填充。

例如：

```
char   a=6, b;
b=a<<2;
```

运算过程为：

```
0 0 0 0 0 1 1 0（a=6）
0 0 0 1 1 0 0 0（b=24=4*6）
```

由上例可看出，左移 1 位相当于移位对象乘以 2，左移 n 位则相当于移位对象乘以 2^n。如 6<<2=24，即乘以 4。因为左移比乘法运算快得多，在某些情况下，可以利用左移的这一特性代替乘法运算，以加快运算速度。但此特性只适用于左端高位移出的部分不包含有

效二进制数 1 的情况。

例如：

```
char   a=64, b；
b=a<<2；
```

运算过程为：

```
0 1 0 0 0 0 0 0（a=64）
0 0 0 0 0 0 0 0（b=0）
```

当 a 左移两位时，a 中唯一的一位数字 1 被移出了高端，从而使 b 的值变成了 0（注意：a 的值并没有改变）。

6）右移运算

"＞＞"是一个二目运算符，其使用方法与左移运算符相同，所不同的是移位方向相反。右移时，右端低位移出的二进制数舍弃，左端高位补入的二进制数分以下两种情况：

（1）对无符号的整数来说，右移时左端高位补 0。

例如：

```
unsigned char a='A'，b；
b=a>>2；
```

运算过程为：

```
0 1 0 0 0 0 0 1（十进制数 65）
0 0 0 1 0 0 0 0（十进制数 16）
```

（2）对带符号的整数来说，如果符号位为 0（即正整数），则右移时左端高位补 0；如果符号位为 1（即负整数），则右移时左端高位补 1。这是因为负数在机器内均用补码表示。

例如：

```
int   a=-071400, b；
b=a>>2；
```

运算过程为：

　　　　　　　　　　符号位
　　　　　　　　　　　↓
a 的二进制原码：1111001100000000
a 的二进制补码：1000110100000000（机内存储形式）
b=a>>2　　　　：1110001101000000（b 的二进制补码）
b 的二进制原码：1001110011000000
b 的八进制数为：–016300

这种左端高位补入 1 以保持负号的方法称为算术右移。在某些系统中，左端高位补入 0，这种方法称为逻辑右移。在 Tubro C 和其他一些编译中采用的是算术右移。

和左移相对应，右移时，如果右端低位移出的部分不包含有效二进制数字 1，则每右移 1 位相当于移位对象除以 2。

7）不同长度的数据进行位运算的运算规则

位运算的对象可以是整型和字符型数据。当两个运算数类型不同时，位数也会不同。遇到这种情况，系统将自动进行如下处理：

（1）将两个运算数右端对齐。

（2）将位数短的一个运算数往高位扩充，即无符号数和正整数左侧用 0 补全，而负数左侧用 1 补全，然后对位数相同的这两个运算数按位进行位运算。

3．位运算举例

【例 11.5】设有定义 "char　a, b;"，若想通过 a&b 运算保留 a 的第 3 位和第 6 位的值，则 b 值的二进制形式应为（　　　）。

A．00100100　　　B．00111100　　　C．11011011　　　D．00000000

分析：由与运算的功能可知，两个对应的二进制数只要有 0，与运算的结果就为 0，只有对应数均为 1 时，结果才为 1。所以，若想保留哪位上的数就要用 1 去与运算，其他位用 0 与运算而被屏蔽掉。

因此，本题正确答案为 A。

【例 11.6】试编程实现：取一个整数 a 从右端开始的 4～7 位。

分析：先将 a 右移 4 位，使原值的 0～3 位移出，而 4～7 位移到最右端，再找一个低 4 位全 1 其余位全 0 的数（可用表达式～(～0<<4)实现）与移位后的 a 相与即可。

程序如下：

```
main()
{
    unsigned    a, b, c, d;
    scanf("%o",&a);
    b=a>>4;
    c=~(~0<<4);
    d=b&c;
    printf("%o\n%o\n",a, d);
}
```

可以任意指定从右面第 m 位开始取其右面 n 位，只需将程序中的表达式 a>>4 换成 a>>(m−n+1)，表达式～(～0<<4)换成～(～0<<n)即可。

【例 11.7】输入无符号短整数 k 和 p，将 k 的低字节作为结果的高字节，p 的低字节作为结果的低字节，组成一个新的无符号短整数。

分析：首先将 k 的低字节取出（可用表达式 k&0xff 实现），然后将取出的低字节移到高字节（用左移 8 位实现），再将 p 的低字节取出（用表达式 p&0xff 实现），最后将两者相或即可组成一新数。

程序如下：

```
#include <stdio.h>
main()
```

```
{
    unsigned short   k, p, t;
    printf("input   k, p: ");
    scanf("%x%x",&k,&p);
    t=(p&0xff)|(k&0xff)<<8;
    printf("new=%hx\n",t);
}
```

【例 11.8】构造一函数，使一个二进制整数的低 4 位翻转。

分析：要使一个数的某些位翻转，可使用异或运算的特性，将需要翻转的位与 1 异或，不需翻转的位与 0 异或即可。

程序如下：

```
nsub(int b)
{
    b=b^0x000f;
    return(b);
}
main()
{
    int   i, c;
    scanf("%d",&i);
    printf("i=%x\n",i);
    c=nsub(i);
    printf("c=%x\n",c);
}
```

【例 11.9】循环移位。

在低级语言中，有直接实现循环移位的指令，C 语言中没有循环移位的运算符，但可以利用已有的位运算符来实现。所谓循环移位是指在移位时不丢失移位前原范围的位，而是将它们作为另一端的补入位。例如循环右移 n 位，指各位右移 n 位，原来的低 n 位变成高 n 位。

循环右移可通过如下方法实现：假设要将无符号整数 a 循环右移 n 位，先将 a 中各位左移（16-n）位，使右端的 n 位放到 b 中的高 n 位中，其余各位补 0（可用语句"b=a<<(16-n);"实现），再将 a 右移 n 位，由于 a 不带符号，故左端补 0，并将右移后的数放在 c 中，可用语句 "c=a>>n;"实现，最后将 b 和 c 两数相或即得到 a 循环右移 n 位的结果。

程序如下：

```
main()
{
    unsigned   a, b, c;
    int n;
    scanf("a=%x,n=%d",&a,&n);
    b=a<<(16-n);
    c=a>>n;
    c=c|b;
```

```
    printf("a=%x\nc=%x",a,c);
}
```

11.6.2　位段

1. 位段的概念和定义方法

C 语言中，可以用位运算符访问位（bit），也可以用"位段"的方法来访问字节中某些位。位段（bit field）又可称为位域、位字段等，实际上是字节中一些位的组合，因此也可认为它是位信息组。

所谓位段是以位为单位定义长度的结构体类型中的成员。与前面介绍过的结构体的不同之处在于，它是以位为单位来定义结构体中成员长度的。

例如：

```
struct   packed_data1
{
    unsigned int a: 2;
    unsigned int b: 1;
    unsigned int c: 4;
    unsigned int d: 1;
}data;
```

如图 11-1 所示，其中 a，b，c，d 分别占 2 位、1 位、4 位和 1 位，共占 1 个字节。每个位段占的位数不同。在一个字节中，各位段存放的方向无统一规定，由各 C 语言版本确定。

图 11-1　位段示例（一）

如果需要，可以跳过某些位不用，这些位段没有位段名，是无法引用的。例如：

```
struct packed_data2
{
    unsigned int a: 4;
    unsigned int   :3;                    /*此 3 位无位段名，不能引用*/
    unsigned int c: 6;
    unsigned int d: 3;
}data;
```

其中 a 后面 3 位未用，如图 11-2 所示。

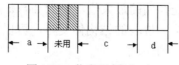

图 11-2　位段示例（二）

也可以用如下形式指定某一个位段从下一个字节开始存放，而不是紧接着前面的位段存放。

```
{unsigned int a: 4;
 unsigned int   :0;
 unsigned int c: 3;}
```

如图 11-3 所示，本来 a，c 应连续存放在一个字节中，由于用了长度为 0 的位段，其作用是使下一个位段从下一个字节开始存放。因此，现在 a 存储在一个字节中，其后 4 位未被使用，而 c 另存在下一个字节中，其后 5 位也未被使用。

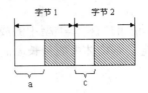

图 11-3　位段在下一字节存放

在一个结构体中，可以混合使用位段和通常的结构体成员。例如：

```
struct packed_data3
{
    int i;                        /*非位段*/
    unsigned int a:2;
    unsigned int b:4;             /*位段*/
    unsigned int c:2;
    float f;                      /*非位段*/
};
```

第一个成员是整型，占 2 个字节；下面 a，b，c 3 个位段共占 1 个字节；最后一个成员占 4 个字节，共占 7 个字节。

应注意的是，定义位段时必须用 unsigned int 或 int 类型，不能用 char 或其他类型。有的 C 编译系统只允许使用 unsigned 类型。

2. 位段的引用方法

对位段的引用方法与引用结构体变量中的成员相同，即用以下形式：

data.a, data.b, data.c, data.d

允许对位段赋值，例如：

data.a=2; data.b=1; data.c=1; data.d=0;

赋值时要注意每一个位段能存储的最大值。例如 data.a 占 2 位，最大值则为 3。

可用指针变量指向一个成员为位段的结构体变量，可以引用此结构体变量的地址，也可以通过指针变量来引用位段，例如：

```
p=&data;                         /*使 p 指向结构体变量 data*/
printf("%d",p->a);               /*输出 p 所指结构体中的位段 a*/
```

但不能引用位段的地址，如"&data.a"的写法是不合法的，因为地址是以字节为单位的，无法指向位。

位段可以在数值表达式中引用，它会被系统自动地转换成整型数，例如，表达式"data.a+6/data.b"是合法的。

位段可以用整型格式符输出，例如：

```
printf("%d,%d",data.a,data.b);
```

当然，也可以用%u，%o，%x 等格式输出。

位段可使用户方便地访问一个字节中的有关位，这在控制中尤为重要，而这种功能在其他高级语言中是没有的。用位段还可以节省存储空间，因为可把几个数据放在同一字节中。某些输入/输出设备的接口将传输信息编码为一个字节中的某个位，程序可以直接访问它们并据此做出相应的操作。

对位段的操作比用位运算符方便，而且可移植性好，效率高。

11.7　表达式求解示例

赋值运算、自增/自减运算都可以改变变量原来的值，但算术运算、关系运算、逻辑运算、位运算和移位运算都不改变参与运算的变量的值。

【例 11.10】求 3×4 阶矩阵（矩阵的元素互不相同）的拐点（矩阵元素 a 为矩阵的拐点，当且仅当 a 在所在行中最小，在所在列中最大）。

```
/*程序功能：输入一个矩阵，求其拐点*/
# include <stdio.h>
int main ()
{
    int matrix[3][4];
    int i, j;
    int col;
    int flag;
    int inflexion;
    for ( i = 0; i < 3; i ++ )
        for ( j = 0; j < 4; j ++ )
            scanf ( "%d", &matrix[i][j] );        /*输入 12 个整数*/
    printf ( "The matrix is:\n" );
    i = 0;
    while ( i < 3 )
{
    j = 0;
    while ( j < 4 )
        printf ( "%5d", matrix[ i ][ j ++ ] );
    printf ( "\n" );
    i ++;
    }                                     /*按矩阵形式输出 12 个整数，分 3 行，每行 4 个数*/
```

```
        i = 0;
        while ( i < 3 )
        {
            flag = 1;
            inflexion = matrix[i][0];              /*设每行中标号为 0 的数为最大值，记为 inflexion*/
            col = 0;                               /*设最大值的位置在第 0 列*/
            for ( j = 0; j < 4; j ++ )
                matrix[i][j] > inflexion ? ( inflexion = matrix[i][j], col = j ) : 1;
            /*第 i 行中，若发现新的最大值，更新 inflexion 及 col 的值*/
            for ( j = 0; flag == 1 && j < 3; j ++ )
                if ( inflexion > matrix[j][col] )
                    flag = 0;
            /*第 i 行中的最大值，若在第 j 列中最小，则为拐点*/
            if ( flag == 1 )
                printf ("%d (row = %d, col=%d) is a inflexion.\n", matrix[i][col], i + 1, col + 1 );
            else
                printf ( "There's no inflexions in row %d.\n", i + 1 );
            i ++;
        }
        return 0;
}
```

程序的运行结果为：

75 86 94 72 34 5 47 21 32 184 654 12 ↙
The matrix is:
```
75    86    94    72
34    5     47    21
32    184   654   12
```
There's no inflexions in row 1.
47 (row = 2, col = 3) is a inflexion.
There's no inflexions in row 3.

【例 11.11】设整数 num 占用两个字节的存储单元。从低位开始计数（最低位称为第 0 位），求其第 n～（n + m）位。其中，0≤n≤15，m>0，n+m≤16。

分析：求解时，可以分 3 步。

（1）将要取的 m 位依次右移到最右端，方法是令 num 右移 n 位：num >> n。

（2）构造一个低 m 位全为 1，其余位全为 0 的数。

0 的二进制位全为 0，～0 的二进制位全为 1，左移 m 位后，低 m 位全为 0，其余仍为 1。再取反，得到低 m 位全为 1，其余全为 0，即～(～0 << m)。

（3）将（1）和（2）得到的两个数进行"&"运算，即(num >> n) & (～(～0 << m))。

```
/*程序功能：求整数 num 的第 n～（n+m）位（从右端计数）*/
# include <stdio.h>
int main ()
{
    unsigned int num, n, m, result;
    printf ( "Input a number:\n" );
```

```
    scanf ( "%d", &num );
    printf ( "num : %d, %x\n", num, num );
    printf ( "Begin bit: " );
    scanf ( "%d", &n );
    printf ( "turn bits: " );
    scanf ( "%d", &m );
    result = ( num >> n ) & ( ~ ( ~0 << m ) );
    printf ( "%d~%d: %d, %x\n", n, n + m, result, result );
    return 0;
}
```

程序的运行结果为：

Input a num:
<u>2009</u>✓
num:2009, 7d9
Begin bit: <u>1</u>✓
Turn bits: <u>5</u>✓
1~6: 12, c

其中，十进制 2009 的二进制形式为(0000 0111 1101 1001)$_2$，从最低位开始计数，第 1~6 位之间的数是(01100)$_2$，即十进制的 12。

11.8　本章小结

本章重点介绍了 C 语言中基本的位运算符的功能及其运算过程。位运算是指进行二进制位的运算。C 语言的所有位运算符的操作数必须为整型或字符型数据。运算结果分为有符号和无符号两种，一个有符号数在机内存储时，最高二进制位表示符号位，0 代表正，1 代表负，其余各位表示数值；一个无符号数在机内存储时，所有二进制位全部用于表示数值。正数在机内以原码表示，负数在机内以补码表示。

使用位段是 C 语言的特点，它能使用户方便地访问一个字节中的有关位，并且能节省存储空间，可将多个数据放在同一字节中。

11.9　习　　题

一、选择题

1．下列选项中属于三元运算符的是（　　　）。

　　A．条件运算符　　　B．赋值运算符　　　C．逗号运算符　　　D．自增运算符

2．下列选项中关于赋值运算的说法正确的是（　　　）。

　　A．在 C 语言的各运算符中，赋值运算符的优先级最低

　　B．一个表达式中，至多只能包含一个赋值运算符

    C．复合赋值运算符的优先级仅高于逗号运算符的优先级

    D．被赋值的操作数只能是单个变量，而不能是表达式、常量或函数

3．已知"int x, y;"，则表达式 "x = 2 * (y = 3)" 的值（　　　）。

    A．与 x 的值相同，都为 2　　　　　　B．与 y 的值相同，都为 3

    C．与 x * y 值相同，都为 6　　　　　　D．与 x 的值相同，都为 6

4．设 "int x = 3"，则表达式 "x+=x-= x*= x" 的值为（　　　）。

    A．0　　　　　　B．3　　　　　　C．6　　　　　　D．9

5．已知 "int x = 3; float y; y = x;"，则 "printf ("%f" y + x / 2)" 的输出结果是（　　　）。

    A．4　　　　　　B．4.000000　　　　　　C．3　　　　　　D．4.500000

6．下面程序的功能是（　　　）。

```
# include <stdio.h>
int main ()
{
    char ch;
    printf ( "Input a character: " );
    scanf ( "%c", &ch );
    printf ( "%c", ( ch >= 'A' && ch <= 'Z' ) ? ( ch + 32 ) : ch );
    return 0;
}
```

    A．从键盘输入一个字符，如果它是大写英文字母，则转换成小写英文字母输出；否则原样输出

    B．从键盘输入一个字符，如果它是小写英文字母，则转换成大写英文字母输出；否则原样输出

    C．从键盘输入一个字符，原样输出

    D．从键盘输入一个字符，如果它是大写英文字母，则转换成小写英文字母输出；如果是小写英文字母，则转换成大写英文字母输出；如果是其他字符，则原样输出

7．下列表述中的逗号，作为逗号运算符的是（　　　）。

    A．int fun (int x, int y);　　　　　　B．x = (x + y, x * x);

    C．printf ("%d%d", x, y);　　　　　　D．printf ("Hello, world!");

8．设 "int x = 3;"，则表达式 "x = x * x, x + 2" 的值是（　　　）。

    A．3　　　　　　B．9　　　　　　C．5　　　　　　D．11

9．在 Turbo C 环境中，以下程序的输出结果是（　　　）。

```
# include <stdio.h>
int main ()
{
    int i = 10;
    printf ( "%d, %d", i, ++ i );
    return 0;
}
```

A．10，10　　　　B．11，11　　　　C．10，11　　　　D．11，10

10．在 GCC 环境中，已知"int i = 1;"，则表达式"(i ++) + (i ++) + (i ++)"求解后的值和变量 i 的值分别是（　　　）。

A．3，4　　　　B．3，5　　　　C．6，4　　　　D．3，5

11．下列程序运行后的输出结果是（　　　）。

```
# include <stdio.h>
int main ()
{
    int i, j;
    i = j = 10;
    printf ( "%d, ", i ++ );
    printf ( "%d", ++ j );
    return 0;
}
```

A．10，10　　　　B．11，11　　　　C．10，11　　　　D．11，10

12．下列程序运行后的输出结果是（　　　）。

```
# include <stdio.h>
int main ()
{
    char ch = 040;
    printf ( "%d", ch << 1 );
    return 0;
}
```

A．64　　　　B．400　　　　C．4　　　　D．128

13．下列程序运行后的输出结果是（　　　）。

```
# include <stdio.h>
int main ()
{
    char ch = 'z';
    int num = 24;
    printf ( "%d\n", ( num & 32 ) && ( ch < 'a' ) );
    return 0;
}
```

A．0　　　　B．1　　　　C．2　　　　D．3

二、填空题

1．设变量 num 的二进制数是 01101001，为了使 num 的低 5 位翻转，高 3 位不变，则应选择二进制数_____与 num 按位异或。

2．下列程序运行后的输出结果为_____。

```
# include <stdio.h>
int main ()
{
    int a = 2;
    while ( a )
    {
        switch ( a-- )
        {
            case 0: printf ( "%3d", a );
            case 1: printf ( "%3d", a );
            case 2: printf ( "%3d", a );
        }
    }
    return 0;
}
```

3．下列程序运行后的输出结果为_____。

```
# include <stdio.h>
int main ()
{
    int a = 2;
    while ( a )
    {
        switch (--a)
        {
            case 0: printf ( "%3d", a );
            case 1: printf ( "%3d", a );
            case 2: printf ( "%3d", a );
        }
    }
    return 0;
}
```

4．下列程序运行后的输出结果为_____。

```
# include <stdio.h>
int main ()
{
    int a = 3;
    int b = 4;
    int c = 5;
    int max;
    max = a > b ? a : b > c ? b : c + 1;
    printf ( "%d", max );
    return 0;
}
```

5．已知"int a = 5, b = 6;"，通过按位异或交换 a 和 b 的值，在下面的横线上填写合适的数据。

a = a ^ b;   /*a ^ b，即为 0000 0000 0000 0101 ^ 0000 0000 0000 0110 */

b = b ^ a;   /*b ^ a，即为 0000 0000 0000 0110 ^ 0000 0000 0000_____*/

a = a ^ b;   /*a ^ b，即为_____ ^ _____*/

三、编程题

1. 编写函数，使用复合赋值运算符，求解 1+2+…+n（n>2）的值。

2. 编写函数，使用自增运算符，求解 1*2*…*n（n>2）的值。

3. 编写函数，使用条件运算符，实现英文字母的大小写转换。

4. 编写函数，输入一个整数，输出其二进制数中的奇数位（第 1，3，…，15 位）。

5. 编写函数，输入一个整数，输出该数的二进制补码。

第12章
编译预处理

　　预处理命令有助于改进程序设计的环境，提高编程的效率。它是由 ANSI C 统一规定的，但其本身并不是 C 语言的组成部分。ANSI C 提供的预处理功能主要有 3 类：宏定义、文件包含和条件编译。这些预处理功能分别通过宏定义命令、文件包含命令和条件编译命令来实现。为了与一般的 C 语句相区别，预处理命令都以符号"#"开头。C 编译系统在对程序进行通常的编译（包括词法和语法分析、代码生成、优化等）之前，首先处理这些预处理命令。处理这些命令的过程称为编译预处理。

　　本章将介绍常用的预处理功能：宏定义、文件包含和条件编译。

12.1　宏　定　义

C 语言的源程序中，经常重复出现一些字符串。若这些字符串比较长，编辑时很容易出错；若字符串的字面意义不明显，阅读起来也不方便。为了克服这些缺点，可以用一个有字面意义的标识符来表示这些字符串。这种表示方法称为宏定义。

宏定义包含无参宏定义和带参宏定义两类。

1. 无参宏定义

无参宏定义的一般形式为：

define　标识符　字符串

新定义的标识符称为宏名。宏名中的英文字母一般全用大写表示，以区别于变量名。无参的宏名实际上是第 3 章中介绍的符号常量。例如：

define　PI　3.1415926

其作用是用定义的标识符 PI 表示字符串 3.1415926。编译预处理时，宏名 PI（注意：并非所有的"PI"都是宏名）将一一替换为 3.1415926。将宏名替换为字符串的过程称为宏展开。

【例 12.1】求圆的面积和周长。

```
# define PI 3.1415926
double area ( double r )
{
    return PI * r * r;
}
double perimeter ( double r )
{
    return 2 * PI * r;
}
int main ()
{
    double radius;
    scanf ( "%lf", &radius );
    printf ( "The area is: %lf\n", area ( radius ) );
    printf ( "The perimeter is: %lf\n", perimeter ( radius ) );
    return 0;
}
```

程序的运行结果为：

4.1↙
The area is: 52.810172
The perimeter is: 25.761059

【例 12.2】求矩形的面积。

```
# define   WIDTH   30
# define   LENGTH   ( WIDTH + 40 )
# define   AREA   LENGTH * WIDTH
int main ()
{
    printf ( "AREA = %d\n", AREA );
    return 0;
}
```

程序的运行结果为:

AREA = 2100

宏展开时，LENGTH 展开为(30 + 40)，AREA 展开为(30 + 40) * 30。

注意

① 定义无参宏时，宏名与被替换的字符串之间至少要有一个空格。宏名后的第一个非空格字符视为被替换字符串的开始字符，宏名后的最后一个非空格字符视为被替换字符串的结束字符。开始字符与结束字符之间的所有字符（可能包含空格），都属于被替换字符串的内容。

② 每个无参宏的定义要单独占一行。

③ 无参宏定义的结尾一般不加分号。如果加了分号，则替换时将连同分号一起替换。

④ 编译预处理时，仅仅对无参宏名进行简单的替换，并不作语法的检查。如果程序中使用的预处理命令有错，只能在正式的编译阶段才能检查出来。

⑤ 无参宏的定义有助于维护源程序。当需要修改某一个常量时，只需修改"# define"命令行，即有"一改俱改"的功效。

⑥ 定义无参宏时，可以使用已定义的宏名。宏展开时，是按层依次展开的。

⑦ 程序中用双撇号括起来的字符串中，若包含与宏名相同的内容，则该部分不是宏名，编译预处理时，也不进行替换。例 12.2 中，函数 printf()的第一个实参中的 AREA 就不是宏名，而是普通的字符。所以按原样输出。

⑧ 为了保证计算的正确性，定义宏时，应适当地使用圆括号。例 12.2 中，如果定义宏为"# define   LENGTH   WIDTH +40"，其他不变，则宏 AREA 展开为 30 + 40 * 30。这时，AREA 的计算结果为1230，而不是原来的2100。

2. 带参宏定义

C 语言允许定义的宏名带有参数，称为带参宏。定义带参宏的一般形式为:

define 宏名(参数列表) 字符串

带参宏的定义中，圆括号内的参数称为形式参数，简称为形参。例如:

```
# define    min(A, B)    ( ( A ) < ( B ) ? ( A ) : ( B ) )
```

程序中出现的宏名称为宏调用，宏调用中的参数称为实际参数，简称为实参。调用带参宏时，不仅要进行字符串的替换，还要用实参替换形参。

【例 12.3】 求两个数的最大值。

```
# define    MAX( A, B )    ( ( A ) < ( B ) ? ( B ) : ( A ) )
int main ()
{
    int num1, num2;
    int max1, max2;
    scanf ( "%d%d", &num1, &num2 );
    max1 = MAX( num1, num2 );
    printf ( "max1 = %d\n", max1 );
    max2 = MAX( num1 + num2, num1 * num2 );
    printf ( "max2 = %d\n", max2 );
    return 0;
}
```

程序的运行结果为：

```
4 6↙
max1 = 6
max2 = 24
```

编译预处理时，按照"# define"命令行，展开带参宏 MAX(num1, num2)，并将实参 num1 和 num2 分别替换宏定义中的 A 和 B，得到：

```
( ( num1 ) < ( num2 ) ? ( num2 ) : ( num1 ) )
```

所以，当 num1 的值为 4，num2 的值为 6 时，max1 的值为 6。

而展开带参宏 MAX(num1 + num2，num1 * num2)时，按照"# define"命令行中的宏定义，将 MAX(num1 + num2, num1 * num2)中的实参 num1 + num2 和 num1 * num2 分别代替宏定义中的 A 和 B，得到：

```
( ( num1 + num2 ) < ( num1 * num2 ) ? ( num1 * num2 ) : ( num1 + num2 ) )
```

所以，当 num1 的值为 4，num2 的值为 6 时，max2 的值为 24。

注意

① 带参宏定义时，宏名与参数右边的括号"("之间不应有空格。否则，宏展开时，空格以后的所有字符都属于被替换的字符串的内容。例 12.3 中，如果宏定义为：

```
# define    MAX□(A, B)    ( ( A ) < ( B ) ? ( B ) : ( A ) )
```

则预编译系统将认为 MAX 是无参宏的宏名，将其展开后为：

(A, B) ((A) < (B) ? (B) : (A))

如果程序中有"max = MAX (num1, num2)："，将其展开后为：

max = (A, B) ((A) < (B) ? (B) : (A)) (num1, num2);

程序很可能是错误的。

② 宏定义是专门用于预处理命令的一个专用名词，它与变量的定义不同。宏定义只作字符的替换，并不需要分配存储单元。

③ 每个带参的宏定义也必须单独占一行。

3. 宏的作用域

类似于变量，宏也有自己的作用域。一般地，宏的作用域是从定义处到所在的源文件结束。若需要缩小宏的作用域，则可以通过另一个预处理命令"# undef"来实现。例如：

```
# define   G   9.8
int main ()
{
    …
}
# undef   G
fun ()
{
    …
}
```

在 main() 函数中，G 代表 9.8。由于 undef 的作用，使得 G 的作用域在 undef 行处终止。在函数 fun() 中，G 不再代表 9.8。

4. 带参的宏与函数的区别

带参的宏和有参函数在定义形式上有相似之处。在调用时，宏名（或函数名）后面的括号内也都要求带有实参，并要求实参和形参的数目相等。但是，带参的宏与有参函数是不同的，主要区别有：

（1）从执行角度看，调用宏并没有形成执行中的调用动作，而是在程序加工过程中（编译之前）进行简单的替换，而函数的调用是在程序运行时处理的。

（2）函数调用时，需要先求出实参表达式的值，然后传给形参。而带参的宏只是字符串的简单替换，不存在传值的过程，也没有返回值的概念。

（3）函数调用时，对参加运算的实参的数据类型有一定的限制。一般地，实参的数据类型与形参的数据类型要一致；不一致时，需要根据形参的数据类型，对实参的数据类型进行转换，而带参宏的实参可以是任意的数据类型，宏的定义和宏的调用都不考虑参数的数据类型的问题。定义的宏能否使用、使用时会发生什么现象、使用后能否得到预期的效果，完全要看宏展开后的情况。

（4）调用函数会占用较多的运行时间，而宏的展开只占用预处理时间。宏名出现次数较多时，宏展开后，源程序可能会增长，而函数调用次数，不会影响源程序本身的长度。

12.2　文件包含

通过文件包含命令，可以将另一个源文件插入到该命令行所在位置，从而把两个源文件合并为一个源文件。文件包含命令的一般形式为：

include <文件名>

或

include "文件名"

其中，第一种方式是标准方式。预处理程序直接到指定的目录中寻找所需要的文件。这种方式通常用于包含系统提供的头文件。一般地，系统会将标准库函数头文件放于特定的目录中。

第二种方式，预处理程序首先在源文件所在的目录中寻找被包含的文件。如果找不到，再按标准方式到指定的目录中寻找。

如果需要包含用户自己定义的文件，而该文件与当前源文件在同一个目录下，一般选用第二种方式。

文件包含在程序设计中非常有用。一个大的程序需要分为多个模块，每个模块又可能由多个程序员编辑。将共用的符号常量、宏定义等单独组成一个共用的文件，通过文件包含命令，即可使用这一共用文件。因此，使用文件包含命令可以避免在每个源文件中都定义共用的数据，从而既节省了时间，又降低了错误发生的可能性。

【例 12.4】文件包含命令的使用。

```c
/*第一个文件 L17_04.h*/
# define    DIGIT( d )    printf ( "Output a Integral number: %d\n", d )
# define    FLOAT( f )    printf ( "Output a real number：%8.2f\n", f )
# define    STRING( s )    printf ( "Output a string: %s\n", s )
/*第二个文件 L17_04.c*/
# include "L17_04.h"
int main ()
{
    int num, inum;
    float fnum;
    char str[80];
    printf ( "Choice a input mode: 1-Integral number, 2-real number, 3-string: " );
    scanf ( "%d", &num );
    switch ( num )
    {
        case 1: printf ( "Input a integral number: " );
```

```
            scanf ( "%d", &inum );
            DIGIT ( inum );
            break;
    case 2: printf ( "Input a real number: " );
            scanf ( "%f", &fnum );
            FLOAT ( fnum );
            break;
    case 3: printf ( "Input a string: " );
            scanf ( "%s", str );
            STRING ( str );
            break;
    default: printf ( "error!" );
    }
    return 0;
}
```

程序的运行结果为：

Choice a input mode: 1-Integral number, 2-real number, 3-string: 1↙
Input a integral number: 34
Output a Integral number: 34

注意

① 一个 "# include" 命令只能包含一个文件。如果有多个文件需要包含，则需要使用多个 include 命令。

② 每个文件包含命令必须单独占一行。

12.3 条 件 编 译

C 语言的编译预处理程序还提供了条件编译功能。在同一个源程序中，当某个条件满足时，对其中的一组语句编译；当条件不满足时，则对另一组语句编译。利用条件编译命令，可针对不同的软硬件环境，生成一个源程序的多个版本。条件编译命令主要有# ifdef、# ifndef 和# if 命令。

1. # ifdef 命令

ifdef 命令的一般形式为：

```
# ifdef 标识符
    程序段 1
# else
    程序段 2
# endif
```

其作用是当所指定的标识符已经被# define 命令定义过，则对程序段 1 进行编译；否则对程序段 2 进行编译。其中 else 部分可以省略，即：

```
# ifdef 标识符
    程序段
# endif
```

这里，"程序段"可以是语句组，也可以是命令行。例如：

```
# ifdef    COMPUTER_A
# define    INTEGER_SIZE    16
# else
# define    INTEGER_SIZE    32
# endif
```

通过定义 COMPUTER_A 来实现自动设置，使得源程序不作任何修改，即可适应不同类型的计算机。

2．# ifndef 命令

ifndef 命令的一般形式为：

```
# ifndef 标识符
    程序段 1
# else
    程序段 2
# endif
```

其作用是如果指定的标识符还没有定义，则在程序编译阶段只编译程序段 1；否则编译程序段 2。

3．# if 命令

if 命令的一般形式为：

```
# if 表达式
    程序段 1
# else
    程序段 2
# endif
```

其作用是如果指定的表达式为非 0 值，则在程序编译阶段只编译程序段 1；否则只编译程序段 2。

【例 12.5】输入 10 个整数，根据设置的编译条件，求最大值或最小值。

```
# include <stdio.h>
# define    FLAG    1
# define    N    10
int main ()
{
    int i, num;
    int array[N];
```

```
for ( i = 0; i < N; i ++ )
    scanf ( "%d", &array[i] );
num = array[0];
for ( i = 1; i < N; i ++ )
{
    # if FLAG
        if ( num < array[i] )
            num = array[i];
    # else
        if ( num > array[i] )
            num = array[i];
    # endif
}
printf ( "%d", num );
return 0;
}
```

程序的运行结果为：

1 2 3 4 5 9 8 7 6 5✓
9

程序中定义的 FLAG 为 1。因此，for 语句中的"if (num < array[i]) num = array[i];"参加编译，此时程序输出的是 N 个数中的最大者。

若定义 FLAG 为 0，则 for 语句中的"if (num > array[i]) num = array[i];"参加编译，此时程序输出的将是 N 个数中的最小者。

4. 条件编译和条件语句的比较

使用条件语句，一方面，由于所有语句都要被编译生成相应的目标代码，因此整个程序的目标代码比较长；另一方面，由于条件语句也是语句，也需要占据一定的运行时间。因此，程序的总运行时间较长。

使用条件编译，可以减少被编译的语句，从而减少目标代码的长度，进而减少运行的时间，但条件编译要占用预编译处理的时间。

12.4　本章小结

本章主要介绍了宏定义、文件包含和条件编译 3 个预处理功能，其中以宏定义和文件包含较为重要。预处理是用预处理命令完成的，即都是一些在程序编译之前进行处理的命令。

学习宏定义时，应注意宏定义的两种形式：带参数的宏和不带参数的宏。其中，不带参数的宏定义是定义一个符号常量；而带参数的宏定义是定义一个随着使用的实参不同而替换出不同的字符串。学习文件包含时，要注意文件包含的格式和作用，通过它可以将其他文件的内容包含到当前文件中，作为当前文件的一部分。使用库函数时就要用到文件包含功能。最后是条件编译，它主要有 3 种形式：#ifdef…#else…#endif、#ifndef…#else…#endif、

#if…#else…#endif。

12.5 习 题

一、选择题

1. 下面程序运行后的输出结果是 ( )。

```
# include <stdio.h>
# define   M   3
# define   N   M * 2
# define   W   N * ( M + 1 )
int main ()
{
    int i;
    for ( i = 1; i < W; i ++ );
    printf ( "%d", i );
    return 0;
}
```

   A．2   B．19   C．23   D．24

2. 下面程序运行后的输出结果是 ( )。

```
# include <stdio.h>
# define   M   3
# define   N   M * 2
# define   W   N * M + 1
int main ()
{
    int i;
    for ( i = 1; i < W; i ++ );
    printf ( "%d", i );
    return 0;
}
```

   A．2   B．19   C．23   D．24

3. 下面程序运行后的输出结果是 ( )。

```
# define   PRODUCT(x, y)   ( x ) * ( y )
int main ()
{
    int num1 = 3, num2 = 4;
    printf ( "%d", PRODUCT( num1 + 5, num2 ) );
    return 0;
}
```

   A．32   B．23   C．15   D．12

4. 下面程序运行后的输出结果是（　　　）。

```
# define   PRODUCT( x, y )   x * y
int main ()
{
    int num1 = 3, num2 = 4;
    printf ( "%d", PRODUCT( num1 + 5, num2 ) );
    return 0;
}
```

    A．32   B．23   C．15   D．12

5. 已知文件 file.h 的内容如下：

```
# define   N   5
# define   M1   N * 3
```

则下面程序运行后的输出结果是（　　　）。

```
# include <file.h>
# define   M2   M1 * 2
int main ()
{
    printf ( "%d", M1 + M2 );
    return 0;
}
```

    A．5   B．15   C．30   D．45

6. 下面程序的作用是（　　　）。

```
# include <stdio.h>
# define   LETTER   1
int main ()
{
    char str[20] = "C Program";
    char ch;
    int i;
    for ( i = 0; ( ch = str[i]) != '\0'; )
    {
        i ++;
        # if LETTER
            if ( ch >= 'a' && ch <= 'z' )
                ch = ch - 32;
        # else
            if ( ch >= 'A' && ch <= 'Z' )
                ch = ch + 32;
        #endif
        printf ( "%c", ch );
    }
    return 0;
}
```

A．若 LETTER 定义为 1，则将字符数组 str 中的大写英文字母改为小写英文字母

B．若 LETTER 定义为 0，则将字符数组 str 中的大写英文字母改为小写英文字母

C．若 LETTER 定义为 1，则将字符数组 str 中的小写英文字母改为大写英文字母

D．若 LETTER 定义为 0，则将字符数组 str 中的小写英文字母改为大写英文字母

7．下面程序运行后的输出结果是（　　　）。

```
# define MA( x )  x * ( x + 1 )
int main ()
{
    int num1 = 2;
    int num2 = 3;
    printf ( "%d", MA( num1 + num2 ) );
    return 0;
}
```

　　A．30　　　　　　　B．20　　　　　　　C．5　　　　　　　D．程序错误，无法运行

8．下面程序运行后的输出结果是（　　　）。

```
# define MA  ( x )  x * ( x + 1 )
int main ()
{
    int num1 = 2;
    int num2 = 3;
    printf ( "%d", MA( num1 + num2 ) );
    return 0;
}
```

　　A．30　　　　　　　B．20　　　　　　　C．5　　　　　　　D．程序错误，无法运行

9．在宏定义"# define　PI　3.1415926"中，宏名"PI"代替的是（　　　）。

　　A．单精度数　　　　B．双精度数　　　　C．常量　　　　　D．字符串

10．C 语言的编译系统处理宏命令（　　　）。

　　A．是在程序运行阶段进行的

　　B．是在对源程序正式编译之前进行的

　　C．是在程序连接阶段进行的

　　D．是和程序中的其他语句同时进行编译的

二、填空题

1．指出宏的定义与变量的定义的异同：＿＿＿＿＿＿＿＿＿＿＿＿＿＿＿＿＿＿＿。

2．指出有参宏定义时的注意事项：＿＿＿＿＿＿＿＿＿＿＿＿＿＿＿＿＿＿＿＿＿。

3．分析条件语句与条件编译的区别：＿＿＿＿＿＿＿＿＿＿＿＿＿＿＿＿＿＿＿＿。

4．在空白处填写适当的命令行，使得下面程序能够正确运行。

```
/*文件 file.h 的内容*/
# include _____
```

```
void fun ()
{
    char ch;
    if ( ( ch = getchar () ) != '\n' )
    {
        putchar ( ch );
        fun ();
    }
}

/*文件 file.c 的内容*/
_____
int main ()
{
    printf ( "\n" );
    fun ();
    printf ( "\n" );
    return 0;
}
```

5．下列程序的功能是通过带参的宏定义求圆的面积。填空，使得程序完整。

```
# define   PI   3.1415926
# define   AREA( r )_____
int main ()
{
    double r;
    printf ( "\nr = " );
    scanf ( "%__", &r );
    printf ( "\nArea = %f ", AREA( r ) );
    return 0;
}
```

三、编程题

1．将海伦公式定义为宏，用于求三角形的面积。

2．分别用函数和带参的宏，从两个数中找出最大数。

3．输入圆柱体的底面半径和高，利用带参的宏定义，求圆柱体的体积。

4．设计所需要的输出格式（包括整数、实数、字符、字符串等），把这些格式信息存放在文件 format.h 中。另编写一个程序，使用这些输出格式输出一些信息。

5．输入一行英文字母，使用条件编译实现如下功能：按不同的宏定义，决定是原样输出还是把字符加密后输出（加密方法：将每个英文字母用其后邻字母代替。例如，'a'用'b'代替，'b'用'c'代替，…，'z'用'a'代替，'A'用'B'代替，…）。

附录 1 常用字符与 ASCII 码对照表

ASCII 值	字　符	ASCII 值	字　符	ASCII 值	字　符	ASCII 值	字　符
0	NUL（空）	32	（space）	64	@	96	`
1	SOH（文件头开始）	33	!	65	A	97	a
2	STX（文本开始）	34	"	66	B	98	b
3	ETX（文本结束）	35	#	67	C	99	c
4	EOT（传输结束）	36	$	68	D	100	d
5	ENQ（询问）	37	%	69	E	101	e
6	ACK（确认）	38	&	70	F	102	f
7	BEL（响铃）	39	'	71	G	103	g
8	BS（后退）	40	(	72	H	104	h
9	HT（水平跳格）	41	)	73	I	105	i
10	LF（换行）	42	*	74	J	106	j
11	VT（垂直跳格）	43	+	75	K	107	k
12	FF（格式馈给）	44	,	76	L	108	l
13	CR（回车）	45	–	77	M	109	m
14	SO（向外移出）	46	.	78	N	110	n
15	SI（向内移入）	47	/	79	O	111	o
16	DLE（数据传送换码）	48	0	80	P	112	p
17	DC1（设备控制 1）	49	1	81	Q	113	q
18	DC2（设备控制 2）	50	2	82	R	114	r
19	DC3（设备控制 3）	51	3	83	S	115	s
20	DC4（设备控制 4）	52	4	84	T	116	t
21	NAK（否定）	53	5	85	U	117	u
22	SYN（同步空闲）	54	6	86	V	118	v
23	ETB（传输块结束）	55	7	87	W	119	w
24	CAN（取消）	56	8	88	X	120	x
25	EM（媒体结束）	57	9	89	Y	121	y
26	SUB（减）	58	:	90	Z	122	z
27	ESC（退出）	59	;	91	[	123	{
28	FS（域分隔符）	60	<	92	\	124	|
29	GS（组分隔符）	61	=	93	]	125	}
30	RS（记录分隔符）	62	>	94	^	126	～
31	US（单元分隔符）	63	?	95	_	127	DEL

附录 II C语言关键字

1. 流程控制
- ☑ 函数：return
- ☑ 条件：if，else，switch，case，default
- ☑ 循环：while，do，for
- ☑ 转向控制：break，continue，goto

2. 类型和声明
- ☑ 整型：long，int，short，signed，unsigned
- ☑ 字符型：char
- ☑ 实型：double，float
- ☑ 未知或通用类型：void
- ☑ 类型限定词：const，volatile
- ☑ 存储类别：auto，static，extern，register
- ☑ 类型操作符：sizeof
- ☑ 创建新类型名：typedef
- ☑ 定义新类型描述：struct，enum，union

3. C++保留字

下面是 C++的保留字而非 C 中的保留字。C 程序员在使用 VC++6.0 环境编程时，应避免使用这些保留字或按照其在 C++中的含义谨慎使用。
- ☑ 类：class，friend，this，private，protected，public，template
- ☑ 函数和操作符：inline，virtual，operator
- ☑ 布尔类型：bool，true，false
- ☑ 异常：try，throw，catch
- ☑ 内存分配：new，delete
- ☑ 其他：typeid，namespace，mutable，asm，using

附录 III 运算符的优先级和结合方向

优 先 级	运 算 符	名 称	运算对象个数	结 合 方 向
1	()、[] ->、.	圆括号、下标 指向结构体成员、结构体成员		自左向右
2	! ~ ++ -- - (类型) * & sizeof	逻辑非 按位取反 自增 自减 负号 强制类型转换 指针 地址 长度	单目（1个）	自右向左
3	*、/、%	乘法、除法、求余	双目（2个）	自左向右
4	+、-	加法、减法	双目（2个）	自左向右
5	<<、>>	左移、右移	双目（2个）	自左向右
6	<、<= >、>=	小于、小于等于 大于、大于等于	双目（2个）	自左向右
7	==、!=	等于、不等于	双目（2个）	自左向右
8	&	按位与	双目（2个）	自左向右
9	^	按位异或	双目（2个）	自左向右
10	|	按位或	双目（2个）	自左向右
11	&&	逻辑与	双目（2个）	自左向右
12	||	逻辑或	双目（2个）	自左向右
13	? :	条件	三目（3个）	自右向左
14	=、+=、-=、*=、/=、%=、 >>=、<<=、&=、^=、|=	赋值	双目（2个）	自右向左
15	,	逗号（顺序求值）		自左向右

说明：以上运算符优先级别由上到下递减。同一优先级的运算符优先级别相同，运算次序由结合方向决定。初等运算符优先级最高，逗号运算符优先级最低。加圆括号可以改变优先次序。

附录 IV　常用 C 库函数

　　库函数并不是 C 语言的一部分。它是由人们根据需要编制，供程序设计者参考和使用的函数，每一种 C 编译系统都提供了自己的库函数。不同的编译系统所提供的库函数的数目、函数名以及功能都不尽相同。ANSI C 建议提供一批标准的库函数，本书列出的也只是 ANSI C 建议提供的一部分库函数，以供编程者查阅。在编制 C 语言程序时，如果用到其他库函数，可以查阅所使用系统的参考手册。

　　1. 数学函数

　　使用标准数学库函数时，需要在源文件中使用文件包含命令，包含头文件 math.h。

附表 1　数学函数

函　数　名	函　数　原　型	功　　能
abs	int abs (int x);	计算并返回整数 x 的绝对值
acos	double acos (double x);	计算并返回 arccos(x)的值，要求 $-1 \leqslant x \leqslant 1$
asin	double asin (double x);	计算并返回 arcsin(x)的值，要求 $-1 \leqslant x \leqslant 1$
atan	double atan (double x);	计算并返回 arctan(x)的值
atan2	double atan2 (double x, double y);	计算并返回 arctan(x/y)的值
atof	double atof (const char * string);	将字符串转换成实型数
ceil	double ceil (double x);	计算并返回不小于 x 的最大整数（双精度型表示）
cos	double cos (double x);	计算并返回 cos(x)的值，x 的值为弧度
cosh	double cosh (double x);	计算并返回双曲余弦 cosh(x)的值
exp	double exp (double x);	计算并返回 e^x 的值
fabs	double fabs (double x);	计算并返回实型数 x 的绝对值
floor	double floor (double x);	计算并返回不大于 x 的最大整数（双精度型表示）
fmod	double fmod (double x, double y);	求 x/y 的余数，并以双精度实型返回该余数
log	double log (double x);	计算并返回自然对数 ln(x)的值
log10	double log10 (double x);	计算并返回常用对数 lg(x)的值
pow	double pow (double x, double y);	计算并返回 x^y 的值
sqrt	double sqrt (double x);	计算并返回 x 的平方根

　　2. 字符函数与字符串函数

　　ANSI C 要求使用字符串函数时，应在源文件中包含头文件 string.h；使用字符函数时，应在源文件中包含头文件 ctype.h。但有些 C 的编译系统并不遵循这一规定。使用与字符或字符串相关的库函数时，需要查询有关手册。

附表2　字符函数与字符串函数

函 数 名	函 数 原 型	功　能	包 含 文 件
isalnum	int isalnum (int ch);	检查 ch 是否为字母或数字。若是，返回非 0 值；否则返回 0	ctype.h
isalpha	int isalpha (int ch);	检查 ch 是否为字母。若是，返回非 0 值；否则返回 0	ctype.h
iscntrl	int iscntrl (int ch);	检查 ch 是否为可控制字符。若是，返回非 0 值；否则返回 0	ctype.h
isdigit	int isdigit (int ch);	检查 ch 是否为数字。若是，返回非 0 值；否则返回 0	ctype.h
isgraph	int isgraph (int ch);	检查 ch 是否为可打印字符（不包括空格）。若是，返回非 0 值；否则返回 0	ctype.h
islower	int islower (int ch);	检查 ch 是否为小写字母。若是，返回 1；否则返回 0	ctype.h
isprint	int isprint (int ch);	检查 ch 是否为可打印字符（包括空格，其 ASCII 码在 32～126 之间）。若是，返回非 0 值；否则返回 0	ctype.h
ispunct	int ispunct (int ch);	检查 ch 是否为标点符号（不包括空格），即除字母、数字和空格以外的所有可打印字符。若是，返回非 0 值；否则返回 0	ctype.h
isspace	int isspace (int ch);	检查 ch 是否为空格、跳格符（制表符）或换行符。若是，返回非 0 值；否则返回 0	ctype.h
isupper	int isupper (int ch);	检查 ch 是否为大写字母。若是，返回非 0 值；否则返回 0	ctype.h
isxdigit	int isxdigit (int ch);	检查 ch 是否为一个十六进制字符。若是，返回非 0 值；否则，返回 0	ctype.h
toupper	int toupper (int ch);	将 ch 转为大写字母，返回 ch 对应的大写字母	ctype.h
tolower	int tolower (int ch);	将 ch 转为小写字母，返回 ch 对应的小写字母	ctype.h
strcat	char *strcat(char *str1, char *str2);	将字符串 str2 接到 str1 的后面，原 str1 最后的 "\0" 被取消，返回指向 str1 的指针	string.h
strchr	char *strchr(char *str, int ch);	寻找字符串 str 中第一次出现字符 ch 的位置。若找到，返回指向该位置的指针；若找不到，返回空指针	string.h
strcmp	int strcmp (char *str1, char *str2);	比较两个字符串。若 str1<str2，返回负数；若 str1=str2，返回 0；若 str1>str2，返回正数	string.h
strcpy	char *strcpy (char *str1, char *str2);	把 str2 指向的字符串复制到 str1 中，返回 str1 的指针	string.h
strlen	unsigned int strlen (char *str);	统计字符串 str 中字符的个数（不包括'\0'），返回字符的个数	string.h
strstr	char *strstr (char *str1, char *str2);	找出 str2 字符串在 str1 字符串中第一次出现的位置（不包括 str2 中的'\0'）。若找到，返回该位置的指针；若找不到，返回空指针	string.h

3. 输入/输出函数

使用输入/输出函数时，应在源文件中包含头文件 stdio.h。

附表 3　输入/输出函数

函 数 名	函 数 原 型	功　　能
clearerr	void clearerr (FILE *fp);	置 fp 所指向的文件的错误标志及结束标志为 0
fclose	int fclose (FILE *fp);	关闭 fp 所指向的文件，释放缓冲区。有错，返回非 0 值；否则返回 0
feof	int feof (FILE *fp);	检查文件是否结束。若结束，返回非 0 值；否则返回 0
fgetc	int fgetc (FILE *fp);	从 fp 所指向的文件中读取一个字符。若正确读入，返回所读取的字符；否则返回 EOF
fgets	char *fgets (char *buf, int n, FILE *fp);	从 fp 所指向的文件中读取 n-1 个字符，存入起始地址为 buf 的空间，返回地址 buf。若遇文件结束或出错，返回 NULL
fopen	FILE *fopen (char *filename, char *mode);	以 mode 方式打开名为 filename 的文件。若成功，返回一个文件指针；否则返回 NULL
fprintf	int fprintf (FILE *fp, char *format, args, …);	将 args 等值按 format 指定的格式写入 fp 所指向的文件中。返回实际输出的字符数
fputc	int fputc (int ch, FILE *fp);	将字符 ch 写入 fp 所指向的文件中。若成功，则返回该字符；否则返回非 0 值
fputs	int fputs (char *str, FILE *fp);	将 str 指向的字符串写入 fp 所指向的文件中。若成功，则返回 0；否则返回非 0 值
fread	int fread (void *pt, int size, int n, FILE *fp);	从 fp 所指向的文件中读取长度为 size 的 n 个数据项，存到 pt 所指向的内存区。返回所读的数据项个数，若文件结束或出错返回 0
fscanf	int fscanf (FILE *fp, char *format, args, …);	从 fp 所指向的文件中按 format 给定的格式将数据分别输入 args 等所指向的内存单元。返回所输入数据项的个数
fseek	int fseek (FILE *fp, long offset, int base);	以 base 所指出的位置为基准，以 offset 为位移量，移动 fp 所指文件的位置指针。若移动成功，返回移动后的位置；若移动错误，返回-1
ftell	long ftell (FILE *fp);	返回 fp 所指向文件的读写位置
fwrite	int fwrite (char *ptr, int size, int n, FILE *fp);	将 ptr 所指向的 n*size 个字节写入 fp 所指向的文件中。返回写入 fp 文件中的数据项的个数
getc	int getc (FILE *fp);	从 fp 所指向的文件中读取一个字符。返回所读的字符；若文件结束或出错，返回 EOF
getchar	int getchar (void);	从标准输入设备读取一个字符。返回所读的字符；若文件结束或出错，则返回-1
printf	int printf (char *format, args, …);	按 format 给定的格式将 args 等的值输出到标准输出设备。返回实际输出的项数；若出错，返回负数
putc	int putc (int ch, FILE *fp);	将字符 ch 输出到 fp 所指的文件中。返回输出的字符 ch；若出错，返回 EOF
putchar	int putchar (int ch);	将字符 ch 输出到标准输出设备。返回输出的字符 ch；若出错，返回 EOF
puts	int puts (char *str);	将 str 所指向的字符串输出到标准输出设备，将'\0'转换为回车换行，返回'\n'；若失败，返回 EOF

续表

函　数　名	函　数　原　型	功　　能
rename	int rename (char *oldname, char *newname);	将 oldname 所指的文件名改为由 newname 所指的文件名。若成功，返回 0；若出错，返回 −1
rewind	void rewind (FILE *fp);	将 fp 指向的文件中的位置指针置于文件开头的位置，并清除文件结束标志和错误标志
scanf	int scanf (char *format, args, …);	从标准输入设备按 format 指定的格式输入数据，分别给 args 所指向的存储单元。返回输入的数据项数；若出错，返回 0

4. 动态存储函数

ANSI C 建议设定 4 个有关动态存储分配的函数，并建议在 stdlib.h 头文件中说明相关的信息。但在大多数 C 的编译系统中，这些函数连同一些其他函数，是在头文件 alloc.h 中加以说明的。

ANSI C 要求动态分配系统返回 void 指针。void 指针具有一般性，可以指向任何类型的数据。有的 C 编译系统提供的这类函数返回 char 指针。无论哪种情况，都需要用强制类型转换方法，将 void 或 char 指针转换为所需的类型。

附表 4　动态存储函数

函　数　名	函　数　原　型	功　　能
calloc	void calloc (unsigned n, unsigned size);	为 n 个数据项分配连续的存储单元，每个数据项的大小为 size。返回分配的存储单元的首地址；若失败，返回 NULL
free	void free (void *p);	释放 p 所指的存储单元
malloc	void *malloc (unsigned size);	分配 size 字节的存储单元。返回所分配的存储单元的首地址；若内存不够，返回 NULL
realloc	void *realloc (void *p, unsigned size);	将 p 所指向的已分配的存储单元的大小改为 size，size 可以比原来分配的空间大或小。返回新存储单元的指针

附录 Ⅴ 学生信息管理系统源程序代码

```c
#include <stdio.h>
#include <string.h>
#include <stdlib.h>
#include <dos.h>
#include <conio.h>
#include <time.h>
#define N 50                                        //学生记录最大数量
#define MaxPwdLen 20                                 //密码最大长度
struct student                                       //学生记录结构体定义
{
    int   no;
    char name[20];
    char sex;
    int   score[3];
    int   sum;
    float average;
};

//函数声明
void SaveStuStuStu(struct student stu[],int count,int flag);   //保存数据，写入文件
void LoadStu(struct student stu[],int *stu_number);            //读取文件数据
void PassWord();                                               //密码验证
void Menu();                                                   //显示主菜单
void InputStu(struct student stu[],int *stu_number);           //输入学生记录
void BrowseStu(struct student stu[],int *stu_number);          //浏览学生记录
void SortStu(struct student stu[],int *stu_number);            //排序学生记录
void SearchStu(struct student stu[],int *stu_number);          //查找学生记录
void DeleteStu(struct student stu[],int *stu_number);          //删除学生记录
void ModifyStu(struct student stu[],int *stu_number);          //修改学生记录
void CountScore(struct student stu[],int *stu_number);         //统计学生记录

//================================================
//function name: SaveStu
//description: 保存数据，写入文件
//input parameters: struct student stu[],int count,int flag
//return value: none
//author: MaGuoFeng
//================================================
void SaveStu(struct student stu[],int count,int flag)
{
    FILE *fp;
    int i;
    if((fp=flag?fopen("list.dat","ab"):fopen("list.dat","wb"))==NULL)
```

```
    {
        printf("不能打开文件\n");
        return;
    }
    for(i=0;i<count;i++)
        if(fwrite(&stu[i],sizeof(struct student),1,fp)!=1)
            printf("文件写错误\n");
    fclose(fp);
}


//================================================
//function name: LoadStu
//description: 读取文件数据到 stu 中
//input parameters: struct student stu[],int *stu_number
//return value: none
//author: MaGuoFeng
//================================================
void    LoadStu(struct student stu[],int *stu_number)
{
    FILE *fp;
    int i=0;
    if((fp=fopen("list.dat","rb"))==NULL)
    {
        printf("不能打开文件\n");
        return ;
    }
    while(fread(&stu[i],sizeof(struct student),1,fp)==1 && i<N)
        i++;
    *stu_number=i;                          //重置学生记录个数
    if (feof(fp))
        fclose(fp);
    else
    {
        printf("文件读错误");
        fclose(fp);
    }
    return ;
}


//================================================
//function name: PassWord
//description: 用户进入系统的口令验证
//input parameter: none
//return value: none
//author: MaGuoFeng
//================================================
void PassWord()
{
    char passwd[MaxPwdLen+1]="",initpwd[MaxPwdLen+1]="123456";
```

```
int i,j;
char c;
time_t start,end;
system("cls");
for(i=3;i>=1;i--)
{    j=0;
    printf("\n\t\t 请输入密码(您还有%d 次机会):",i);
    while((c=getch())!='\r')
    {
        if(j<MaxPwdLen&&isprint(c))          //isprint()函数限定只接收可显示（打印）字符
        {
            passwd[j++]=c;
            putchar('*');
        }
        else if(j>0&&c=='\b')
        {
            j--;
            putchar('\b');
            putchar(' ');
            putchar('\b');
        }
    }
    putchar('\n');
    passwd[j]='\0';                          //添加字符串结束标志
    if(strcmp(passwd,initpwd)==0)
    {
        system("cls");
        printf("\n\n\n\n");
        printf("\t\t---------------------------------------------------------\n");
        printf("\t\t*                                                       *\n");
        printf("\t\t*            欢迎使用学生信息管理系统                    *\n");
        printf("\t\t*                                                       *\n");
        printf("\t\t---------------------------------------------------------\n");
        start=time(NULL);                    //延时 2 秒继续执行
        end=time(NULL);
        while(end-start<2)
            end=time(NULL);
        break;
    }
    else if(i>1)
    {
        printf("\n\t\t 密码错误!请重新输入!\n");
        continue;
    }
}
if(i==0)
{
    printf("\n\n\t\t 对不起!您无权使用学生信息管理系统!\n");
    exit(0);
```

```
        }
        return;
}

//================================================================
//function name: Menu
//description: 显示系统主菜单
//input parameter: none
//return value: none
//author: MaGuoFeng
//================================================================
void Menu()
{
        printf("\n\n");
        printf("                    |-------------------------------------------|\n");
        printf("                    |            学生信息管理系统               |\n");
        printf("                    |-------------------------------------------|\n");
        printf("                    |            1---增加学生记录                |\n");
        printf("                    |            2---浏览学生记录                |\n");
        printf("                    |            3---查询学生记录                |\n");
        printf("                    |            4---排序学生记录                |\n");
        printf("                    |            5---删除学生记录                |\n");
        printf("                    |            6---修改学生记录                |\n");
        printf("                    |            7--统计学生成绩                 |\n");
        printf("                    |            0---退出系统                    |\n");
        printf("                    |-------------------------------------------|\n");
}


//================================================================
//function name: InputStu
//description: 接收键盘输入的学生信息，写入文件保存
//input parameters: struct student stu[],int *stu_number
//return value: none
//author: MaGuoFeng
//================================================================
void InputStu(struct student stu[],int *stu_number)
{
        char ch='y';
        int count=0;
        while((ch=='y')||(ch=='Y'))
        {
                system("cls");
                printf("\n\t----------------------------增加学生记录----------------------------\n");
                printf("\n\n\t\t 请输入学生信息\n");
                printf("\n\t\t      学号： ");            scanf("%d",&stu[count].no);
                printf("\n\t\t      姓名： ");            scanf("%s",&stu[count].name);
                printf("\n\t\t      性别： ");            scanf("\n%c",&stu[count].sex);
                printf("\n\t\t 语文成绩： ");            scanf("%3d",&stu[count].score[0]);
                printf("\n\t\t 数学成绩： ");            scanf("%3d",&stu[count].score[1]);
```

```
                printf("\n\t\t 英语成绩：");            scanf("%3d",&stu[count].score[2]);
                stu[count].sum=stu[count].score[0]+stu[count].score[1]+stu[count].score[2];
                stu[count].average=(float)stu[count].sum/3.0;
                printf("\n\n\t\t 是否输入下一个学生信息?(y/n)");
                scanf("\n%c",&ch);
                count++;
            }
            *stu_number=*stu_number+count;
            SaveStu(stu,count,1);                     //参数 1 表示以追加方式写入文件
            return;
        }


        //===========================================================
        //function name: BrowseStu
        //description: 浏览学生记录信息
        //input parameters: struct student stu[],int *stu_number
        //return value: none
        //author: MaGuoFeng
        //===========================================================
        void BrowseStu(struct student stu[],int *stu_number)
        {
            int i,j,choose;
            struct student temp_stu[N],st;
            LoadStu(stu,stu_number);
            while (1)
            {
                system("cls");
                printf("\n");
                printf("\t |----------------------------------------------------------------|\n");
                printf("\t |                      浏览学生记录子菜单                        |\n");
                printf("\t |----------------------------------------------------------------|\n");
                printf("\t |                      1---按学号顺序浏览                        |\n");
                printf("\t |                      2---按名次顺序浏览                        |\n");
                printf("\t |                      0---返回主菜单                            |\n");
                printf("\t |----------------------------------------------------------------|\n");
                printf("\t     请选择浏览类型：");
                scanf("%d",&choose);
                switch (choose)
                {
                    case 1:
                        printf("\n\t 按学号升序浏览如下：\n");
                        printf("\n\t 学号\t 姓名\t 性别\t 语文\t 数学\t 英语\t 总分\t 平均分\n");
                        for(i=0;i<*stu_number;i++)
                        {
                            printf("\t %d\t%s\t%c\t%d\t%d\t%d\t%d\t%.2f\n",stu[i].no,stu[i].name,
                            stu[i].sex,stu[i].score[0],stu[i].score[1],stu[i].score[2],
                            stu[i].sum,stu[i].average);
                        }
                        printf("\n\t\t 浏览完毕，按任意键返回子菜单!");
```

```
                getch();
                break;
            case 2:
                for(i=0;i<*stu_number;i++)
                    temp_stu[i]=stu[i];
                for(i=1;i<*stu_number;i++)
                    for(j=1;j<=*stu_number-i;j++)
                        if(temp_stu[j-1].sum>temp_stu[j].sum)
                        {
                            st=temp_stu[j-1];
                            temp_stu[j-1]=temp_stu[j];
                            temp_stu[j]=st;
                        }
                printf("\n\t 按名次升序浏览如下：");
                printf("\n\t 名次\t 学号\t 姓名\t 性别\t 语文\t 数学\t 英语\t 总分\t 平均分\n");
                for(i=0;i<*stu_number;i++)
                {
                printf("\t%d\t%d\t%s\t%c\t%d\t%d\t%d\t%d\t%.2f\n",i+1,temp_stu[i].no,
                temp_stu[i].name,temp_stu[i].sex, temp_stu[i].score[0],
                temp_stu[i].score[1],temp_stu[i].score[2],temp_stu[i].sum,
                temp_stu[i].average);
                }
                printf("\n\t\t 浏览完毕，按任意键返回子菜单!");
                getch();
                break;
            case 0:       return;
        }
    }
    return;
}


//================================================
//function name: SortStu
//description: 按学号升序排序学生记录，写入文件
//input parameters: struct student stu[],int *stu_number
//return value: none
//author: MaGuoFeng
//================================================
void SortStu(struct student stu[],int *stu_number)
{
    int i,j;
    struct student st;
    LoadStu(stu,stu_number);
    for(i=1;i<*stu_number;i++)
        for(j=1;j<=*stu_number-i;j++)
            if(stu[j-1].no>stu[j].no)
            {
                st=stu[j-1];
                stu[j-1]=stu[j];
```

```
                            stu[j]=st;
                    }
        system("cls");
        printf("\n\t\t***************** 排序学生记录*****************\n");
        printf("\n\n\t\t   排序后的学生记录如下（按学号升序排列）：\n");
        printf("\n\t 学号\t 姓名\t 性别\t 语文\t 数学\t 英语\t 总分\t 平均分\n");
        for(i=0;i<*stu_number;i++)
        {
            printf("\n\t%d\t%s\t\%c\t%d\t%d\t%d\t%d\t%.2f\n",stu[i].no,stu[i].name,
            stu[i].sex,stu[i].score[0],stu[i].score[1],stu[i].score[2],
            stu[i].sum,stu[i].average);
        }
        printf("\n\t\t 排序完毕，按任意键返回主菜单!");
        getch();
        SaveStu(stu,*stu_number,0);
        return;
    }


    //==========================================================
    //function name: SearchStu
    //description: 查询指定学生的记录信息
    //input parameters: struct student stu[],int *stu_number
    //return value: none
    //author: MaGuoFeng
    //==========================================================
    void SearchStu(struct student stu[],int *stu_number)
    {
        int xh,i,num,choose,find;
        char ch,xm[20];

        LoadStu(stu,stu_number);
        while (1)
        {
            system("cls");
            printf("\n");
            printf("\t |----------------------------------------------------------------------|\n");
            printf("\t |                        查询学生记录子菜单                            |\n");
            printf("\t |----------------------------------------------------------------------|\n");
            printf("\t |                        1---按学号查询                                |\n");
            printf("\t |                        2---按姓名查询                                |\n");
            printf("\t |                        0---返回主菜单                                |\n");
            printf("\t |----------------------------------------------------------------------|\n");
            printf("\t    请选择查询类型： ");
            scanf("%d",&choose);
            switch(choose)
            {
                case 1:
                    printf("\n\t 请输入要查询学生的学号： "); scanf("%d",&xh);
                    for(i=0;i<*stu_number;i++)
```

```
            if(stu[i].no==xh)
            {
                    printf("\n\t 要查询学生的信息如下：\n");
                    printf("\n\t 学号\t 姓名\t 性别\t 语文\t 数学\t 英语\t 总分\t 平均分\n");
                    printf("\n\t%d\t%s\t%c\t%d\t%d\t%d\t%d\t%.2f\n",
                    stu[i].no,stu[i].name, stu[i].sex,stu[i].score[0],
                    stu[i].score[1],stu[i].score[2],stu[i].sum,stu[i].average);
                    printf("\n\t 显示完毕，按任意键返回子菜单!\n");
                    getch();
                    break;
            }
        if(i==*stu_number)
        {
            printf("\n\t 要查询的学生不存在!按任意键返回子菜单!");
            getch();
        }
        break;
    case 2:
        printf("\n\t 请输入要查询学生的姓名："); scanf("%s",xm);
        find=0;
        num=0;                                //重名学生的个数
        for(i=0;i<*stu_number;i++)
        {
            if(strcmp(stu[i].name,xm)==0)
            {
                    find=1;
                    num++;
                    if(num==1)
                    {
                        printf("\n\t 要查询学生的信息如下：\n");
                        printf("\n\t 学号\t 姓名\t 性别\t 语文\t 数学\t 英语\t 总分\t 平均分\n");
                    }
                        printf("\n\t%d\t%s\t%c\t%d\t%d\t%d\t%d\t%.2f\n",
                        stu[i].no,stu[i].name, stu[i].sex,stu[i].score[0],
                        stu[i].score[1],stu[i].score[2],stu[i].sum,stu[i].average);
            }
        }
        if(find)
        {
            printf("\n\t 显示完毕，按任意键返回子菜单!");
            getch();
        }
        else
        {
            printf("\n\t 要查询的学生不存在!按任意键返回子菜单!");
            getch();
        }
        break;
    case 0:              return ;
```

```
            }
        }
        return;
    }


//================================================================
//function name: DeleteStu
//description: 删除指定学生的记录信息，更新记录文件
//input parameters: struct student stu[],int *stu_number
//return value: none
//author: MaGuoFeng
//================================================================
void DeleteStu(struct student stu[],int *stu_number)
{
    int no,i,j;
    char ch='y';
    while((ch=='y')||(ch=='Y'))
    {
        system("cls");
        printf("\n\t\t----------------------------删除学生记录----------------------------\n\n");
        printf("\t\t 请输入要删除学生的学号：\n\n");
        printf("\t\t 学号:");
        scanf("%d",&no);
        for(i=0;i<*stu_number;i++)
        {
            if(no==stu[i].no)
            {
                printf("\n\t 要删除学生的信息如下：\n");
                printf("\n\t 学号\t 姓名\t 性别\t 语文\t 数学\t 英语\t 总分\t 平均分\n");
                printf("\n\t%d\t%s\t%c\t%d\t%d\t%d\t%d\t%.2f\n",stu[i].no,stu[i].name,
                stu[i].sex,stu[i].score[0],stu[i].score[1],stu[i].score[2],
                stu[i].sum,stu[i].average);
                break;
            }
        }
        if(i==*stu_number)
            printf("\n\t\t 要删除的学生不存在!\n");
        else
        {
            printf("\n\t 确定删除吗(y/n)?：");
            scanf("\n%c",&ch);
            if (ch=='y' || ch=='Y')
            {
                for(j=i+1;j<*stu_number;j++)
                    stu[j-1]=stu[j];
                printf("\n\t 该学生已被删除！");
                (*stu_number)--;
            }
        }
```

```
            printf("\n\n\t\t 是否继续删除其他学生(y/n)?");
            scanf("\n%c",&ch);
        }
        SaveStu(stu,*stu_number,0);
        return;
}


//=================================================
//function name: ModifyStu
//description: 修改指定学生的记录信息，更新记录文件
//input parameters: struct student stu[],int *stu_number
//return value: none
//author: MaGuoFeng
//=================================================
void ModifyStu(struct student stu[],int *stu_number)
{
        int xh,i,choose;
        char ch='y';
        LoadStu(stu,stu_number);
        while (ch=='y'||ch=='Y')
        {
            system("cls");
            printf("\n\t----------------------------修改学生记录----------------------------\n");
            printf("\n\t 请输入要修改学生的学号：");
            scanf("%d",&xh);
            for(i=0;i<*stu_number;i++)
                if(stu[i].no==xh)
                {
                    printf("\n\t 要修改学生的信息如下：\n");
                    printf("\n\t 学号\t 姓名\t 性别\t 语文\t 数学\t 英语\t 总分\t 平均分\n");
                    printf("\n\t%d\t%s\t%c\t%d\t%d\t%d\t%d\t%.2f\n",stu[i].no,stu[i].name,
                    stu[i].sex,stu[i].score[0],stu[i].score[1],stu[i].score[2],
                    stu[i].sum,stu[i].average);
                    break;
                }
            if(i==*stu_number)
                printf("\n\t 要修改的学生不存在!\n");
            else
            {
                printf("\n\t 确定修改吗(y/n)?：");
                scanf("\n%c",&ch);
                while (ch=='y' || ch=='Y')
                {
                    printf("\n\t 请选择修改内容：\n");
                    printf("\n\t 1.基本信息修改        2.学生成绩修改：");
                    scanf("%d",&choose);
                    switch(choose)
                    {
                        case 1:
```

```
                                printf("\n\n\t\t-----------请重新输入该学生的基本信息-----------\n");
                                printf("\n\t\t      学号：");           scanf("%d",&stu[i].no);
                                printf("\n\t\t      姓名：");           scanf("%s",stu[i].name);
                                printf("\n\t\t      性别：");           scanf("\n%c",&stu[i].sex);
                                break;
                       case 2:
                                printf("\n\n\t\t------------请重新输入该学生的成绩------------\n");
                                printf("\n\t\t 语文成绩：");           scanf("%d",&stu[i].score[0]);
                                printf("\n\t\t 数学成绩：");           scanf("%d",&stu[i].score[1]);
                                printf("\n\t\t 英语成绩：");           scanf("%d",&stu[i].score[2]);
                                stu[i].sum=stu[i].score[0]+stu[i].score[1]+stu[i].score[2];
                                stu[i].average=(float)stu[i].sum/3.0;
                      }
                      printf("\n\t\t 修改成功! 是否修改该学生的其他信息(y/n)?：");
                      scanf("\n%c",&ch);
                 }
            }
            printf("\n\t\t 是否继续修改其他学生的信息(y/n)?");
            scanf("\n%c",&ch);
      }
      SaveStu(stu,*stu_number,0);                //参数 0 表示以覆盖方式写入文件
      return;
}


//==================================================
//function name: CountScore
//description: 统计学生成绩
//input parameters: struct student stu[],int *stu_number
//return value: none
//author: MaGuoFeng
//==================================================
void CountScore(struct student stu[],int *stu_number)
{
      int i,j,choose,sum[3],grade[3][5],min_score[3],max_score[3];
      float avg[3];
       LoadStu(stu,stu_number);
      while(1)
      {
          system("cls");
          printf("\n");
          printf("\t |------------------------------------------------------------------|\n");
          printf("\t |                     统计学生成绩子菜单                            |\n");
          printf("\t |------------------------------------------------------------------|\n");
          printf("\t |              1---统计每门课程的总分和平均分                       |\n");
          printf("\t |              2---统计每门课程的最低分和最高分                     |\n");
          printf("\t |              3---统计每门课程各分数段人数                         |\n");
          printf("\t |              0---返回主菜单                                       |\n");
          printf("\t |------------------------------------------------------------------|\n");
          printf("\t    请选择统计类型：");
```

```
scanf("%d",&choose);
if(choose==1)          //此处采用 if…elseif 的分支结构，请读者对比相应的 switch 多分支结构
{
    for(j=0;j<3;j++)
    {
        sum[j]=0;
        avg[j]=0.0;
    }
    for(j=0;j<3;j++)
        for(i=0;i<*stu_number;i++)
            sum[j]=sum[j]+stu[i].score[j];
    for(j=0;j<3;j++)
        avg[j]=(float)sum[j]/3.0;
    printf("\n\n");
    printf("\t   语文课程的总分为：%d，  平均分为：%.2f\n",sum[0],avg[0]);
    printf("\t   数学课程的总分为：%d，  平均分为：%.2f\n",sum[1],avg[1]);
    printf("\t   英语课程的总分为：%d，  平均分为：%.2f\n",sum[2],avg[2]);
    printf("\n\n\t   每门课程的总分和平均分统计完毕，按任意键返回子菜单!\n");
    getch();
}
else if(choose==2)
{
    for(j=0;j<3;j++) //min_score[3]和 max_score[3]数组初始化
    {
        min_score[j]=0;
        max_score[j]=0;
    }
    for(j=0;j<3;j++)
    {
        if(*stu_number>0)
        min_score[j]=max_score[j]=stu[0].score[j];        //最高分最低分置初值
        else
        min_score[j]=max_score[j]=0;                      //最高分最低分置初值
      for(i=1;i<*stu_number;i++)
        {
            if(stu[i].score[j]<min_score[j])
                min_score[j]=stu[i].score[j];
            if(stu[i].score[j]>max_score[j])
                max_score[j]=stu[i].score[j];
        }
    }
    printf("\n\n");
    printf("\t   语文课程的最低分：%d，   最高分：%d\n",min_score[0],max_score[0]);
    printf("\t   数学课程的最低分：%d，   最高分：%d\n",min_score[1],max_score[1]);
    printf("\t   英语课程的最低分：%d，   最高分：%d\n",min_score[2],max_score[2]);
    printf("\n\t   每门课程的最低分和最高分统计完毕，按任意键返回子菜单!\n");
    getch();
}
else if(choose==3)
```

```
        {
            for(i=0;i<3;i++)                                    //grade[3][5]数组初始化
                for(j=0;j<5;j++)
                    grade[i][j]=0;
            for(j=0;j<3;j++)
                for(i=0;i<*stu_number;i++)
                {
                    switch(stu[i].score[j]/10)
                    {
                        case 10:
                        case 9:  grade[j][0]++;break;
                        case 8:  grade[j][1]++;break;
                        case 7:  grade[j][2]++;break;
                        case 6:  grade[j][3]++;break;
                        default: grade[j][4]++;break;
                    }
                }
            printf("\n\n");
            printf("\t  语文课程各分数段的人数如下：\n");
            printf("\t  90-100: %d  |  80-90: %d  |  70-80: %d  |  60-70: %d  |  60 分以下: %d \n\n",
                    grade[0][0],grade[0][1],grade[0][2],grade[0][3],grade[0][4]);
            printf("\t  数学课程各分数段的人数如下：\n");
            printf("\t  90-100: %d  |  80-90: %d  |  70-80: %d  |  60-70: %d  |  60 分以下: %d \n\n",
                    grade[1][0],grade[1][1],grade[1][2],grade[1][3],grade[1][4]);
            printf("\t  英语课程各分数段的人数如下：\n");
            printf("\t  90-100: %d  |  80-90: %d  |  70-80: %d  |  60-70: %d  |  60 分以下: %d \n\n",
                    grade[2][0],grade[2][1],grade[2][2],grade[2][3],grade[2][4]);
            printf("\n\t  每门课程各分数段的人数统计完毕，按任意键返回子菜单!\n");
                getch();
        }
        else if(choose==0)
            break;                                              //结束循环
    }
    return;
}


//==========================================================
//function name: main
//description: 系统主函数
//author: MaGuoFeng
//==========================================================
main()
{
    struct student stu[N];                                      //定义学生记录结构体数组
    int stu_number=0;                                           //定义学生人数
    int choose,flag=1;
    PassWord();                                                 //系统密码验证
    while(flag)
    {
```

```
        system("cls");                                      //清屏
        Menu();                                             //显示系统主菜单
        printf("\t\t 请选择主菜单序号(0-7):");
        scanf("%d",&choose);
        switch(choose)
        {
            case 1:InputStu(stu,&stu_number); break;        //输入学生记录
            case 2:BrowseStu(stu,&stu_number);break;        //浏览学生记录
            case 3:SearchStu(stu,&stu_number);break;        //查找学生记录
            case 4:SortStu(stu,&stu_number);break;          //排序学生记录
            case 5:DeleteStu(stu,&stu_number);break;        //删除学生记录
            case 6:ModifyStu(stu,&stu_number);break;        //修改学生记录
            case 7:CountScore(stu,&stu_number);break;       //统计学生记录
            case 0:flag=0;                                   //结束系统运行
        }
    }
}
```

附录 Ⅵ 常见编译错误信息

Turbo C 编译程序检查源程序中的 3 类出错信息：致命错误、一般错误和警告。

致命错误出现很少，通常是内部编译出错。在发生致命错误时，编译立即停止，必须采取一些适当的措施才能重新编译。

一般错误指程序的语法错误、磁盘或内存存取错误或命令错误等。编译程序将按事先设定的出错个数来决定是否停止编译。编译程序在每个阶段（预处理、语法分析、优化、代码生成）尽可能多地发现源程序中的错误。

警告并不阻止编译进行。它指出一些值得怀疑的情况，而这些情况本身有可能合理地成为源程序的一部分，如果在源文件中使用了与机器有关的结构，编译也将产生警告信息。

为方便查找，下面按字母顺序分别列出这 3 类错误信息。对每一条信息，提供可能产生的原因和修正方法。

注意

错误信息处有关行号的一个细节，即编译程序只产生被检测到的信息。因为 C 语言并不限定在正文的某行放一条语句，这样，真正产生错误的行可能在编译指出的前一行或几行。

1. 致命错误

（1）Bad call of in-line function

内部函数非法调用。在使用一个宏定义的内部函数时，没有正确调用。一个内部函数以双下划线（--）开始和结束。

（2）Irreducible expression tree

不可约表达式树。这种错误是由于源文件中的某些表达式使得代码生成程序无法为它产生代码，必须避免使用这种表达式。

（3）Register allocation failure

储存器分配失效。这种错误是，由于源文件行中的表达式太复杂，代码生成程序无法为它生成代码。此时应简化这种繁杂的表达式或避免使用它。

2. 一般错误

（1）'xxxxxxxx' not an argument

"xxxxxxxxx" 不是函数参数。在源程序中将该标示符定义为一个函数参数，但此标识符没有在函数表中出现。

（2）Ambiguous symbol 'xxxxxxxx'

二义性符号 "xxxxxxxxx"。两个或者多个结构的某一域名相同，但具有的偏移、类型不同。在变量或表达式中引用该域而未带结构名时，将产生二义性，此时需修改某个域名或在引用时加上结构名。

（3）Argument list syntax error

参数表出现语法错误。函数调用的参数间必须以逗号隔开，并以一个右括号结束。若源文件中含有一个其后不是逗号也不是右括号的参数，则出错。

（4）Array bounds missing]

数组的界限符"]"丢失。在源文件中定义了一个数组，但此数组没有以一右方括号结束。

（5）Array size too large

数组长度太大。定义的数组太大，可用内存不够。

（6）Bad file name format in include directive

使用 include 指令时，文件名格式不正确。include 文件名必须用引号（"filename. h"）或尖括号（<filename. h>）括起来，否则将出现此类错误。如果使用了宏，则产生的扩展正文也不正确（因为无引号）。

（7）Bad ifdef directive syntax

ifdef 指令语法错误。#ifdef 指令必须包含一个标识符（不能使用任何其他东西）作为该指令体。

（8）Bad file size syntax

位字段长度语法错误。一个位字段必须是 1～16 位的常量表达式。

（9）Call of non-function

调用未定义函数。正被调用的函数未定义，通常是由于不正确的函数声明或函数拼写错误造成的。

（10）Cannot modify a const object

不能修改一个常量对象。对定义为常量的对象进行不合法操作（如常量赋值）时引起此错误。

（11）Case outside of switch

case 语句出现在 switch 语句外，通常是由于括号不匹配造成的。

（12）Case statement missing;

case 语句漏掉";"。该语句必须包含一个以冒号结束的常量表达式，可能的原因是漏了冒号或在冒号前多了别的符号。

（13）Case syntax error

case 语法错误。case 中包含了一些不正确符号。

（14）Character constant too long

字符常量太长。字符常量只能是 1 个（转义字符是 2 个或者 4 个）字符长。

（15）Compound statement missing}

复合语句漏掉了大括号"}"。

（16）Constant expression required

要求常量表达式。数组的大小必须是常量，此类错误通常是由于常量拼写出错而引起的。

（17）Could not find 'xxxxxxxx'

找不到"xxxxxxxx"。编译程序找不到命令行给出的文件。

（18）Declaration dissing ';'

说明漏掉";"。在源文件中包含了一个 struct 或 union 域声明，但后面漏掉了分号。

（19）Declaration need type or storage class

说明必须给出类型或储存类。

（20）Declaration syntax error

说明出现语法错误。在源文件中，某个说明丢失了某些符号或有多余的符号。

（21）Default outside of switch

default 在 switch 外出现。编译程序发现 default 语句出现在 switch 语句之外，通常是由于括号不匹配造成的。

（22）Define directive needs an identifer

Define 指令必须有一个标识符。#define 后面的第一个非空格符必须是一个标识符，若编译程序发现一些其他字符，则出现本错误。

（23）Dividion by Zero

除数为 0。

（24）Do statement must have while

Do 语句中必须有 while。源文件中包含一个无 while 关键字的语句。

（25）Do-while statement missing(

do…while 语句中漏掉了"("。

（26）Do-while statement missing;

do…while 语句中漏掉了分号";"。在 do 语句中的表达式中，编译程序发现右括号后无分号。

（27）Duplicate Case

case 后的常量表达式重复，switch 语句中的每个 case 必须有一个唯一的常量表达式值。

（28）Enum syntax error

enum 语法出现错误。enum 说明的标识符表的格式不对。

（29）Enumeration constant syntax error

枚举常量语法错误。赋给 enum 类型变量的表达式值不为常量。

（30）Error writing output file

写输出文件出现错误。通常是由于磁盘空间已满造成的，尽量删除一些不必要的文件。

（31）Expression syntax

表达式语法错误。通常是由于两个连续操作符、括号不匹配或缺少括号、前一语句漏掉了分号等引起的。

（32）Extra parameter in call

调用时出现多余参数。调用函数时，其实际参数个数多于函数定义中的参数个数。

（33）File name too long

文件名太长，#include 指令给出的文件名太长，编译程序无法处理。DOS 下的文件名不能超过 64 个字符。

（34）For statement missing(

for 语句漏掉 "("。编译程序发现在 for 关键字后缺少左括号。

（35）For statement missing;

for 语句缺少 ";"。在 for 语句中，编译程序发现在某个表达式后缺少分号。

（36）Function call missing)

函数调用缺少 ")"。函数调用的参数表有几种语法错误，如左括号漏掉或括号不匹配。

（37）Function definition out of place

函数定义位置错误。函数定义不可出现在另一函数内，函数内的任何说明，只要以类似于带有一个参数表的函数开始，就被认为是一个函数定义。

（38）Goto staement missing label

Goto 语句缺少标号，在 goto 关键字后面必须有一个标识符。

（39）If statement missing(

if 语句缺少 "("。在 if 语句中，编译程序发现 if 关键字后面缺少左括号。

（40）Illegal character '0xxx'

非法字符 "0xxx"。编译程序发现输入文件中有一些非法字符。该字符是以十六进制方式打印的。

（41）Illegal initializatio

非法初始化。初始化必须是常量表达式或一全局变量 extern 或 static 的地址减一常量。

（42）Illegal octal digit

非法八进制数。编译程序发现在一个八进制常数中包含了非八进制数字（8 和 9）。

（43）Illegal pointer subtraction

非法指针相减，这是由于试图以一个非指针变量减去一个指针变量而造成的。

（44）Illegal structure operation

非法结构操作。结构只能使用点（.）、取地址（&）和赋值（=）操作符，或作为函数的参数传递。当编译程序发现结构使用了其他操作符时，出现此类错误。

（45）Illegal use of floating point

浮点运算非法。浮点运算操作数不允许出现在移位、按位逻辑操作、条件（?:）、间接引用（*）以及其他一些操作符中。编译程序发现上述操作符中使用了浮点操作数时，出现此类错误。

（46）Illegal use of pointer

指针使用非法。指针只能在加、减、赋值、比较、间接引用（*）或箭头（->）操作中使用，如用其他操作符，则出现此类错误。

（47）Improper use of a typedef symbol

typedef 符号使用不当。源文件中使用了 typedef 符号，变量应在一个表达式中出现。检查一下此符号的说明和可能的拼写错误。

（48）In-line assembly not allowed

内部汇编语句不允许，源文件中含有直接插入的汇编语句，若在集成环境下进行编译，则出现此类错误。必须使用 TCC 命令编译此源文件。

（49）Incompatible storage class

不相容的存储类，源文件的一个函数定义中使用了 extern 关键字，而只有 static（或根本没有存储类型）允许在函数说明中出现。extern 关键字只能在所有函数外说明。

（50）Incompatible type conversion

不相容的类型转换。源文件中试图把一种类型转换成另一种类型，但这两类型是不相容的，如函数与非函数间转换、一种结构或数组与一种标准类型转换、浮点数和指针间转换等。

（51）Incorrect command line argument: xxxxxxxx

不正确的命令行参数：xxxxxxxx。

（52）Incorrect number format

不正确的数据格式。如编译程序发现在十六进制数中出现十进制小数点。

（53）Incorrect use of defaut

default 不正确使用。编译程序发现 default 关键字后缺少冒号。

（54）Initializer syntax error

初始化语法错误。初始化过程出现缺少或多了操作符、括号不匹配或其他一些不正常的情况。

（55）Invalid indirectiom

无效的间接运算。间接运算操作符（*）要求非 void 指针作为操作分量。

（56）Invalid macro argument

无效的宏参数分隔符。在宏定义中，参数必须用逗号相隔。

（57）Invalid pointer addition

无效的指针相加。

（58）Invalid use of arrow

箭头使用错误。在箭头（->）操作符后必须跟一标识符。

（59）Invalid use of dot

点操作符使用错误。在点（.）操作符后必须跟一标识符。

（60）Lvalue required

赋值请求。赋值操作符的右边必须是一个表达式，包括数值变量、指针变量、结构引用域、间接指针和数组分量。

（61）Macro expansion syntax error

宏参数语法错误。宏定义中的参数不许是一个标识符。编译程序发现所需的参数不是标识符的字符，则出现此类错误。

（62）Macro expansion too long

宏扩展太长。一个宏扩展不能多于 4096 个字符。当宏递归扩展自身时，常出现此类错误。宏不能对自身进行扩展。

（63）Mismatch number of parameters in definition

定义中参数个数不匹配。定义中的参数和函数原型中提供的信息不匹配。

（64）Misplace break

break 位置错误。编译程序发现 break 语句在 switch 语句或循环结构外。

（65）Misplace continue

continue 位置错误。编译程序发现 continue 语句在循环结构外。

（66）Misplace decimal point

十进制小数点位置错。编译程序发现浮点常数的指数部分有一个十进制小数点。

（67）Misplace else

else 位置错误。编译程序发现 else 语句缺少与之相匹配的 if 语句。此类错误的产生，除了由于 else 多余之外，还有可能是由于有多余的分号、漏写了大括号或前面的 if 语句出现语法错误而引起。

（68）Misplace endif directive

endif 指令位置错。编译程序没有发现与#endif 指令相匹配的#ifdef 或#ifndef 指令。

（69）Must be addressable

必须是可编址的。取址操作符（&）作用于一个不可编址的对象，如寄存器变量。

（70）No file name ending

无文件名终止符。在#include 语句中，文件名缺少正确的后引号（"）或尖括号（>）。

（71）Non-portable pointer assignment

对不可移植的指针赋值。源程序中将一个指针赋给一个非指针，或相反。但作为特例，允许把常量 0 赋给一个指针。

（72）Non-portable pointer comparison

对不可移植的指针比较。源程序中将一个指针和一个非指针（常量 0 除外）进行比较。

（73）Non-portable return type conversion

不可抑制的返回类型转换。在返回语句中的表达式类型与函数说明中的类型不同。

（74）Not an allow type

不允许的类型，在源文件中说明了几种禁止的类型，如函数返回一个函数或数组。

（75）Out of memory

内存不够。所有工作内存用完，应把文件放到一台有较大内存的机器去执行源程序。此类错误也往往出现在某一环境（如 UCDOS）下运行大的程序，这时可退出这一环境，再运行自己的程序。

（76）Pointer repuired on left side of

操作符左边需要是一指针。

（77）Redeclaration of 'xxxxxxxx'

"xxxxxxxx" 重复定义。此标识符已经定义过。

（78）Size of structure or array not known

结构或数组大小不定。有些表达式（如 sizeof 或储存说明）中出现一个未定义的结构或一个空长度数组。

（79）Statement missing;

语句缺少 ";"。

（80）Structure or union syntax error

结构或联合语法错误。编译程序发现 struct 或 union 关键字后面没有标识符或左花括号。

（81）Structure size too large

结构太大。源程序中说明了一个结构，它所需的内存区域太大，以致存储空间不够。

（82）Subscripting missing]

下标缺少"]"。

（83）Switch statement missing)

switch 语句缺少")"。

（84）Too few parameter in call to 'xxxxxxxx'

调用"xxxxxxxx"时参数不够。调用指定的函数（该函数用一原型声明）时，给出的参数不够。

（85）Too many cases

case 太多。switch 语句最多只能有 257 个 case。

（86）Too many decimai points

十进制小数点太多。编译程序发现一个浮点常量带有不止一个十进制小数点。

（87）Too many default cases

default 太多。编译程序发现一个 switch 语句中有不止一个 default 语句。

（88）Too many exponents

阶码太多。编译程序发现一个浮点常量中有不止一个阶码。

（89）Too many initializers

初始化太多。编译程序发现初始化比说明所允许的要多。

（90）Too many storage classas in declaration

说明中存储类太多。一个说明只允许有一种存储类。

（91）Too many types in declaration

说明中类型太多。一个说明中只允许有下列基本类型中的一种：char，int，float，double，struct，union，enum 或 typedef。

（92）Too much code define in file

文件定义的代码太多。当前文件中函数的总长超过了 64KB。可以移去不必要的代码或把源文件分开来写。

（93）Two consecutive dots

两个连续点。

（94）Type mismatch in parameter # in call to 'xxxxxxxx'

调用"xxxxxxxx"时，第#个参数类型不匹配。

（95）Type mismatch in redeclaratiom of 'xxx'

重定义类型不匹配。源文件中把一个已经说明的变量重新说明为另一种类型。

（96）Unable to creat output file 'xxxxxxxx.xxx'

不能创建输出文件"xxxxxxxx.xxx"。当前工作磁盘已满或写有保护。如果磁盘已满，删除一些不必要的文件后重新编译。

（97）Undefined label 'xxxxxxxx'

标号"xxxxxxxx"未定义。函数中 goto 语句后的标号没有定义。

（98）Undefined structure ' xxxxxxxx'

结构"xxxxxxxx"未定义。可能是由于结构名拼写错误或缺少结构说明而引起的。

（99）Undefined symbol 'xxxxxxxx'

符号"xxxxxxxx"未定义。可能是由于说明或引用处有拼写错误，也可能是由于标识符说明错误引起。

（100）Unexpected end of file in conditional stated line #

源文件在"#"行开始的条件语句中意外结束。通常是由于#endif漏写或拼写错误引起。

（101）Unkown preprocessor directive ' xxx'

不认识的预处理指令"xxx"。

（102）Unterminated string or character constant

未终结的串或字符常量。编译程序发现串或字符开始后没有终结。

（103）User break

用户中断。进行编译或连接时用户按了 Ctrl+Break 键。

（104）While statement missing (

while 语句漏掉"（"。

（105）Wrong number of arguments in 'xxxxxxxx'

调用"xxxxxxxx"时参数个数错误。源文件中调用某个宏时，参数个数不对。

3．警告

（1）'xxxxxxxx' declared but never used

说明了"xxxxxxxx"，但未使用。

（2）'xxxxxxxx' is a assigned value which is never used

"xxxxxxxx"被赋值，但直到函数结束都未使用过。

（3）'xxxxxxxx' not part of structure

"xxxxxxxx"不是结构的一部分。出现在点或箭头左边的域名不是结构的一部分，或者点或箭头的左边不是结构。

（4）Ambiguous operators need parentheses

二义性操作符需要括号。当两个位移、关系或按位操作符等优先级不太直观的运算符在一起使用而不加括号时，发出此警告。

（5）Both return and return of a value used

既用返回又用返回值。同时有带有值返回和不带值返回的语句。

（6）Call to function with prototype

调用无原型函数。

（7）Code has no effect

代码无效。编译程序遇到一个无效操作符的语句，如语句"a+b;"，对每一变量都不起作用，且可能引出一个错误。

（8）Constant is long

常量是 long 类型。当编译程序遇到一个十进制常量大于 32767 或一个八进制常量大于 65535 而后面没有字母 1 或 L 时，把此常量当做 long 类型处理。

（9）Conversion may lose significant digits

转换可能丢失高位数字。

（10）Function should return a value

函数应该返回一个值。源文件中说明的当前函数的返回类型既非 int 型也非 void 型，但编译程序未发现返回值。

（11）Mixing pointers to signed and unsigned char

混淆 signed 和 unsigned 字符指针。没有通过显式的强制类型转换，就把一个字符指针变为无符号指针，或相反。

（12）Parameter 'xxxxxxxx' is never used

参数 "xxxxxxxx" 没有使用。函数说明中某参数在函数体里从未使用，这不一定是一个错误，通常是由于参数名拼写错误引起的。如果在函数体内，该标识符被重新定义为一个自动（局部）变量，也将出现该类警告。

（13）Possible use of 'xxxxxxxx' before definition

在定义 "xxxxxxxx" 之前可能已使用。源文件中某一表达式中使用了未经赋值的变量。

（14）Possible incorrect assignment

可能不正确的赋值。通常是由于把赋值号 "=" 当做关系运算符 "==" 使用。

（15）Superfluous & with function or array

在函数或数组中有多余的 "&" 号。

（16）Suspicious pointer conversion

值得怀疑的指针转换。编译程序遇到一些指针转换，这些转换会引起指针指向不同的类型。

（17）Undefined structure 'xxxxxxxx'

结构 "xxxxxxxx" 未定义，可能是由于结构名拼写错误或忘记定义而引起的。

（18）Unknown assembler instruction

不认识的汇编指令。插入的汇编语句有一个不允许的操作码。

（19）Unreachable code

不可达代码。break，continue，goto 或 return 语句后没有跟标号或循环、函数的结束符。

（20）Void function may not return a value

void 函数不可有返回值。当前函数说明为 void，但编译程序发现一个带值的返回语句，该返回语句的值将被忽略。

（21）Zero length structrue

结构长度为 0。在源文件中定义了一总长度为 0 的结构，对此结构的任何使用都是错误的。

附录 VII 用 C 语言编写一个学生数据库系统

```c
#include<stdio.h>
#include<stdlib.h>
#include<string.h>
#include <windows.h>
#include <winbase.h>
typedef struct node{                              //定义链表
    char name[20];                                //姓名
    char address[40];                             //地址
    char phone[15];                               //电话
    long zip;                                     //邮编
    struct node *next;
}add_list;
struct person{                                    //定义一个结构备用
    char name[20];
    char address[50];
    char phone[15];
    long zip;
};
FILE *fp;
add_list *tail,*head;                             //定义链表尾节点指针和头指针
//从文件中读出数据生成通讯录链表,如果文件不存在,生成空链表
add_list *load(char filename[])
    {
    add_list *new1,*head;
    struct person t;
    head=(add_list *)malloc(sizeof(add_list));
    tail=head=NULL;
    if((fp=fopen(filename,"rb"))==NULL)
        return head;
    else
        if(!feof(fp))
        if(fread(&t,sizeof(struct person),1,fp)==1)
        {
        new1=(add_list *)malloc(sizeof(add_list));    //连入链表第一个节点
        strcpy(new1->name,t.name);
        strcpy(new1->address,t.address);
        strcpy(new1->phone,t.phone);
        new1->zip=t.zip;
        head=tail=new1;
        new1->next=NULL;
```

```
        while(!eof(fp))                          //连入链表其余节点
        {
        if(fread(&t,sizeof(struct person),1,fp)==1)
        {
            new1=(add_list *)malloc(sizeof(add_list));
            strcpy(new1->name,t.name);
            strcpy(new1->address,t.address);
            strcpy(new1->phone,t.phone);
            new1->zip=t.zip;

            tail->next=new1;
            new1->next=NULL;
            tail=new1;
        }
        }
    }
    fclose(fp);
    return head;
}
//自定义函数,进度条
void jindutiao(void)
{
    int i;
    for(i=0;i<78;i++) putchar('.');
    printf("\r\a");
    for(i=0;i<78;i++)
    {
        if(i==0) putchar('|');
        Sleep(100);
        printf("\b|>");
    }
}
//插入一条通讯录记录
void insert(add_list **head)
{
    add_list * new1;
    new1=(add_list *)malloc(sizeof(add_list));
    system("cls");
    printf("\n 请输入姓名:"); getchar();gets(new1->name);
    printf("\n 请输入地址:"); scanf("%s",new1->address);
    printf("\n 请输入电话:"); scanf("%s",new1->phone);
    printf("\n 请输入邮编:"); scanf("%ld",&new1->zip);
    if(*head==NULL)                          //表头为空时
    {
        *head=new1;
        new1->next=NULL;
        tail=new1;
    }
    else                                     //插入到表尾
```

```
            {
                tail->next=new1;
                new1->next=NULL;
                tail=new1;
            }
        printf("输入完成,按回车键返回......");
        getchar();
        getchar();
}
//将通讯录链表中的内容保存到指定文件中
void save(add_list *head,char filename[])
{
        add_list *p;
        struct person t;
        if((fp=fopen(filename,"wb"))==NULL)
        {
            printf("错误:不能打开文件%s\n",filename);
            exit(1);
        }
        else
        {
            p=head;
            while(p!=NULL)
            {
                strcpy(t.name,p->name);
                strcpy(t.address,p->address);
                strcpy(t.phone,p->phone);
                t.zip=p->zip;
                fwrite(&t,sizeof(struct person),1,fp);
                p=p->next;
            }
        }
        fclose(fp);
        printf("保存成功,按回车键返回......");
        getchar();getchar();
}
//显示通讯录内容
void display(add_list *head)
{
        add_list *p;
        p=head;
        if(p!=NULL)
            printf("姓名:\t\t 住址:\t\t 邮编:\t\t 电话:\n");
        while(p!=NULL)
        {
            printf("%s\t\t%s\t\t%ld\t\t%s\n",p->name,p->address,p->zip,p->phone);
            p=p->next;
        }
        printf("按回车键返回......");
```

```
            getchar();getchar();
      }
      //按姓名查询通讯录记录
      int search(add_list *head)
      {
            add_list *p;
            char name[20];
            int flag=0;
            printf("请输入要查找的人的姓名:");
            getchar();
            gets(name);
            p=head;
            while(p!=NULL)
            {
                  if(strcmp(name,p->name)==0)
                  {
                        printf("姓名:\t\t 住址:\t\t 邮编:\t\t 电话:\n");
                        printf("%s\t\t%s\t\t%ld\t\t%s\n",p->name,p->address,p->zip,p->phone);
                        flag=1;
                  }
                  p=p->next;
            }
            return flag;
      }
      //按姓名删除一条通讯录记录
      int delete1(add_list **head)
      {
            add_list *p,*q,*t;
            char name[20],c;
            int flag=0;
            printf("请输入要删除人的姓名:");
            scanf("%s",name);
            q=p=*head;
            while(p!=NULL)
            {
                  if(strcmp(name,p->name)==0)                    //找到要删除的人
                  {
                        printf("姓名:\t\t 住址:\t\t 邮编:\t\t 电话:\n");
                        printf("%s\t\t%s\t\t%ld\t\t%s\n",p->name,p->address,p->zip,p->phone);
                        printf("真的要删除吗?(Y:是,N:否)\n");       //征求意见(删&不删)
                        getchar();c=getchar();
                        if(c=='y'||c=='Y')                        //删除
                        {
                              if(p==*head)
                              *head=p->next;
                        else
                              q->next=p->next;
                        t=p;
                        p=p->next;
```

```
                free(t);
                flag=1;
                }
            else                        //不删,跳过
                {
                    q=p;
                    p=p->next;
                    flag=1;
                }
            }
        else                        //没找到,继续
            {
                q=p;
                p=p->next;
            }
        }
    return flag;
    printf("按回车键返回......");
    getchar();
}
//显示菜单并选择菜单项
int menu_select()
{
    char c;
    system("cls");
    printf("\t\t*****************通讯录*****************\n");
    printf("\t\t\t 1:输入新的通讯记录\n");
    printf("\t\t\t 2:删除记录\n");
    printf("\t\t\t 3:查找\n");
    printf("\t\t\t 4:保存文件\n");
    printf("\t\t\t 5:浏览所有通讯记录\n");
    printf("\t\t\t 6:退出\n");
    do{
        printf("请输入你的选择(1～6):");
        c=getchar();
    }while(c<'1'||c>'6');
    return c;
}
//主函数
int main(void)
{
    char filename[20];
    char c;
    int t;
    printf("\n\n\n\n\n\t\t\t 通讯录启动中...\n\n\n\n\n\n\n\n\n\n\n\n");
    jindutiao();
    system("cls");
    printf("请输入通讯录文件名称:\n");
    scanf("%s",filename);
```

```
        getchar();
        head=load(filename);
        while(1)
        {
            c=menu_select();
            switch(c)
            {
                case '1': insert(&head);
                            break;
                case '2': t=delete1(&head);
                            if(!t) printf("记错了吧,没这人!\n 按回车键返回......");
                            getchar();
                            getchar();
                            break;
                case '3': t=search(head);
                            if(!t) printf("天啊!居然没找到!\n 按回车键返回......");
                            getchar();
                            break;
                case '4': save(head,filename);
                            break;
                case '5': display(head);
                            break;
                case '6': exit(0);
            }
        }
    }
```

参 考 文 献

[1] Brian W. Kernighan, Dennis M. Ritchie．C 程序设计语言．徐宝文译．北京：机械工业出版社，2004

[2] 赵克林．C 语言实例教程．北京：人民邮电出版社，2007

[3] 崔武子，李青，李红豫．C 程序设计辅导与实训．第 2 版．北京：清华大学出版社，2009

[4] 张宗杰．C 语言程序设计实用教程．北京：电子工业出版社，2008

[5] 伍一，陈廷勇．C 语言程序设计基础与实训教程．北京：清华大学出版社，2006

[6] 刘维富等．C 语言程序设计一体化案例教程．北京：清华大学出版社，2009

[7] 谭浩强．C 程序设计．第 2 版．北京：清华大学出版社，2004

[8] 刘兆宏，温荷，毛丽娟等．C 语言程序设计案例教程．北京：清华大学出版社，2008

[9] 陈兴无．C 语言程序设计项目化教程．武汉：华中科技大学出版社，2009

[10] 文东，孙鹏飞，潘钧．C 语言程序设计基础与项目实训．北京：中国人民大学出版社，2009

[11] 王瑞民，卢红星等．C 语言程序设计．武汉：华中科技大学出版社，2006

[12] Hebert Schildt．The Complete Reference C．McGraw-Hill, Inc, 2000